国家环保公益性行业科研专项项目（2010467066）

国家环境管理科技支撑计划项目（2007BAC16B09）

国家环境保护环境规划与政策模拟重点实验室开放基金课题（20110101）

污染减排的经济效应分析

蒋洪强　张　伟　王明旭　著

中国环境出版社·北京

图书在版编目（CIP）数据

污染减排的经济效应分析/蒋洪强，张伟，王明旭著. —
北京：中国环境出版社，2013.5
ISBN 978-7-5111-1447-1

Ⅰ．①污…　Ⅱ．①蒋…②张…③王…　Ⅲ．①污染
防治—经济效果—研究②节能—经济效果—研究
Ⅳ．①X5②TK01

中国版本图书馆 CIP 数据核字（2013）第 100947 号

出 版 人　王新程
责任编辑　葛　莉　刘　焱
文字编辑　赵楠捷
责任校对　尹　芳
封面设计　彭　杉

出版发行　**中国环境出版社**
　　　　　（100062　北京市东城区广渠门内大街 16 号）
　　　　　网　　址：http://www.cesp.com.cn
　　　　　电子邮箱：bjgl@cesp.com.cn
　　　　　联系电话：010-67112765（编辑管理部）
　　　　　　　　　　010-67113412（图书出版中心）
　　　　　发行热线：010-67125803，010-67113405（传真）
印　　刷　北京中科印刷有限公司
经　　销　各地新华书店
版　　次　2013 年 6 月第 1 版
印　　次　2013 年 6 月第 1 次印刷
开　　本　787×1092　1/16
印　　张　16
字　　数　355 千字
定　　价　48.00 元

前　言

改革开放三十多年来，中国取得了举世瞩目的成就，全国 GDP 保持了年均 9.6% 的快速增长，人民群众生活水平有了显著提高，国家经济实力和综合国力大幅度增强。然而，我国经济总量的增长实际上走的是一条粗放式的发展道路，对资源进行掠夺式开发利用，对生态环境造成了严重破坏和污染，所取得的经济成就建立在大量资源消耗和环境污染的基础上。面对我国当前日益严峻和复杂的环境形势，十六大以来，党中央提出了树立和落实科学发展观、构建社会主义和谐社会、建设生态文明的重大战略思想。中央的一系列战略决策表明，我国环境与发展的关系正在发生重大变化，环境保护成为现代化建设的一项重大任务，环境容量成为区域布局的重要依据，环境管理成为结构调整的重要手段，环境标准成为市场准入的重要条件，环境成本成为价格形成机制的重要因素。这些重大变化，标志着我国环保工作进入了从牺牲环境换取经济增长转向以保护环境优化经济增长的新阶段。

第六次全国环保大会上，温家宝总理意味深长地强调，做好新形势下的环保工作，关键是要加快实现三个转变：一是从重经济增长轻环境保护转变为保护环境与经济增长并重，把加强环境保护作为调整经济结构、转变经济增长方式的重要手段，在保护环境中求发展。二是从环境保护滞后于经济发展转变为环境保护和经济发展同步，做到不欠新账，多还旧账，改变先污染后治理、边治理边破坏的状况。三是从主要用行政办法保护环境转变为综合运用法律、经济、技术和必要的行政办法解决环境问题，自觉遵循经济规律和自然规律，提高环境保护工作水平。这三个转变是方向性、战略性、历史性的转变，是我国环境保护发展史上一个新的里程碑。

由"环境换取增长"阶段到"环境优化增长"的新阶段，表明环境保护与经济增长之间由此消彼长的替代关系，改变为一种相互促进的互补关系，"环境"由一种被放弃、被排斥的对象，转变为对经济增长起到促进作用的因素。一方面表现为环境保护可以直接产生经济利润，创造国内生产总值（GDP），增加利税，提供新的就业机会，拉动经济的发展。这是环境保护优化和改善经济增长的最有说服力的证据之一。另一方面表现为环境保护可以优化经济发展的质量，改善经济结构，提出资源利用效率，降低污染物排放量，促使传统工业脱胎换骨，实现科学发展。

作为环境保护的重要手段和抓手，"十一五"期间我国实施的污染减排战略对环境改善起到了重要作用。在化学需氧量和二氧化硫排放量方面，均超额完成了规定的减排目标，2010 年比 2005 年分别下降 12.45% 和 14.29%。污染减排措施对减少污染物排放、改善环境质量起到了较为明显、积极的作用。全国脱硫机组装机容量已经达到 5.78 亿 kW，占全部火电机组的比例从 2005 年的 12% 提高到 82.6%。城市污水处理能力达到 1.25 亿 m³，城市污水处理率由 2005 年的 52% 提高到 75% 以上。2010 年全国地表水国控监测断面中，I 至 III 类水质断面比例为 51.9%，劣 V 类水质断面比例为 20.8%，I 至 III 类水质断面比例比 2005 年提高 14.4 个百分点，劣 V 类水质断面比例下降 6.6 个百分点；全国城市大气中二氧化硫、可吸入颗粒物的年均浓度分别下降 26.3% 和 12%。

然而，在关注污染减排措施发挥巨大的环境改善效应同时，同样需要关注污染减排对经济发展以及结构调整优化的作用。客观地说，虽然我们开始认识到环境保护、污染减排对于优化经济发展的作用，但对这些的认识还是初步的、浅层的，不能准确地、定量地说明它、把握它。例如，大家都知道过去 30 多年所进行的环境保护工作，包括加强工业污染防治、污染源限期治理、关停并转、提高环保准入标准、强化环保法治、普及环境意识等，已经在一定程度上促进了经济结构调整，改善了经济增长方式，对经济发展作出了贡献，但这种贡献究竟有多大，今后随着环保要求不断提高，又在多大程度上可以促进经济增长方式进一步转变，这些都是国家宏观决策时亟需了解的，但我们还不能定量准确地回答。

为了深入研究环境保护对优化经济发展的贡献效应，特别是研究"十一五"期间我国污染减排措施对经济增长和结构调整的贡献效应，在环境保护部科技标准司等有关部门支持下，设立了"环境优化经济发展的贡献及其政策设计"（国家环境管理科技支撑计划项目，2007BAC16B09）、"污染减排对经济结构调整的作用机理、效果评估及协同预警研究"（国家环保公益性行业科研专项项目，2010467066）和国家环境保护环境规划与政策模拟重点实验室开放基金课题（20110101），本书是作者在承担和参与上述课题的研究成果基础上撰写的一部学术专著。

鉴于污染减排的经济效应研究复杂性和涉及学科的广泛性，在研究和写作过程中，本书突出定量分析和模型技术应用，强调理论研究和案例研究相结合。一是建立了污染减排的经济效应分析框架和理论方法；二是建立了污染减排的经济效应投入产出模型体系；三是从国家、东中西三大区域、珠江三角洲地区、松花江流域、重点行业等多个研究尺度，实证测算分析了污染减排对经济发展、产业结构调整的贡献作用，总结了不同研究尺度污染减排经济效应的特征规律，提出了相关政策建议，为我国"十二五"污染减排政策制定以及后评估提供了决策支持。

全书共分9章。第1章是概论，介绍了我国经济快速发展面临的资源与环境压力，研究理论基础、相关研究进展以及本书研究的技术框架。第2章对我国"十一五"期间污染减排背景、目标、实施情况以及环境效果进行了全面回顾。第3章论述了污染减排经济效应分析的一般理论和方法，主要包括投入产出模型、可计算一般均衡模型、计量经济学模型和系统动力学模型等。第4章建立了基于环境经济投入产出模型的污染减排经济效应测算模型，该模型分别将环保投资、治理运行费以及淘汰落后产能、环保标准等污染减排措施纳入投入产出表中，从而测算上述污染减排措施的实施对经济增长和经济结构调整的贡献作用。第5至9章分别从国家、三大区域、重点行业、松花江流域、珠江三角洲地区等多个研究尺度，定量化测算分析污染减排对区域经济发展、产业结构调整的贡献作用和经济社会贡献效应。

全书由环境保护部环境规划院国家环境规划与政策模拟重点实验室常务副主任蒋洪强研究员、张伟助理研究员以及广东省环境科学研究院王明旭统稿。在本书的研究、撰写过程中，得到了环境保护部规划财务司、科技标准司和环境规划院领导的关怀和悉心指导。贾金虎处长、王金南副院长、吴舜泽副院长、周国梅研究员、周军博士、张平淡教授、朱艳春博士、朱松博士等对本书研究成果提出了宝贵意见和建议。中国环境出版社为本书的出版付出了大量心血。环境规划院重点实验室同事卢亚灵、吴文俊、张静、杨勇、刘年磊、武跃文、刘洁、杜鹏等在工作中给予了帮助。在此，对以上所有人员表示衷心感谢。由于作者水平有限，书中不足与错误难免，恳请读者批评指正。

作　者

2012 年 12 月

目 录

第1章 概　论

改革开放三十多年来，中国取得了举世瞩目的成就，社会生产力得到极大的解放和发展，全国 GDP 从 1978 年的 3 645 亿元增加到 2010 年的 39.8 万亿元，年均保持了 9.6% 的快速增长，人民群众生活水平有了显著提高，国家经济实力和综合国力大幅度增强。然而，我国经济总量的增长实际上走的是一条粗放式的发展道路，对资源进行掠夺式开发利用，已经对生态环境造成了严重破坏和污染，所取得的经济成就建立在大量资源消耗和环境污染的基础上。随着我国经济的快速发展，经济社会的发展同资源环境压力之间的矛盾日益显现出来。转变经济发展方式的需求也越来越迫切。

中国的现实国情要求中国经济要保证健康平稳发展，因此，如何在保证经济发展的同时逐步转变我国"高耗低效"的发展方式，建立现代化工业体系是中国面临的重大问题。"环境优化经济增长"是国家实现经济增长方式战略转型的必然途径。通过制定包括政策、法规、标准在内的综合体制机制，把环境保护作为一种手段，倒逼经济结构升级以及发展方式转变，实现"环境保护优化经济增长"，推动经济增长由粗放型向集约型转变，由片面追求经济增长向全面协调可持续发展转变，从而促进国民经济又好又快发展，达到环境保护与经济发展双重目标。环境将不再是被经济增长所牺牲、排斥的因素，相反成为促进经济增长的重要因素。而作为我国环境优化经济增长的主要措施，"十一五"期间实施的污染减排战略通过产业结构调整、末端治理工程以及监管等措施，实现环境保护倒逼经济方式转变，取得了十分显著的效果，进一步印证了环境保护优化经济发展和结构调整的突出作用。

1.1　研究背景

1.1.1　我国经济快速增长的结构性难题

新中国成立 60 多年来，中国经济取得了令世界瞩目的高速增长，年均增长率达到了 7.8%，尤其是 1978 年改革开放以来的 30 多年间，中国 GDP 年均增长更是高达 9.76%。在世界近代史上，连续 30 多年高速增长非常罕见，作为一个大国来说更是绝无仅有的。第二次世界大战后日本经济的黄金时期也只持续 20 多年。中国目前是世界最大出口国和制造国，也是第二大经济体。

改革开放后，虽然中国不同地区的经济增长率存在差异，但各省份的经济都呈现飞速发展态势。目前，长三角、珠三角和京津冀三大都市经济圈的生产总值已经占全国的 35%，投资消费占 1/3，进出口总额占 3/4，成为拉动经济社会发展的三大引擎。中国区域发展战略也不断完善，中央在做出率先发展东部地区决策后，相继制定了实施西部大开发、振兴东北老工业基地、促进中部地区崛起等重大战略部署。西部地区、东北地区、中部地区近些年经济发展速度明显高于发展战略实施前，中国区域协调发展格局基本形成。另一方面，中国仍然是世界上发展最快的国家，即便是 31 个省（市、自治区）中增长速度最慢的省份，其速度也要高于世界上任何一个国家。世界银行发布报告称即使中国经济增速放缓，也将可能在 2030 年前跻身高收入行列，并成为世界第一大经济体。

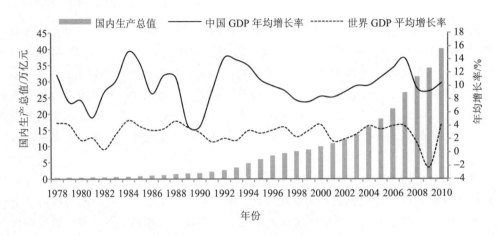

图 1-1　中国改革开放 30 年经济发展情况

数据来源：《2011 年中国统计年间》；世界货币基金组织（IMF）数据库（http://databank.worldbank.org/data/home.aspx）．

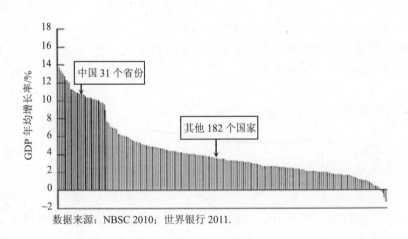

数据来源：NBSC 2010；世界银行 2011．

a. 中国整体呈快速增长状态

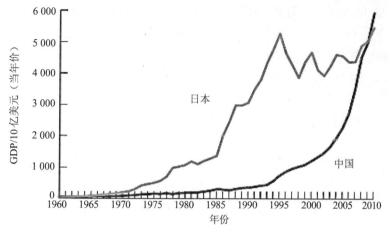

数据来源：NBSC 2010；世界银行 2011.

b. 中国已成为第二大经济体

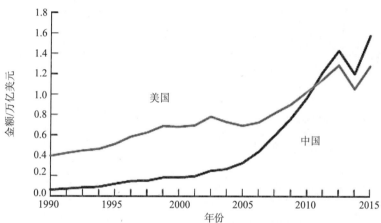

数据来源：NBSC 2010；世界银行 2011b.

c. 中国将成为世界最大出口国

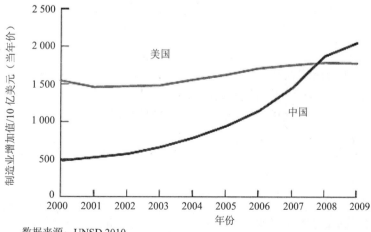

数据来源：UNSD 2010.

d. 中国成为世界最大工业制造国

图 1-2　中国经济发展与世界其他国家比较

图表来源：世界银行报告《China 2030》.（http://www.worldbank.org/content/dam/Worldbank/document/China-2030-complete.pdf）

改革开放 30 年来，长期困扰我国经济发展的产业结构不合理的状况有了较大改观，三次产业增加值在国内生产总值中所占的比例从 1978 年的 28.2：47.9：23.9 调整为 2010 年的 10.1：46.8：43.4（图 1-3）。第三产业的比重明显加大，2010 年第三产业仅比第二产业低 3.4 个百分点；第一产业呈逐年下降趋势，2010 年占国民经济比重仅为 10.1%。但第二产业比重呈现一定的波动性，20 世纪 80 年代呈一定下降趋势；到 20 世纪 90 年代，呈现较为明显的增长趋势；21 世纪头十年则逐渐趋缓，呈小幅提高趋势。

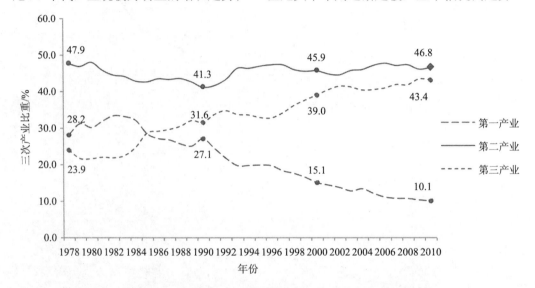

图 1-3　中国 1978—2010 年三次产业格局变化

数据来源：2011 年《中国统计年鉴》。

过去 30 年，中国产业发展呈现以下特征：

（1）农业发展成绩突出。中国用占世界不足 10% 的耕地解决了超过世界 20% 人口的吃饭问题，到 20 世纪 80 年代中期农产品供给长期短缺的现象即得到根本改观，实现了总量基本平衡、丰年有余；同时，农业结构调整取得明显成效，国民经济所占比重从 1984 年的最高的 33.4% 逐步下降为 2010 年的 10% 左右。

（2）工业实现跨越式发展。按可比价计算，2010 年工业增加值是 1978 年的 33 倍，达到 160 867 亿元；2010 年水泥、粗钢、化学纤维、汽车以及产量分别比 1978 年增长 28 倍、19 倍、108 倍、122 倍和 15 倍，目前已超越日本，确立了世界最大制造业国家地位；加快淘汰落后产能，工业技术水平不断提升，火电主力机组已发展到 30 万 kW 和 60 万 kW 级，钢铁工业连铸比超过 95%，铜铅冶炼先进工艺产能占 70% 以上，新型干法水泥达到 56%。

（3）服务业发展迅猛。30 年期间年均增长 10.8%，2010 年服务业增加值达到 17.3 万亿元，交通运输及仓储邮电业、批发和零售业、住宿和餐饮业增加值分别比 1978 年增长 18.4 倍、20.1 倍和 38.3 倍。

在产业结构优化的同时，中国对外贸易结构也不断升级，出口商品结构实现了"两个转变"：一是实现了从初级产品为主到工业制成品为主的转变，工业制成品的比重由

1978 年的 46.5%提升为 2010 年的 96.2%；二是实现了从劳动密集型产品为主到资本密集型和技术密集型产品为主的转变，1980 年机械及运输设备占全部出口的比重为 4.6%，到 2010 年机电和高新技术产品占全部出口的比重分别达到 42%和 22%。

中国目前所取得的成就，即使是改革开放当初的设计者也是想象不到的。然而中国模式在给世界带来经济增长奇迹的同时，本身所存在的结构性难题也不容忽视[1]。主要表现在以下四个方面：

（1）劳动和资本收益的差距在扩大。与克思在 100 多年前的《工资价格和利润》一文中就指出，劳动和资本的利益冲突是资本主义经济不稳定的一个重要原因。社会主义要消除劳资冲突，实现按劳分配。但从 2000 年以来，国民收入账户中劳动和资本的份额已经从 50%和 50%迅速变为 30%和 70%。最低工资法在企业中实施困难。劳动和资本相抗衡的力量有待进一步提高。劳动和资本在新价值分配中的结构失衡是目前经济发展中需要协调的重要问题之一。

（2）城乡二元化结构特征使社会要素流动性增强、城市和农村发展的差异拉大。我国的城乡发展差异经历了一个"V"字形的收入变动，目前是其关键阶段。新中国成立初期城乡差距不明显，到计划经济时的工农业剪刀差造成了城乡差距，1978—1984 年改革开放初期，城乡收入差距从 2.6∶1 缩小到 1.8∶1。从这以后出现了一个重要的拐点，此后城乡差距一直持续拉大。截止到 2008 年，城乡收入差距已经扩大到 3.3∶1。如果将城乡居民财产性收入计算在内，这个比例还将会扩大。

（3）要素禀赋差异导致的地区差距增大。截止到 2010 年，我国 70%的 GDP 是沿海省份贡献的，江、浙、粤、沪四省市的 GDP 总量占比已超过 40%。占国土面积 70%的中部、西部地区，经济发展依然滞后。由于制度和外部环境（如土地、环境）的制约，后发优势已经逐步变成为后发劣势。大量的后发展地区居民如何实现工业化和现代化，是经济转型中的一个紧迫问题。

（4）劳动力供需形势发生巨大转变。中国的人口结构正推动着中国的劳动力市场和区域发展分布发生着重大转折，中西部地区的劳动力人口不再向东部大量流动，直接导致东部劳动力价格飙升。而西部地区劳动力人口数量增加，使得中西部本来不太充足的各种商品供应更为紧张。劳动力引导的区域发展布局颠覆了我国传统工业和制造业的发展格局，东部沿海地区、西部地区以及中部地区都将随着劳动力供需新特征而进一步调整。

1.1.2　经济快速增长面临资源环境压力

传统增长模式把国内生产总值的增长作为经济发展的首要甚至是唯一的目标。在这种发展观的指导下，人们关心的只是国内生产总值的数量，并以此作为衡量发展水平高低的唯一尺度。这种发展观的弊端现已逐步显露，传统增长模式几乎不考虑经济增长对环境和生态系统的破坏性影响，它是以资源可以无限制供应的假设为基础的[2]。中国在经济领域取得了惊人的增长主要是依靠大量资源、环境要素投入和牺牲，粗放型经济增长方式带来经济指标上升的同时，也带来了严重的环境问题。各种污染物排放不仅恶化了环境质量，也遏制了经济的进一步增长，中国每年因环境污染造成的经济损失巨大。

环境保护部环境规划院发布报告[①]指出，30 年的改革开放和经济增长带来了中国生态环境的"翻天覆地"的退化。中国用了 30 年的时间取得了发达国家 100 多年的经济增长成就，同时发达国家 100 多年（甚至 200 多年）的环境问题在中国 30 年内都已经集中爆发。30 年的生态环境判断是：生态环境总体恶化，环境质量局部改善，环境污染相当于美国和欧洲 20 世纪 60—70 年代的水平。中国已经是主要污染物排放最大的国家，中国也必然是未来承受环境压力最大的国家，同时中国也是实际上的环境污染的最大受害国。分析表明，中国环境污染和生态破坏的损失已经占到全国 GDP 的 7%～8%，环境问题已经严重影响经济的可持续发展以及公众健康和社会稳定。总体上说，中国过去30 年的高速经济增长付出了巨大的资源环境代价，30 年的发展是一种"高经济增长、高资源消耗、高环境代价"的发展，环境污染损失正在蚕食经济成就。

1.1.2.1　资源能源消耗量巨大，使用效率低下造成严重浪费

（1）资源保障程度较低。改革开放 30 多年来，中国工业化和城市化进程突飞猛进，经济的高速增长依赖高投入、高消耗、高污染、低效率的粗放型增长方式，以"资源换增长"的资源消耗型发展模式仍普遍存在。与其他国家相比，我国的资源相对紧缺，人均资源占有量大大低于世界平均水平。据统计，1990—2009 年，我国石油消费由 1.18亿 t 增加到 3.84 亿 t，煤炭由 10.55 亿 t 增加到 29.58 亿 t，粗钢由 5 100 万 t 增加到 5.72亿 t，铜由 51.2 万 t 增加到 413.49 万 t，铝由 86.1 万 t 增加到 1 288.61 万 t，19 年间能源矿产消费增加了 2 倍多，金属矿产消费增加了 8～15 倍。2009 年我国石油、铁矿石、铜和铝的对外依存度分别达到 52%、69%、65%和 55%。资源消耗持续增长的同时，资源利用效率依然较低，目前，以每生产 1 t 钢的用水量为例，中国是 25～56 m^3，美国是5.5 m^3，英国是 5.5 m^3。中国单位产值的矿产资源与能源消耗量是世界平均值的 3 倍。据测算，"十一五"期间我国资源产出率仅为 320～350 美元/t 的水平，且有逐年下降的趋势，目前先进国家已达到 2 500～3 500 美元/t。根据初步判断，中国人力资源的红利期最多还能持续到 2015 年左右，而投资持续增长的支撑十分有限，中国近 30 年来是用20%～25%的投资增长率在维持着 9.7%～11.6%的经济增长速度。这样的资源禀赋不可能支撑高投入、高消耗的发展模式。

（2）矿物资源开发规模日益扩大，但开采效率低下，生态破坏较为严重。改革开放以来，为了加快经济发展，提高资源保障程度，我国矿产资源开发强度日益加大，1999—2008年我国非油气矿产资源开采量从 41.84 亿 t 快速增加到 67.2 亿 t，年均增长 4.9%。我国的矿石资源的开采效率较低，产值也较小，如 2008 年每吨金属矿石开挖量创造的价值为 26 美元，比世界平均水平低 26%。其中，铁矿开采的资源效率分别是美国的 37.7%、日本的 76.9%、德国的 62.8%。同时，我国矿产资源开采造成的环境污染问题十分严重，2008 年每开采 1 t 矿产资源的废水、COD、氨氮排放量分别是 0.21 t、0.22 kg、0.01 kg，远高于发达国家水平。粗放式的矿产资源开发态势，不仅造成了矿物资源的极大浪费，

---

① 王金南，於方，董战峰，等.（2009）."中国改革开放 30 年经济增长的环境代价分析".重要环境信息参考（环境规划院内刊），第 5 卷　第 1 期.

也产生了很大的生态环境问题,严重影响了矿产资源的可持续开采和生态环境的可持续利用。

（3）能源消费量持续增长,能源效率依然较低。中国的能源消费总量节节攀升,由 1978 年的 5.71 亿 t 标准煤增长到 2011 年的 34.80 亿 t 标准煤,年均增长 5.6%,成为世界第二大能源消耗国（图 1-4）;同时中国以煤炭为主的能源消费结构并没有较大改观,虽然我国水电、核电、风电等清洁能源比例进一步提高（2011 年达到了 8%）,但煤炭消费比重仍然占 68.4%,能源消费结构不利于污染减排（图 1-5）。在节能方面,中国节能提效工作取得一定的成绩,单位能耗呈一定下降趋势（图 1-4）,但我国能源效率仍然偏低,2010 年每万美元能耗是世界平均水平的 2.2 倍,是美国的 2.7 倍,是德国的 4.3 倍、日本的 4.4 倍、法国的 4.2 倍,甚至是巴西的 3.4 倍（图 1-6）。根据世界能源机构 2006 年统计,中国的普通钢、水泥、合成氨等高耗能产品的单位能耗要比最先进的国家分别高出 50%、60%和 33%。中国的综合能源效率约为 33%,比发达国家低约 10 个百分点。电力、钢铁、有色金属、石化、建材、化工、轻工、纺织等 8 个行业主要产品单位能耗平均比国际先进水平高 40%。钢铁、水泥、纸和纸板的单位产品综合能耗比国际先进水平分别高 21%、45%、120%。机动车油耗水平比欧洲高 25%,比日本高 25%。中国单位建筑面积采暖能耗相当于气候条件相近的先进发达国家的 2～3 倍。与此同时,我国碳排放占全球碳排放的份额也逐年提高,由 1978 年的 7.9%增加到 2011 年的 28%[①],超过美国,成为世界碳排放第一大国。

图 1-4　中国 1978—2011 年能源消费总量及能源消费强度

数据来源:《中国统计年鉴 2011》。

---

① Peters G.,Andrew R.,Boden T.,et al. 2012. The challenge to keep global warming below two degrees[J]. Nature Climate Change,2012（3）：4-6.

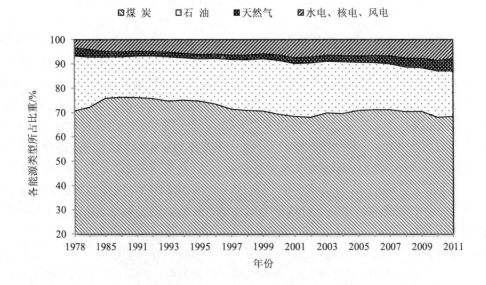

图 1-5 改革开放以来中国能源结构的变化趋势

数据来源：《中国统计年鉴 2011》。

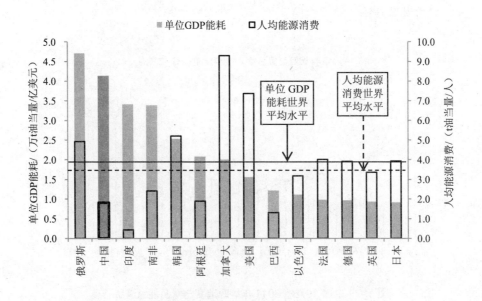

图 1-6 2010 年世界主要国家能源效率比较

数据来源：能源数据来源于 BP 公司报告《Statistical Review of World Energy 2011》；人口数据来源于国际货币基金组织（IMF）网站；GDP 数据来源于《中国统计年鉴 2011》。

（4）人均水资源量较低，利用效率仍待提高。我国水资源总量在世界上处于前列，但是人均水资源量较低，2010 年仅为 2 310.4 m³，只有世界平均水平的 1/4，属于缺水国家，水资源短缺也是制约我国可持续发展的重要"瓶颈"，并呈现日益严重的发展态势。随着经济发展和城市化进程的加快，缺水范围在不断扩大，缺水程度日趋严重。据统计，全国 662 个城市中，400 个城市常年供水不足，其中有 110 个城市严重缺水。水资源利用率呈增长态势，但与发达国家相比，我国用水效率仍然严重低下，我国平均每立方米用水实现国内生产总值仅为世界平均水平的 1/5；2006 年美国的用水效率 238 元/t，是中国用水效率的 6.43 倍。我国平均每立方米用水实现国内生产总值仅为世界平均水平的 1/5，农业灌溉用水有效利用系数为 0.4～0.5，而发达国家为 0.7～0.8，万元 GDP 用水量高达 399 m^3，而发达国家仅 55 m^3，一般工业用水重复利用率在 60% 左右，发达国家已达 85%。此外，我国在污水处理回用、海水雨水利用等方面也处于较低水平，用水浪费进一步加剧了水资源的短缺。

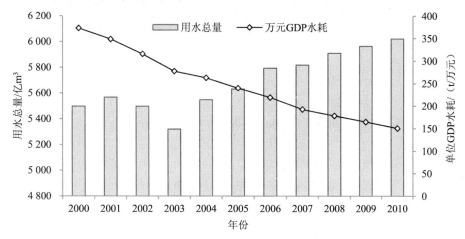

图 1-7 我国水资源利用效率变化趋势

数据来源：《中国统计年鉴 2011》，采用 2010 年不变价。

1.1.2.2 主要污染物排放总量较大，污染减排仍面临巨大压力

改革开放以来，我国工业化和城市化高速发展，给环境保护工作带来巨大的压力，经济社会发展与生态环境保护的矛盾日益显现，COD、SO_2、NO_x、POPs、THP、EDS、Hg 等主要污染物排放量都位居世界榜首。

（1）废水及其污染物排放逐年递增

从总量来看，近 10 年全国废水排放量逐年增加，从 2001 年的 433 亿 t 增加到 2010 年的 617 亿 t，其中工业废水排放量所占比例逐年下降，从 2001 年的 47% 下降到 2010 年的 38%。生活废水比例逐年上升，从 2001 年的 52% 上升到 2010 年的 62%，成为主要废水排放来源。从排放效率看，近 10 年废水排放强度呈现平稳下降趋势，从 2001 年的 27.1 t/万元降低到 2010 年的 15.4 t/万元，十年期间减少了 40% 左右；而工业废水排放强度下降更为明显，从 2001 年的 37.5 t/万元降低到 2010 年的 17.6 t/万元，十年期间减少了 53% 左右（图 1-8）。

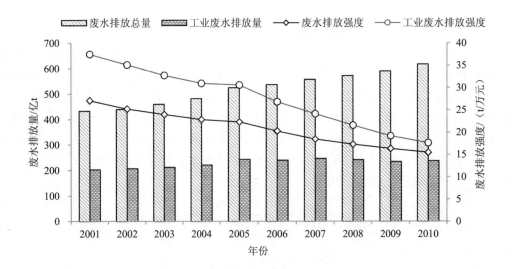

图 1-8 近十年全国废水和工业废水排放总量及排放强度

数据来源：污染物数据来源于《中国环境统计年报2010》；GDP数据来源于《中国统计年鉴2011》，采用2010年不变价。

主要废水污染物指标化学耗氧量（COD）排放总量2001—2010年基本呈先升后降的倒"U"型趋势，在2006年达到最高排放量后逐年减少，2010年COD排放总量为1 238万t，较"十一五"初期下降了13%。另一方面，生活排放逐渐成为中国COD排放的主要来源，从2010年的57%增长到2010年的65%。另一方面，中国近10年COD综合排放强度也呈逐年下降的趋势，从2001年的8.8 t/万元下降到3.1 t/万元，下降了一半（图1-9）但中国仍然是世界COD排放最多的国家，因此我国废水污染物减排仍然面临巨大压力。

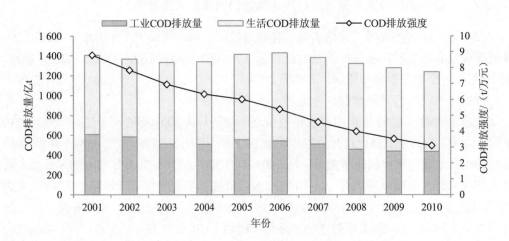

图 1-9 2001—2010年中国COD排放总量和排放强度

数据来源：污染物数据来源于《中国环境统计年报2010》；GDP数据来源于《中国统计年鉴2011》，采用2010年不变价。

（2）大气污染排放压力依然严峻

我国 SO_2 排放量 2006 年达到峰值 2 588.8 万 t，是美国的两倍。随着我国节能减排工作的深入推进，"十一五"期间全国废气中 SO_2 排放总量、工业废气中 SO_2 排放量和生活废气中 SO_2 排放量均呈现逐年下降趋势，2010 年全国 SO_2 排放总量较 2005 年下降了 14.3%，超额完成了"十一五"总量减排任务，节能减排成效显著。在总 SO_2 排放量中，工业排放所占比重持续上升，由 2001 年的 80% 升高到 2010 年的 85% 左右。从 SO_2 排放强度来看，近十年排放强度总体呈下降趋势，其中"十一五"期间下降势头明显高于"十五"期间，且工业 SO_2 排放强度下降速率高于总排放强度（图 1-10）。与发达国家相比，我国 SO_2 排放强度仍然处于高位，是美国、英国、日本等发达国家的 5～10 倍，高于同期世界平均水平，在我国以煤为主的能源消费结构难以改变、排放强度降低空间逐步减小的情况下，SO_2 的治理任重道远。

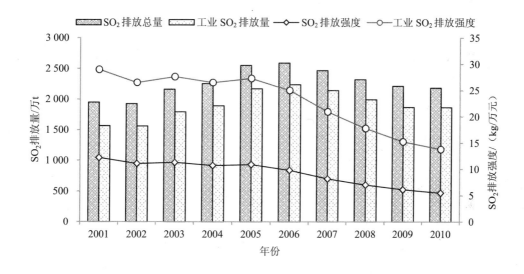

图 1-10　近十年中国 SO_2 排放量及排放强度趋势分析

数据来源：污染物数据来源于《中国环境统计年报 2010》；GDP 数据来源于《中国统计年鉴 2011》，采用 2010 年不变价。

全国烟尘排放总量呈现波动中有所下降的趋势，2010 年烟尘排放量达到 829 万 t，烟尘排放持续降低。与 SO_2 类似，工业烟尘排放量占烟尘排放总量的比重较大，近年约占总排放量的 80%（图 1-11）。1991—2010 年，工业烟尘排放量总体呈现在波动中下降的趋势，从 1991 年的 845 万 t 下降到 2010 年的 603 万 t，下降 8.7%；生活烟尘排放量在 1996—1998 年小幅下降后，近年基本稳定在 200 多万 t。

氮氧化物（NO_x）是造成大气污染的主要污染源之一，主要包括 NO、NO_2、N_2O、N_2O_3、N_2O_4、N_2O_5 等几种。其主要危害包括对人体和动植物的致毒损害作用、形成酸雨及光化学烟雾、参与破坏臭氧层等。作为主要大气污染物，全国 NO_x 排放量呈不断增长的趋势，2010 年，NO_x 排放量为 1 852.4 万 t，比上年增加 9.4%，比 2006 年增加 21.6%。其中，工业 NO_x 排放量为 1 465.6 万 t，比上年增加 14.1%，比 2006 年增加 29%，占全

国 NO_x 排放量的 79.1%；生活 NO_x 排放量为 386.8 万 t，比上年减少 5.2%，与 2006 年基本持平，占全国氮氧化物排放量的 20.9%（图 1-12）。同时，随着我国机动车拥有量的激增，公路交通对大气环境污染的压力不可小视。其中交通源 NO_x 排放量为 290.6 万 t，占全国氮氧化物排放量的 15.7%，占生活源的 75%。

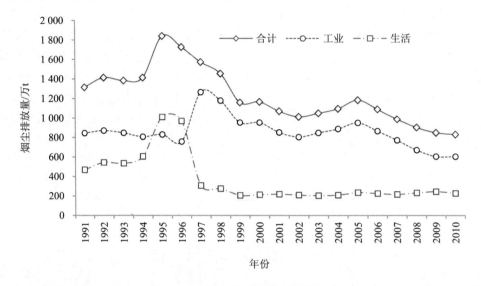

图 1-11　近 20 年我国烟尘排放情况

数据来源：历年《中国环境统计年报》。

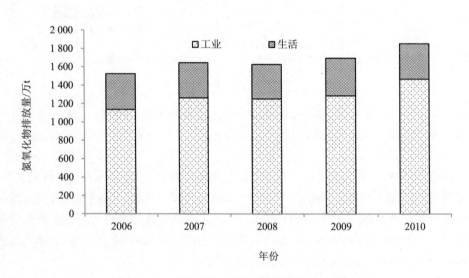

图 1-12　"十一五"期间我国氮氧化物排放情况

数据来源：《中国环境统计年报 2010》。

我国挥发性有机物（VOCs）排放总量同样较大，且呈逐年增长的趋势。2008 年的排放量为 2 014 万 t，较 2003 年的 1 645.5 万 t 增加了 368.5 万 t，年均增长率为 3.4%，较美国同年 VOCs 排放量多 636 万 t[①]。从 VOCs 排放来源来看，生活源的排放总量总体上变化不大，2002—2008 年都在 1 000 万 t 左右，其中 2002 年的排放量最大，为 1 172 万 t，2003 年减少到 992 万 t，以后几年略有增多，2008 年开始又有所下降，为 1 035 万 t。生活源所占比例逐渐下降，从 2002 年的 71.2%下降到 2008 年的 51.4%。其中，机动车尾气排放和生物质燃烧是生活的主要来源。工业源 VOCs 排放量呈逐年增长的趋势，排放总量从 2001 年的 444 万 t 持续增长到 2008 年的 979 万 t，年均增长率为 10.4%。其中，工业过程 VOCs 排放量较大，年均增长率为 10.6%，其占工业排放的比重由 2001 年的 55.2%增长到 2008 年的 56.0%；工业溶剂使用 VOCs 排放量增长迅速，并于 2006 年成为工业中的第二大排放来源，其年均增长率达到 14.1%，占工业排放的比重由 2001 年的 18.5%增长到 2008 年的 24.0%（表 1-1）。

表 1-1 全国 2001—2008 年挥发性有机物排放量估算 单位：万 t

具体来源 ＼ 年份	2001	2002	2003	2004	2005	2006	2007	2008
机动车尾气排放	—	455.0	498.3	509.3	552.4	559.7	569.9	569.8
农村生物质燃烧	526.4	610.6	379.6	392.1	349.4	333.1	315.6	295.1
厨房油烟	83.1	84.3	85.4	86.5	87.5	88.4	89.3	90.1
化石燃料燃烧	3.1	3.3	3.8	4.3	4.8	5.4	6.2	6.4
涂料使用	96.9	106.2	125.0	152.4	191.8	252.3	292.1	314.3
工业过程合计	245.0	267.0	299.0	377.0	389.0	473.0	521.0	548.0
能源生产加工储运	114.2	119.1	132.0	147.8	157.9	169.2	181.1	189.9
垃圾处置	—	—	0.4	0.5	0.7	1.0	1.2	1.3
总 计	1 068.6	1 645.5	1 523.5	1 669.0	1 733.5	1 882.0	1 976.4	2 014.0

数据来源：蒋洪强、王金南、张伟等著，《2011—2020 年非常规性控制污染物排放清单分析与预测研究》，中国环境科学出版社，2011 年，由于无法获得必要计算数据，2001 年机动车尾气 VOCs 排放和 2001 年、2002 年的垃圾处置 VOCs 排放量没有参与计算。

可吸入颗粒物（PM_{10}）逐渐成为主要的大气污染物，其对环境和人体健康的危害日益严重，其中尤以 $PM_{2.5}$ 对生态环境和人体健康伤害最大。改革开放以来，我国可吸入颗粒物逐渐成为我国大气环境的主要污染物之一。我国 PM_{10} 排放总量较大，且呈逐年增长的趋势，但是增长速度逐渐变缓，从 2002 年排放总量为 2 225 万 t 持续增长到 2008 年的 3 054 万 t，年均增长率为 5.42%（见表 1-2）。我国 $PM_{2.5}$ 排放总量同样较大，2002—2008 年前期增长速度比较快，2005 年排放量达到最高，为 1 393 万 t。随后稍微有所降低，2008 年下降为 1 337 万 t（见表 1-3）。两种污染物主要来源于燃煤、道路扬尘和建筑扬尘三方面，这三方面占其主要来源的 90%以上。与发达国家相比，2008 年，我国可吸入颗粒物 PM_{10} 和 $PM_{2.5}$ 排放量分别是美国的 1.9 倍和 3.8 倍，减排压力巨大。

[①] 美国环境保护局网站（http://www.epa.gov/air/emissions/voc.htm）显示美国 2008 年挥发性有机物（VOCs）排放量为 1 378 万 t。

表 1-2　我国 2002—2008 年可吸入颗粒物 PM₁₀ 排放量估算　　　　单位：万 t

来源＼年份	2002	2003	2004	2005	2006	2007	2008
燃煤	901.30	933.34	974.55	1 052.43	968.77	878.07	802.45
工业工程	418.75	454.35	402.64	368.50	359.74	310.92	260.30
机动车尾气	25.35	27.56	29.52	32.11	34.37	36.83	39.05
道路扬尘	521.70	609.07	674.33	802.83	907.81	1 038.35	1 154.75
建筑扬尘	357.75	417.21	452.42	539.25	622.78	721.21	797.67
合　计	2 224.85	2 441.53	2 533.46	2 795.12	2 893.47	2 985.38	3 054.22

数据来源：蒋洪强、王金南、张伟等著，《2011—2020 年非常规性控制污染物排放清单分析与预测研究》，中国环境科学出版社，2011 年。

表 1-3　我国 2002—2008 年可吸入颗粒物 PM₂.₅ 排放量估算　　　　单位：万 t

来源＼年份	2002	2003	2004	2005	2006	2007	2008
燃煤	612.88	634.67	662.69	715.65	658.76	597.09	545.66
工业工程	284.74	308.95	273.79	250.57	244.62	211.42	177.01
机动车尾气	23.70	25.78	27.66	30.12	32.28	34.63	36.75
道路扬尘	142.28	166.11	183.91	218.95	247.58	283.19	314.93
建筑扬尘	117.71	137.27	148.85	177.42	204.91	237.30	262.45
合计	1 181.31	1 272.78	1 296.90	1 392.71	1 388.15	1 363.63	1 336.80

数据来源：蒋洪强、王金南、张伟等著，《2011—2020 年非常规性控制污染物排放清单分析与预测研究》，中国环境科学出版社，2011 年。

1.1.2.3　环境质量恶化趋势依然加剧，治理与改善任务仍十分艰巨

改革开放以来，中国经济增长在改善人民生活的同时，也使人类赖以生存的生态环境"满目疮痍"，发生了"翻天覆地"的变化。生态环境破坏问题十分突出，主要表现在：

（1）水污染依然在加剧，水环境安全令人堪忧

我国地表水环境质量总体呈恶化趋势，结构性、复合性和区域（流域）性污染集中体现和爆发；许多河流湖泊 60 年水质变迁可以概括为"五十年代，淘米洗菜；六十年代，洗衣灌溉；七十年代，水质变坏；八十年代，鱼虾绝代；九十年代，黑臭一片；二十一世纪，拉稀生癌"。2010 年全国流经城市的河流中，70%的江河水系受到污染；七大水系监测断面中，劣 V 类水质比例仍高达 20.8%；农村饮用水水源地水功能仍有 1/3 左右不达标，3 亿农民无法喝到安全的饮用水，占农村人口总数的 45%；28 个国控重点湖库中，75%以上的湖库水体已普遍出现富营养化和水生态退化问题，水质为 V 类或劣 V 类的占 50%以上。

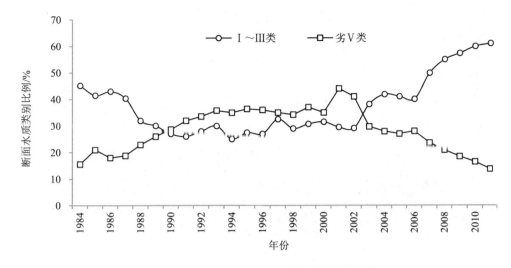

图 1-13 1984—2010 年地表水水质变化趋势

数据来源：1991—2011 年《中国环境状况公报》。

（2）城市大气质量有所改善，区域空气质量出现恶化

从 30 年的时间尺度来看，以常规污染物指标衡量的城市空气质量都有所改善。与 1997 年相比，2011 年好于二级以上城市的比例增加近 3 倍，劣于三级城市的比例从 49.0% 下降到 1.2%；2011 年，325 个地级及以上城市（含部分地、州、盟所在地和省辖市）中，环境空气质量达标城市比例为 89.0%，超标城市比例为 11.0%。

但部分城市污染依然严重，臭氧、颗粒物等复合污染物污染情况日益严重，城市群集中区域出现了多种污染共存的复合型污染，农村局部地区空气质量也出现恶化。2009 年，全国空气质量达到优异水平的城市仅 21 个，仅占总监测城市个数的 4%。与人体健康关系较大的指标 PM_{10} 经人口加权后年均浓度为 0.095 mg/m^3，距离世界卫生组织推荐全球指导标准或健康阈值 0.015 mg/m^3 差距明显。根据中国环境监测总站对天津、上海、重庆、广东、深圳、广州、苏州、南京等 9 个试点城市 $PM_{2.5}$ 的监测数据可知，试点城市的 $PM_{2.5}$ 超标状况严重，以世界卫生组织提出的 $PM_{2.5}$ 第一阶段（最低的）标准进行评价，各试点城市的 $PM_{2.5}$ 超标天数占全部监测天数的比例在 1.9%～48.9%；同时，2010 年各试点城市发生灰霾天数占全年天数的比例为 20.5%～52.3%，城市灰霾天气出现频率较高。

中国酸雨污染仍有加重蔓延的趋势，中国酸雨覆盖区域已经成为全球三大酸雨区之一，2011 年，监测的 468 个市（县）中，出现酸雨的市（县）227 个，占 48.5%；全国酸雨分布区域主要集中在长江沿线及以南到青藏高原以东地区。主要包括浙江、江西、福建、湖南、重庆的大部分地区，以及长江三角洲、珠江三角洲、湖北西部、四川东南部、广西北部地区。酸雨区面积约占国土面积的 12.9%（图 1-15）。局部地区的酸雨有所加重，主要由于氮氧化物排放量的持续增加，降水中硝酸根离子浓度快速升高，致使降水离子结构发生显著变化。氮氧化物是导致我国酸沉降的重要因素之一，对降水酸度的贡献仅次于 SO_2，酸雨类型已加速由硫酸型向硫酸硝酸复合型过渡。

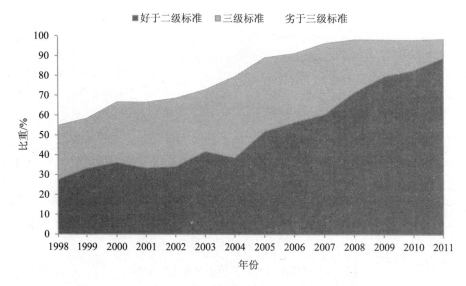

图 1-14　1998—2011 年不同级别空气质量城市的比例变化情况

数据来源：1998—2011 年《中国环境状况公报》。

（3）经济发展造成生态破坏严重，生态退化未有明显改善趋势

经济和城市化的快速发展对生态环境的破坏十分严重，其中以水土流失、土地荒漠化、耕地减少、生物多样性减少等为主。全国水土流失面积已从新中国成立初期的 116 万 km^2 增加到现在的约 160 万 km^2，增长了 38%，占国土面积的 1/6。我国北方地区沙漠、戈壁、荒漠化土地总面积为 153.3 万 km^2，占全国陆地国土面积的 16%，其中土地沙质荒漠化面积已达 20 万 km^2，且沙质荒漠化土地蔓延速度不断加快。人均耕地从 1952 年的 2.82 亩下降到 2010 年的 1.36 亩。森林面积为 19 545 万 hm^2，覆盖率 20.36%，只有全球平均水平的 2/3；人均森林面积 0.145 hm^2，不足世界人均占有量的 1/4；人均森林蓄积 10.151 m^3，只有世界人均占有量的 1/7。全国草原退化、沙化、盐碱化是发展趋势，草原严重退化面积 9 000 多万 hm^2，占可利用草场面积的 1/3，且以每年 130 万 hm^2的速度退化；据估计，我国的植物物种中 15%～20% 处于濒危状态，高于世界 10%～15% 的平均水平。

1.1.2.4　环境污染蚕食经济发展成就，生态环境损失成本逐年提高

环境污染正在侵蚀经济发展成就，资源、能源过度开采和利用，工业的快速发展直接对生态环境产生深刻影响，造成的生态破坏和污染损失逐年增加。自 20 世纪 90 年代中期以来，中国经济增长中有 2/3 是在环境污染和生态破坏的基础上实现的。由煤炭燃烧形成的酸雨造成的经济损失每年超过 1 100 亿元人民币。根据世界银行估计，每年中国环境污染和生态破坏造成的损失与 GDP 的比例高达 10%。另据中国环境规划院测算[①]，

---

① 王金南，於方，马国霞，等．"中国环境经济核算研究报告 2010".重要环境信息参考（环境规划院内刊），2012 年第 8 卷　第 19 期.

环境污染和生态破坏经济损失大约占当年 GDP 的 7%～8%，且呈逐年上升趋势。2004—2010 年这 6 年间，基于退化成本的环境污染损失从 5 118.2 亿元提高到 9 701.1 亿元。从最新核算的 2009 年看，环境退化成本和生态破坏损失成本合计 13 916.2 亿元，较上年增加 9.2%，约占当年 GDP 的 3.8%。

1.1.2.5 公众健康面临严重威胁，环境安全影响社会稳定

严重的环境问题已经危及群众健康和公共安全。根据 2009 年中国绿色国民经济核算研究成果[①]，2009 年中国只有 1.47% 的城市人口生活在低于世界卫生组织推荐的颗粒物阈值（PM_{10} 为 20 $\mu g/m^3$）以下的环境中，由于大气污染造成约 39.9 万城市人口过早死亡，占总因病死亡人数的 5.0%，同时还造成约 56.7 万人因病住院，新发 22.7 万慢性支气管炎患者。另据中国环境规划院测算研究，2009 年 PM_{10} 没有达到新二级标准的城市，因大气污染而导致的过早死亡人数为 29.8 万人，导致的呼吸系统和循环系统的住院人数约为 46.3 万人，造成约 2 754.3 亿元的人体健康损失。中国城乡居民的癌症（恶性肿瘤）死亡率在过去 30 年中增长了八成以上，尤以肺癌和乳腺癌上升幅度最大，分别上升了 465% 和 96%；近年，我国城市居民的肺癌死亡率有明显升高，2007 年比 20 世纪 70 年代初期增长了 2.8 倍，恶性肿瘤死亡率比 20 世纪 70 年代初期增长了 0.9 倍。

严重的环境安全问题也引发了社会冲突，成为影响社会稳定的重要因素。2005 年松花江水污染和 2007 年太湖蓝藻事件都造成了上百万群众饮水困难。重金属等污染事件呈高发态势，化学品生产企业布局存在环境风险，危险废物非法堆存、运输和不规范处置现象十分普遍，垃圾围城现象愈演愈烈，防范核与辐射风险的压力进一步增加，因环境污染事故引起的群体性事件增多。一些地方广大群众改善环境的呼声越来越高，近年来环境投诉都在以每年 30% 的速度上升。而环境问题导致的群体性事件也以每年 29% 的速度递增。

综上分析，我国的资源环境形势十分严峻，集中表现为主要污染物排放量超过环境承载能力，生态系统功能退化，资源保障能力不足，资源环境对经济发展的严重制约已经成定局。结构型、压缩型、复合型污染的特征已经成定局，环境保护面临的长期性、艰巨性、复杂性的矛盾和问题已经成定局。造成环境形势严峻的原因是多方面的，突出表现在：

（1）思想认识还不到位。一些地方领导干部特别是基层领导干部对落实科学发展观的认识还不到位，科学政绩观还远远没形成。"重经济增长，轻环境保护"现象仍然突出，"先污染后治理"的错误观念依然存在，许多地方仍然把追求高速度经济增长当做硬任务，把环境保护作为软任务。

（2）经济增长方式转变缓慢。目前，我国产业结构不合理的问题仍很突出，固定资产投资增长过快，重工业特别是高污染行业增长快，产业结构调整进展缓慢，经济增长过于依赖第二产业特别是重化工业。2000 年重工业占工业总产值的比重为 60% 左右，

---

① 王金南，马国霞，於方，等."实施空气质量 PM_{10} 新标准的人体健康效益分析". 重要环境信息参考（环境规划院内刊），2012 年第 8 卷 第 3 期.

到 2009 年已接近 70%。近 8 年来，高能耗、高污染行业年平均增长率都在 15%以上，占全国工业能耗和二氧化硫排放近 70%的钢铁、建材、有色金属、电力、石油、化工六大行业，同比增长超过 20%。

（3）环境法制还不健全。现有环境法律法规不健全，可操作性不强，对违法企业的处罚额度过低，对纠正环境违法行为缺乏强制执行权。在土壤、化学品污染防治和环境监测等方面还存在法律空白，排污许可证、总量控制等工作的法律支持力度亟待加强。环境执法监督偏软，在一些地方执法不到位、有法不依、执法不严、违法不究的现象还比较普遍。

（4）环保投入比例偏低。根据发达国家经验，在经济高速增长时期，环保投入要在一定时间内持续稳定达到 GDP 的 1.5%，才能有效地控制污染，达到 3.0%才能使环境质量得到明显改善。目前我国环保投入增长速度缓慢，远低于经济增长速度，占 GDP 的比例偏低。

（5）基层环境监管能力薄弱。各级环保部门特别是基层环保部门机构不健全，人员编制少，工作条件差，经费不落实，缺少必要的执法车辆和设备，监管能力明显不足。一些基层从事环保工作的同志"废水靠看、废气靠闻、噪声靠听"还在许多地方存在。

（6）政策措施不完善。财税、金融、价格、贸易等政策不配套，鼓励环境保护的力度不够。资源价格既不能反映资源的稀缺程度，又不能反映污染治理成本，对资源节约和环境保护缺乏应有的调节作用。

1.1.3   迫切需要加快转变经济发展方式

当前，我国和世界不断发生着深刻变化，国家经济和环境保护都处在新的发展阶段。传统的以消耗能源和污染环境为代价的经济增长方式必须改变，不能再仅仅靠 GDP 数量的增长，而应当在把握经济发展规律的前提下，采取更有力的措施提高经济发展质量和效益，促进经济社会又好又快的发展。加快转变经济发展方式是实现国民经济又好又快发展的必然要求。自党的十七大确立实现经济增长方式根本性转变的方针以来，我国在转变经济增长方式方面取得了不少成效，但总体上还没有改变"高投入、高消耗、高排放、难循环、低效率"的增长方式。只有通过环境保护倒逼经济结构升级以及发展方式转变，实现环境保护优化经济增长。

（1）促进经济结构调整。当今社会，环境保护涉及多个领域和再生产全过程，要从工业、农业、建筑、交通运输、服务等各个领域和生产、流通、分配、消费、再生产等各个环节加大环保工作力度，才能事半功倍，取得成效明显。"十二五"及今后一段时期，环境保护工作的难点和突破点就在统筹各领域和再生产全过程的基础上，加快构建环境友好的国民经济体系。"十二五"规划纲要明确提出 GDP 增长 7%的目标。第七次全国环保大会标志性成果是"坚持在发展中保护、在保护中发展，积极探索环保新道路"。要以环境保护优化经济发展，充分发挥其促进转变经济发展方式转变的先导和倒逼作用，把经济社会发展的各项工作与环境保护要求统筹规划、同步推进。深入推进产业优化和技术升级，大力发展服务业和高新技术产业，加快发展环保产业，对传统产业进行生态化改造，发展循环经济，实现清洁生产，鼓励节能降耗，建立低消耗、少污染的现代生产体系。

（2）加快淘汰落后产能。加快淘汰落后产能是转变经济发展方式、调整经济结构、提高经济增长质量和效益的重大举措，是加快节能减排、改善环境质量的迫切需要，是走中国特色新型工业化道路、实现工业由大变强的必然要求。落后的产能过剩，造成了巨大的浪费，只有加快淘汰落后产能，才能为先进产能腾出市场容量，缓解产能过剩的矛盾；才能改变高投入、高消耗、高污染、低产出的粗放型发展方式，缓解产能过剩的矛盾，才能促进产业的健康发展，优化产业结构。"十二五"时期，必须充分发挥市场的作用，在"十一五"基础上，采取更加有力的措施，综合运用法律、经济、技术及必要的行政手段，抓住关键环节，突破重点难点，加快淘汰小火电、小钢铁、小水泥、小造纸等落后产能，进一步推动各行业向低能耗、高技术水平、高国际竞争力转型，最终实现产业结构调整和优化升级。

（3）促进产业生态化。产业生态化符合世界潮流，是一个国家的工业从粗放向集约转变的一个不可逾越的阶段，实现可持续发展和经济发展方式转变需持续推进产业生态化。产业生态化通过对生产、分配、流通、消费、再生产等各个环节进行合理优化耦合，把资源的综合利用与环境保护结合在一起，建立高效、低耗、低污染、经济增长与生态环境和谐的产业发展过程，促进人类产业系统与自然环境的相互作用和协调。推行产业生态化，首先要在微观层次上实施清洁生产，使资源在企业内部实现循环利用，提高资源利用率；其次，在中观层次上构建生态工业园区，使资源在产业系统内达到循环利用，尽可能减少废物排放；最后，在宏观层次上形成循环经济，使物质的生产和消费在全社会范围内形成大循环，实现真正意义上的废物减量化。

（4）加大技术创新。广泛应用高新技术来改造提升传统产业，促使经济发展由主要依靠资金和物质要素投入带动向主要依靠科技进步和人力资本带动转变。第一，注重传统制造业的技术更新和设备改造，大力开发和使用经济上合理、资源消耗低、污染排放少、生态环境友好的先进技术，使技术创新成为推动产业结构优化升级的强大力量。第二，要大力发展可持续能源、绿色交通、绿色建筑、环保产业等绿色经济，使绿色经济成为当前经济的一个新的增长点。第三，加大污染减排技术的研发力度，把污染减排作为政府科技投入、推进高技术产业化的重点领域。第四，加快污染减排技术的产业化，培育污染防治服务市场，推进污染治理市场化，促进环保产业的健康发展。

（5）推进绿色消费。过度消费加重了环境资源的负担，加速了环境资源的消耗。转变消费观念，破除传统的陈旧的消费观念，提倡和引导绿色消费，对于资源节约、环境保护十分重要。一是倡导消费者在消费时选择未被污染或有助于公众健康的绿色产品；二是在消费过程中注重对垃圾的处置，不造成环境污染；三是引导消费者转变消费观念，崇尚自然、追求健康，在追求生活舒适的同时，注重环保、节约资源和能源，实现可持续消费。绿色消费可以实现物品的重复使用和多层利用，提高物品的利用率，通过分类回收，促进废物的循环再用，提高废物的再资源化率。要倡导和鼓励每个单位、每个社区实行绿色办公，每个家庭践行良好的绿色生活方式，尊重每个公民的绿色选择，在全社会形成文明、低碳的工作和生活方式。

（6）建立和完善长效机制。当前导致环境问题加剧的原因除了环境指标的科学政绩观和考核未落实到位外，主要是缺乏一套激励各级政府和企业配置长期有效的环境保护机制。而环境经济政策是迄今为止国际社会解决环境问题最有效、最能形成长期制度的办法，在社会主义市场经济体制下，作为宏观经济的重要组成部分，对落实科学发展观、转变经济发展方式、树立科学政绩观至关重要。要建立和完善环保投入、脱硫脱硝电价、排污收费、环境税、生态补偿、排污权交易等环境经济政策体系。

1.2 理论基础

1.2.1 基本概念界定

（1）节能减排

节能减排有广义和狭义定义之分。广义而言，节能减排是指节约物质资源和能量资源，减少废弃物和环境有害物（包括"三废"和噪声等）排放；狭义而言，节能减排是指节约能源、降低能源消耗、减少环境有害物排放。节能减排包括节能和减排两大领域，二者既有联系，又有区别。一般地讲，节能主要指节约能源、降低能耗，其主要措施包括推行低碳技术和循环经济；而减排也叫污染减排，主要指减少有害污染物，保护生态环境，其主要措施包括淘汰落后产能、建设污染物处理设施，提高环境监管等。"节能减排"出自于我国"十一五"规划纲要，是为了我国实现经济发展方式转变而提出的主要工作任务。同时，从政府职责划分来看，节能工作主要由发改委、工信部两个部委推动和管理，而减排工作则主要由环境保护部推动和管理。

（2）污染减排

污染减排同样也有广义和狭义定义之分。广义而言，污染减排是指对所有有害污染物的处理和控制行为，包括大气污染物、水污染物、固体废物、噪声、光污染、核辐射污染等所有类型的污染物；而狭义的污染减排仅指针对主要环境污染物的削减、控制及治理行为。如大气污染物主要包括二氧化硫、氮氧化物、烟尘、粉尘、PM、VOCs、大气汞等；水污染物主要包括 COD、氨氮、重金属、氰化物、石油类、挥发酚等。"十一五"时期，中国确定二氧化硫和化学需氧量为两项"刚性约束"减排指标，提出其排放量在 2005 年基础上削减 10%的减排目标；"十二五"时期，中国污染减排约束性指标在二氧化硫和化学需氧量基础上增加了氮氧化物和氨氮两个指标，确定到 2015 年，二氧化硫和化学需氧量两者需在 2010 年基础上削减 8%，分别控制在 2 347.6 万 t、2 086.4 万 t；氮氧化物和氨氮两者需在 2010 年基础上削减 10%。分别控制在 238.0 万 t、2 046.2 万 t。

"十一五"期间，为了推动污染减排工作的顺利开展和圆满完成，中国分别从结构调整、末端治理以及监管能力三个方面实施污染减排，推动三大减排工程，即结构减排、工程减排、管理减排。其中结构减排主要指控制高耗能、高污染行业过快增长，严格控制新建高耗能、高污染项目，严格执行国家产业政策和淘汰落后产能计划等内容；工程减排以安装火电脱硫机组和城市污水处理厂建设为重点，全方位推进治污设施建设进度；管理减排以严格执行环境影响评价，提高环保准入门槛，实行"区域限批"措施，加快排放标准修订和制定，加大执法力度等为重点，通过加强环境管理达到减排目的。

（3）环境保护活动

环境保护活动是指为了减少污染物排放或保护生态系统功能完好，提升环境质量，即减少因经济活动对环境产生的负面影响而采取的各种行动。由此可见，环境保护活动包括两方面：一是以改善环境质量为中心的污染物排放预防与治理活动，简称污染防治活动；二是以保护生态系统为目的的生态保护活动。

从环境保护活动的主体来看，可以分为内部环境保护活动和外部环境保护活动。内部环境保护活动是指企业自身为了防治污染而采取的行动，投入主体和受益主体都是企业自身，在国民经济行业中，通常体现在第一产业、第二产业中。外部环境保护活动是指公共管理机构为了防治污染而采取的行动，如城市污水处理、城市生活垃圾处理、集中供热等，投入主体是政府、民间或中介组织等，受益主体是社会公众，在国民经济行业中，通常体现在第三产业（或城市生活）中。

（4）环境保护投入

环境保护投入，也被称为环境保护支出，是指由于环境保护活动而发生的支出。根据环境保护活动的界定，环境保护投入可分为污染防治投入和生态保护投入两部分。另外，根据环境保护活动的发生方式，可将环境保护投入分为单独环境保护投入和综合性环境保护投入。此外，根据投入的时间长短和是否形成固定资产，可将环境保护投入分为投资性支出（环境保护投资）和经常性支出（运行费用）。在我国，环境保护投入一般包括环境保护投资和环境保护设施运行费用两部分。

（5）环境保护投资

环境保护投资是国家（政府）、企业、团体法人或居民个人等环境保护投资主体，为了获得环境、社会、经济效益，将资金投入环境保护事业增加资本或资本存量，保护和改善环境，防治环境污染、维护生态平衡，促进环境、社会和经济可持续和协调发展的一项经济活动。从环境保护投资的内涵来看，凡是用于防治污染，保护生态的投资都应属于环境保护投资。但是，从国内外环境保护的实践来看，环境保护投资的范围并不统一，各国情况各不相同。在美国，没有区分环境保护投资和环境保护运行费用的差别，把一切用于环境保护的资金都归为环境保护投入。他们把环境保护投入分为四种，即损害费用、防护费用、消除费用和预防费用。日本的环境保护投资除包括工厂治理污染的投资外，还包括很大一部分用于城市公用基础设施的投资。在瑞典，环境保护投资除了包括企业自身进行污染治理的投资外，还包括进行环境科研、环境管理、城市污水处理、野生动植物保护以及风景名胜区建设等的投资[①]。综上所述，各个国家环境保护投资的范围各有不同，但它们的共同之处就是，环境保护投资都包含污染防治和一部分城市公用基础设施的投资，而植树造林、水土保护等恢复生态和改善生态的投资一般都未包含进来。

在我国，迄今为止对环境保护投资也没有统一的定义，存在多种表达方式，且没有可操作性、针对性的明确规定来具体界定环境保护投资的范围和口径。按照目前中国环

---

① 蒋洪强，曹东，於方. 环境保护投入产出核算及政策框架研究. 中国环境政策（环境规划院内刊），2008 年第 9 卷第 5 期.

境保护投资统计的口径，环境保护投资范围主要包括以下 3 个方面：①城市环境基础设施建设投资。指用于城市排水、集中供热、燃气、园林绿化、市容环境卫生等方面的投资，往往直接采用环境统计年报数据。②工业污染源治理投资。产生污染物的老企业结合技术改造和清洁生产，投入一定的资金用于污染防治，主要包括废水治理投入、废气治理投资数据，来源于环境统计。③建设项目"三同时"环境保护投资。法律规定，凡属产生污染物的新建项目，其防治污染设施必须与主体生产设施同时设计、同时施工、同时投产（即所谓的"三同时"制度），这部分投资是环境保护投资中重要组成部分，数据来源于环境统计。为了方便数据获取，本研究不再对环境保护投资范畴进行严格划分，就以上述 3 项环保投资作为本书的研究对象。

（6）环境保护运行费用

环境保护运行费用，是指进行环境保护活动或维持污染治理运行所发生的经常性费用，包括设备折旧、能源消耗、设备维修、人员工资、管理费、药剂费及设施运行有关的其他费用等。目前，关于运行费用，争议比较大、也比较难确定设备折旧是否应归属运行费用。有的人认为，由于环境保护投资中已包含了设备投资部分，所以其折旧不应计入运行费用，否则会导致环境保护投入计算的重复。有的人则认为，从财务成本的角度考虑，设备折旧属于财务当期成本的一个组成部分，尽管在投资时进行了计算，但在当期运行费用中，应包括设备折旧。由于本书将环境保护投资和运行费用作为环境保护投入整体进行考虑，并考虑到环境保护投入是当期实实在在的支出，所以在运行费用计算时，不考虑固定资产折旧部分，否则就会出现重复计算。

（7）产业结构调整与优化

产业结构是指"在社会再生产过程中，国民经济各产业之间的生产技术经济联系和数量比例关系。"一个国家产业结构的状况是历史、资源、技术和社会经济等多种因素综合作用的结果，体现着社会劳动和各种资源在各产业部门之间的分配，是衡量一个国家现代化水平高低的重要标志。产业结构不仅静态地揭示了一定时期内产业间联系和联系方式的技术经济数量比例关系，而且动态地揭示了这种联系不断发展、变化的趋势及各产业的替代发展规律。

产业结构调整包括产业结构合理化和高级化两个方面[3]。产业结构合理化是指各产业之间相互协调，使之有较强的产业结构转换能力和良好的适应性，能适应市场需求变化，并带来最佳效益的产业结构，具体表现为产业之间的数量比例关系、经济技术联系和相互作用关系趋向协调平衡的过程。一方面表现为产业之间比例关系的协调和关联水平的提高；另一方面指产业结构从低水平状态向高水平状态的发展，即产业结构遵循第一、二、三产业优势地位的变化依次递进，沿着劳动密集、资本密集、技术和知识密集的方向升级，从低加工度产业占优势地位逐步向高加工度产业占优势地位的方向演变。产业结构高级化，又称为产业结构升级优化[4]，是指产业结构系统从较低级形式向较高级形式的转化过程。产业结构的高级化一般是指遵循产业结构演变规律，由低级到高级演进通过技术进步，使产业结构整体素质和效率向更高层次不断演进的趋势和过程，通过政府的有关产业政策调整，影响产业结构变化的供给结构和需求结构，实现资源优化配置，推进产业结构的合理化和高级化发展。

而本书则更倾向于从环境保护和污染减排的角度看待产业结构调整和优化,其主要表现为两个方面:首先,产业结构调整优化主要表现在三次产业结构的调整和替代。由于目前我国主要污染物排放仍然以工业排放为主,第三产业的快速发展有利于我国经济高耗能、高污染的工业经济逐步向交通、金融、商业等低消耗、低污染的服务业转变。另一方面,产业结构调整优化同样表现在工业内部结构调整,即从高耗能、高污染、资源型重化工业向更加低碳环保的轻工业、现代装备制造业以及电子科技高新企业转变。

1.2.2 环境保护优化经济增长理论

1.2.2.1 环境保护优化经济增长的提出

环境与经济是对立统一的关系,而且在不同形势下对立与统一的结构是变化的。由于在后期阶段经济实力强、治理力度大,在经济发展的早期阶段和后期阶段,两者矛盾稍小一些。这两种情况下,环境与经济都容易相处,统一性大于对立性。而在这两个阶段之间的中间阶段,环境压力大而经济实力没有达到足够强时,环境与经济的矛盾最突出,两者处在相持或双双受阻的困境之中,对立性大于统一性。我国目前就是处在上述早期阶段向中间阶段的过渡时期,是环境与经济矛盾最尖锐和最敏感的时期,也是处理环境与经济的关系上最需要决心和智慧的时候[5]。

2006 年召开的第六次全国环境保护大会是我国环境保护历史上具有里程碑意义的大事。第六次全国环保大会上,温家宝总理意味深长地强调,做好新形势下的环保工作,关键是要加快实现三个转变:一是从重经济增长轻环境保护转变为保护环境与经济增长并重,把加强环境保护作为调整经济结构、转变经济增长方式的重要手段,在保护环境中求发展。二是从环境保护滞后于经济发展转变为环境保护和经济发展同步,做到不欠新账,多还旧账,改变先污染后治理、边治理边破坏的状况。三是从主要用行政办法保护环境转变为综合运用法律、经济、技术和必要的行政办法解决环境问题,自觉遵循经济规律和自然规律,提高环境保护工作水平。这三个转变是方向性、战略性、历史性的转变,是我国环境保护发展史上一个新的里程碑。

周生贤部长在大会上指出,我国环境保护工作进入了以保护环境优化经济发展的新阶段,这个阶段的主要任务是加快推进历史性转变,目标是建设环境友好型社会,总体思路是全面推进重点突破,主要措施是抓落实、抓实干、抓细节、抓基层。在这个战略部署中,"环境保护工作进入以保护环境优化经济发展的新阶段"是一个十分重要的形势判断,是整个战略部署赖以存在的基础。在近几年开展的中国环境宏观战略研究中,也明确了环境保护优化经济发展的思路。战略报告指出,坚持以科学发展观为指导,坚持环保历史性转变,坚持资源节约、环境友好的可持续发展道路,坚持以保护环境优化经济发展,努力实现人与自然和谐、经济发展与环境保护相协调,这就是新时期中国环保事业应该坚持的道路。

所谓环境优化增长,是指把环境保护作为一种手段,使之改善和促进经济增长,从而达到环境保护与经济发展双重目标。在这个阶段,环境不再是被经济增长所牺牲、排斥的因素,相反是促进增长的因素[6]。"环境保护优化经济发展"是在我国开始进入第十一个五年发展规划时期提出来的，有其特殊的时代背景。当时正在制定"十一五"环保规划，如何确立环境保护工作的地位和方向是人们十分关注的问题。有学者提出，"十一五"的一个重要特点是环境保护与经济发展之间的关系将发生重要转变，即从"环境换取增长"转到"环境优化增长"，这是环境保护在"十一五"及其今后的发展一个重要的条件和作用点[6]。环境优化增长的核心是在保护现有环境条件下优化经济的增长，主要体现在两个方面：首先，环境保护要求把环境承载力作为经济发展的基础条件，促使企业等主体努力进行技术创新，提高资源利用效率，并充分循环再生资源获得新的经济效益。其次，环境保护制约的是粗放型经济发展模式，而不会阻碍经济发展，它改变了市场准入条件，使先进生产力得到更大的发展机会，许多发达国家（如美国、德国和瑞典等）的发展历程也印证这一结论。在这个意义上，环境保护与经济发展可以实现统一和融合。

1.2.2.2　环境保护优化经济增长的经济学解释

2008 年，在亚洲开发银行的支持下，中外学者共同开展了"中国的经济增长与环境保护"合作研究，英国经济学者迪姆·斯瓦松（Tim Swanson）用经济学原理对"环境优化增长"进行了解释[①]。他假设在封闭的经济条件下，整个社会仅生产两种产品 A 和 B（见图 1-15a）。产品 A 的生产除了需要资本和劳动力的投入外，还需消耗大量的环境资源；而生产 B 产品只需要资本和劳动力的投入。

当对企业增加环境管制压力的时候，在开始阶段，企业会因为增加新的生产成本而出现产量降低的现象（见图 1-15b），企业为了规避由于环境管制压力造成的成本压力，部分企业会增加技术研发投入，以规避由于多环境压力带来的成本增加，最后由于技术进步反而促使了企业生产能力的扩大，从全社会的角度来看，生产可能性曲线由开始的向内萎缩变成了最后的向外扩张（见图 1-15c）。从经济学的理论推导可以得出这样的结论：加强环境保护虽然在短时期内会影响到企业的竞争力，导致社会生产力下降，但从动态、长期的角度来看，企业会根据环境管制的压力调整企业行为，促进技术创新，反而会更加提高生产效率，最终实现全社会的生产效率整体提高。

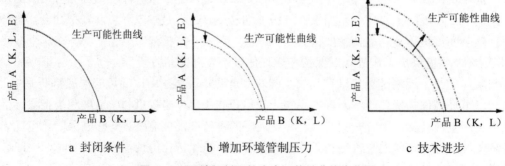

a 封闭条件	b 增加环境管制压力	c 技术进步

图 1-15　环境规制下的生产可能性曲线变化图

---

① Tim swanson. "环境规制与经济增长"，《亚洲开发银行项目报告》，伦敦大学经济与法学系，2008 年.

斯瓦松实际上是用生产可能性曲线的扩张来解释生产能力的提高，这种变化可以由环境管制的加强来实现，因为经济活动的主体都是有很强适应能力和创新能力的群体，他们为了适应环保要求，会积极进行技术创新和制度创新，采取更好的发展方式，形成更强的经济竞争力，这样反过来对经济发展有益。那么，环境保护是通过哪些具体途径来优化经济发展的呢？迪姆·斯瓦松指出了环境保护优化经济发展的三种机制。他认为，环境问题是由于对环境资源不加节制滥用造成的，对一些环境资源（如空气、水）不加以管理，就会造成环境的恶化，保护环境是对无节制使用环境资源而采取的一种行动，由此产生了对环境管制的需求，这种需求随着人们收入的增加同时也在增加。因此最初的环境治理需求是针对现有的环境问题采取的一种反应行为。随着社会不断发展，环境治理的动机也在变化，对环境进行治理的主要原因也由被动反应性变成了主动性治理：使环境保护成为引领工业发展方向的重要因素，而这种主动的环境保护有利于诱发创新。具体而言，这种引导可以通过三种机制来实现：

一是促进市场转型。通过加强环境保护，提高环境标准可以不断改变现有市场结构和功能。通过普及处于技术前沿的产品和工艺，缩小行业技术差距，从而提高整体市场的绩效、收益率和竞争力。通常采用两种方式来实现先进技术的推广，实现市场转型的目标：首先是直接命令式让企业选择"最好的技术"，其次是基于市场的环境产品标志方式。直接命令式的例子如：1996 年欧洲委员会宣布制冷电机（如冰箱和冷冻机）最低标准将在 1999 年生效。该标准禁止制造商和进口商在欧盟市场出售 D-G 能效产品。Schiellerup（2002）分析得出最低标准使得产品平均的能源消费减少量，甚至比规制者的最初期望还要多，大大降低了企业的成本[7]。环境产品标志的例子如欧盟能源标志，通过信息公开消费者获得的不仅是商品的当前价格，还有在整个产品的生命周期内使用产品的总花费（如节能冰箱）。通过消费者的选择使得生产者不得不去生产有利于节能，有利于环保的产品，从而促进市场结构的转型，这种手段最关键的环节就是实现节能产品效能的信息公开化。

无论何种手段，都必须政府的主动介入，才能提高环境标准实现市场结构转型的目的。强制命令手段需要政府监督企业进行技术改造，基于市场的环保标志手段，也需要政府作为第三方或者由政府建立一个独立的第三方机构来进行认证，从而实现市场产品的信息公开。因此国家统一执行严格的环境政策，可以使得高效的技术能够在短时间内在整个行业以至区域范围内传播开来，协调不同地区之间的平衡发展，通过采用统一的国家环境标准，避免了地方政府间的"竞相趋劣（不顾环境代价进行经济竞争）"，以实现行业和区域间的协调发展。

二是建立国家技术引领地位。国家通过加大环境保护力度，必定促进特定行业的技术进步。当一个国家预见到了将要发生的环境问题，率先实行鼓励政策，引入先进技术，最终就会获得巨大的收益。丹麦开始大力发展风力发电技术时并没有预见到气候变化问题，但是预见到世界发展已经过于依赖化石燃料，因此比世界其他国家提前十多年关注到这个问题，如今丹麦已经从这个行业获得巨大利益①。在丹麦最初发展的

---

① 环境规制与技术领先，《亚洲开发银行项目报告》研究报告之五，2008 年 10 月，第 7 页.

20 多年后，才出现全球性的对风力发电技术投资高潮。20 世纪 80 年代初风力发电市场呈指数增长时（基于目前的矿物燃料价格和发展趋势，这种增长还很可能继续），丹麦已率先具有了技术领导权和丰富开发经验，在技术认证和进出口方面也是如此。2004年，丹麦的风车制造约占全球市场份额的 38.7%。与此同时，德国为 20.5%，美国为 10.8%。而且丹麦还是个仅有 500 万人口的小国。此外，相当多的风力涡轮机技术的专利由丹麦人享有。自 1975 年以来，丹麦公司已经获得 33 项与风力发电有关的专利。其他国家都必须以购买专利，或终端产品附加值的形式购买这项技术。在国际舞台上，赢得某项专利技术的国家也会得到巨大的收益。之后采取相关政策的国家都要向第一个采用的国家交纳专利使用费。如英国的环境标准很低，在过去的几十年里英国的环境技术的进出口比例由原来的 1∶8 变成现在的 1∶1，丧失了一个环境技术输出大国的地位[8]。丹麦的例子说明要实现某项技术的领先，单靠市场自发的投入研发是不可能的，只有由国家从政策、资金投入、大力研发等多个方面同时进行才能确保技术的国际领先地位。

三是促进国际贸易的顺利进行。国际贸易是拉动一国经济增长的三个重要手段之一。产品、服务、资本、企业和技术的全球流动需要统一的标准。标准统一才能使贸易顺畅，而不会因各国标准的不同而中断国家之间的贸易。统一标准将大大减少全球贸易中的交易成本。环境标准就是国际贸易标准中一项重要的内容。2007 年美国消费者产品安全委员会因为铅超标对中国出口到美国的 670 万件珠宝产品发布了 18 个召回令①。虽然中国并非有意向美国出口不符合对方消费者产品安全法的产品，但铅在中国作为一种合法的生产资料，两个国家不同的环境标准就导致了贸易冲突的出现。每个国家都有权利允许铅在不同的产品或生产过程中使用，这并非哪个国家有什么过错，而是不同的标准导致了这种国际贸易的中断，使双方特别是出口方的经济利益严重损失。实行与国际一致的产品环境标准，对于促进国际贸易顺利开展至关重要。因此，应通过加强环境保护，提高环境标准，以保证我国在国际贸易中处于不败之地。

总之，一个国家进行环境治理的原因是随着发展阶段不同而不同的。最初的环境治理是一种对问题的反应，即对现有资源配置机制的补充。跨过最初的发展阶段后，环境治理需要更加具有主动性，要成为引领经济沿特定方向发展的一种方式。

1.2.2.3　环境保护优化经济增长的实现途径

如何通过环境保护来优化经济增长是需要进行深入研究的问题。夏光等最早阐述了环境保护优化经济增长的实现途径[2, 6]，他们认为可以通过以下途径实现：

（1）提高环境标准

根据各国的发展经验，环境标准是随着经济发展水平提高而不断提高，反过来环境标准的提高又引起经济领域革命性的变化，例如，提高汽车尾气排放标准从而改善汽车工业发展，提高食品中农药残留量标准后，催生了一个新产业——绿色食品产业。可以说提高环境标准是改善经济发展质量的催化剂。

---

① Fairclough G. "After the Recalls, Two Toy Stories," Wall Street Journal, December 21, 2007: B1.

（2）提高环境法规要求

环境法规的严格化是一个必然趋势，它对经济增长方式可以起到比较明显的作用。例如，我国规定从"十五"开始，新上火力电厂必须脱硫，这个环境法规对电力产业而言就是一个新的约束条件，促使电力行业使用低硫煤或开发新能源，从而在整个经济体系中，高硫煤的使用比例就会下降。又例如，提高水资源使用费和污水处理费，提高垃圾处理费，就会促进全社会节约用水并减少垃圾产生量。又例如，很多地方采取了环保一票否决的制度，这对于当地改善经济结构、优化经济布局具有正面作用。

（3）建立环境保护激励制度

在环境保护政策中采取鼓励性的措施，有利于激励相关当事人采取新的发展方式，例如，创建国家环境保护模范城市（"创模"）就起到了催化城市发展转型的作用。自1997年实施创建国家环境保护模范城市以来，许多城市大幅度地调整了城市经济结构和城市功能，大规模增加城市环境基础设施建设，使很多城市的环境质量有了明显改善，城市人民群众享受的实际环境利益明显增加，一改过去留给人们的中国城市面貌陈旧、环境脏乱的老印象，赢得了人民群众和国际人士的真诚和客观的肯定。为什么"创模"能够取得明显的成效，因为很多城市在获得综合经济实力的较大增长后，环境质量成为城市继续发展和完善遇到的"瓶颈"之一。这个时候，"创模"正好提供了改善环境促进城市进一步发展的平台，因此，城市决策者们抓住机遇，顺风扬帆，拿出一部分发展成果来支付应付的环境成本，使城市发展进入到一个新阶段。

（4）发展环境产业

作为21世纪的朝阳产业，"环境产业"是指能够满足用户的环境需求从而创造出经济价值的产业。环境产业把可能产生的污染从源头进行严格控制，把环境的管理和保护作为一个系统涵盖生产和消费的全过程。环境产业作为国民经济新的经济增长点，在发达国家已经成为事实。我国作为发展中国家，随着经济的迅速发展，在加入世贸组织后，发展环境产业具有特别重要的意义。目前我国正面临着发展经济和保护环境的双重任务。为了避免重复西方发达国家走过的先污染后治理的老路，发展环境产业是必需的。

（5）构建经济循环体系

循环经济是人们模仿自然生态系统的物质循环和能量流动规律所建构的经济系统，可以使经济系统和谐地纳入自然生态系统的物质循环过程中。而传统经济则是一种由"资源-产品-消费-污染排放"所构成的物质单向流动的线形经济。在传统经济中，人们以越来越高的强度把地球上的物质和能源开采出来，在生产加工和消费过程中又把污染和废物大量地排放到环境中去，对资源的利用常常是粗放的和一次性的。通过把资源持续不断地变成废物来实现经济的数量型增长，导致了许多自然资源的短缺与枯竭，并酿成了灾难性的环境污染后果。与此不同，循环经济倡导的是一种建立在物质不断循环利用基础上的经济发展模式，要求把经济活动按照自然生态系统的模式，组织成一个"资源-产品-消费-再生资源"的物质反复循环流动的过程，使得整个经济系统以及生产和消费的过程基本上不产生或只产生很少的废弃物。在循环经济系统中，只有放错地方的资源，而没有真正的废弃物，其特征是自然资源的低投入、高利用和废弃物的低排放。所有物质和能源要能在这个不断循环的经济体系中得到合理和持久的利用，以把经济活动对自然环境的影响降到尽可能小的程度。在这里，环境合理性和经济效益性实现了完美结合。循环经济为工业化以来的传统经济转向可持续发展的经济提供了战略性的理论范式，从而从根本上消解了长期以来环境与发展之间的尖锐冲突。

1.2.3　产业结构演变与污染减排理论

环境污染是经济发展的产物，产业结构的变化与污染物减排之间存在着直接的正向关系。已有研究表明，发达国家产业升级和结构调整在减少产业污染物排放方面起着非常重要的作用。产业技术升级减排可以从资源结构与产业结构的关系入手研究产业结构升级与调整对污染减排的作用机理，研究透视在产业结构演进的各个阶段对污染物排放影响的大小。

（1）随着产业结构的演进升级，产业对减排的作用强度逐渐增加。产业结构一般随着经济发展而不断演变。在前工业化阶段，产业结构主要是以农业为主；在工业化初期阶段，产业结构主要是以纺织、食品等轻纺工业为代表的劳动密集型产业为主；在工业化中期阶段，产业结构起初是以煤炭、电力、钢铁、石化等能源原材料工业为代表的资本密集型产业为主，然后转换到以机械、电子等加工工业为代表的技术密集型产业为主，中国目前就处于这个阶段；在工业化后期阶段，转换到以微电子、生物工程、新材料等高技术产业为代表的高技术密集型产业为主；在后工业化阶段，产业结构主要是以信息产业为代表的知识密集型产业为主。随着产业结构的不断演进，对资源消耗的直接依赖越来越小，相应污染物排放强度也越来越小，从工业化初期主导产业与资源关联密切到后工业时期主导产业与资源消费、污染物排放关联减弱。因而，随着产业结构的演化升级，主导产业对资源能源的需求量越来越小，对污染减排的促进作用也越来越强。

（2）产业结构演进的初期和后期对减排的促进作用各不相同。产业结构演进初期为前工业化阶段，人类基本上从事对简单的衣食等生活资料的生产，用以满足对温饱的追求。在这一漫长的历史时期中，由于社会生产力水平低下，人类改造利用自然的能力很弱，使得产业结构与资源结构的关系处于直接相关的状态。在这个时期农业经济始终处于优势地位，资源消耗不大，相应的污染物排放也不大。总体而言，这个时期，农业产业结构的变化对污染物排放的影响不强烈。产业结构演进后期为后工业化阶段，人类主要从事对高级的物质与精神生活等产品的生产，用以满足个性与时尚的追求。社会生产力的提高、科学技术的发展以及产业结构的多样化使得资源结构在本身不断复杂化和利用多样化的同时，对整个产业结构的作用更趋于间接的方式。后工业化时期以信息产业为主的知识经济占据主导地位，其发展和布局可以完全摆脱自然资源、资本和常规劳动力的约束，并更多地依赖于信息、知识和技术等非物质要素。因而，对资源能源的需求较少，污染物排放量也逐步下降。

（3）产业结构演进中期历时较短，产业结构对污染减排的作用方式最为重要。产业结构演进中期为工业化阶段，人类发展到主要从事对满足便利与机能产品的追求。工业化进程最为迅速，并发展成为产业结构中占据主导地位的部门。由于工业部门构成的多样性、各地区工业建设条件的差异性以及各种自然资源与不同工业部门相互作用关系的特殊性等因素，造成资源结构与产业结构的关系极为复杂。区域矿产资源特别是关键矿产资源（如煤、石油、天然气、铁、铜等）在全国的地位成为该阶段影响区域产业结构演化过程的关键因素，矿产资源结构决定了相应的重化工业结构，进而构成火电、钢铁、石化等污染物排放较大的工业结构。此时，污染物排放趋于上升，产业结构的变化对污染物减排的影响最为显著。

产业结构演进对污染减排的作用机理见图 1-16。

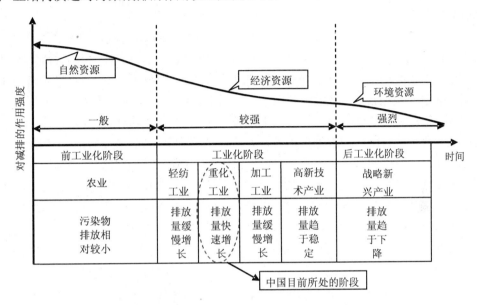

图 1-16　产业结构演进（产业技术升级）对污染减排的作用原理

1.3　国内外研究与实践进展

1.3.1　环境库兹涅茨曲线验证研究

经济发展与环境质量之间存在着非常密切的关系，国外对于两者辩证关系的研究中最典型就是环境库兹涅茨曲线（EKC）理论。该理论是 Grossman 和 Krugeger（1991）研究北美自由贸易协定的环境影响时首次提出[9]，其主要内容为：如果没有一定的环境政策干预，在经济发展的初期，一个国家或地区的整体环境质量可能随着经济增长而不断下降和恶化，但当经济发展到较高的水平时，环境质量又有可能随着经济的进一步发展保持平稳进而逐步改善，通常表现为倒"U"型曲线[10]。环境库兹涅茨曲线表示的是经济增长与环境污染水平的计量关系，核心内容是不同阶段对应不同的环境质量状况。

自该理论 20 世纪 90 年代提出之后涌现了许多理论与实证研究，结果发现一些国家或地区环境质量指标与经济增长之间确实存在倒"U"型关系。其中，Grossman 和 Krugeger（1991）研究发现，控制其他污染的非经济决定因素，某些污染物的人均浓度存在先增长后降低的趋势。Selden 和 Song（1994）探讨了二氧化硫、二氧化碳、氮氧化物和悬浮颗粒物四种主要空气污染物与人均 GDP 的关系，发现它们之间都存在倒

"U"型的关系[11]。Torras 和 Boyce（1998）研究了 7 种典型的大气和水环境指标与人均收入之间的关系，证明了它们符合环境库兹涅茨曲线关系[12]。Paudel 等（2005）基于美国流域尺度数据，运用半参数和参数模型，验证水污染与经济增长的 EKC 曲线关系，结果发现氮、磷和溶解氧的 EKC 拐点分别为 10 241～12 993 美元、6 636～13 877 美元和 6 467～12 758 美元[13]。Fodha 和 Zaghdoud（2010）基于突尼斯 1961—2004 年数据，以 SO_2 作为环境指标，以 GDP 作为经济指标，研究两种污染物人均排放量和人均 GDP 的关系，发现 SO_2 排放量与 GDP 之间符合 EKC 曲线关系，同时拐点在 1 200 美元附近[14]。

从国内情况来看，由于我国处于经济发展的初级阶段，缺少完善的经济发展时间序列数据，关于经济发展与环境污染之间的关系研究起步较晚。但是，近些年来，随着统计数据的进一步完善，很多学者开展了关于我国经济发展和环境污染之间的环境库兹涅茨曲线（EKC）特征研究。这些研究主要集中在对全国以及国内某一省市或各省内部的研究，多数采用时间序列数据分析方法，检验是否符合 EKC 曲线的倒"U"型特征。在国家层次上，赵细康等（2005）对我国经济发展和污染物排放开展实证研究，结果显示多数污染物的排放并不具有典型的环境库兹涅茨曲线（EKC）特征，许多污染物的排放总量随着经济发展仍在继续增加[15]。彭水军和包群（2006）运用 1996—2002 年省级面板数据，对我国经济增长与水污染、大气污染和固体废弃物污染的 6 类指标之间关系进行了实证检验，结果发现环境库兹涅茨曲线很大程度上取决于污染指标以及估计方法的选择，同时人口规模、技术进步、环境政策等对曲线也起着重要的影响[16]。周泽辉和赵娜（2010）利用 1995—2008 年 29 个省际地区面板数据，以人均 GDP 和工业二氧化硫排放量作为经济发展水平和环境污染程度的测量指标，结果表明我国的环境污染与经济发展水平大体上遵循 EKC 曲线特征，北京、上海和天津三个直辖市已经越过环境曲线的拐点，目前处于污染越来越小的阶段[17]。在地区层次上，陈华文和刘康兵（2004）基于上海市 1990—2001 年有关空气质量指标数据，通过简约型模型回归分析，论证了人均收入与环境质量之间的关系，发现多数环境指标与收入之间存在 EKC 曲线关系[18]。王志华等（2007）基于北京市 1990—2004 年序列数据建立计量模型，解析十类环境指标的 EKC 演变轨迹和阶段特征，结果表明除工业废气排放量和工业固体废弃物产生量外，其他环境指标与经济发展之间存在倒"U"型关系[19]。殷福才和高铜涛（2010）基于安徽 8 个典型城市 1992—2006 年数据，利用线性规划、二次曲线和三次曲线拟合工业 COD 和 SO_2 与人均 GDP 的相关性，结果发现市级经济发展程度越高，环境库兹涅茨曲线（EKC）特征越明显[20]。

但也有学者的研究结论不符合 EKC 曲线的倒"U"型关系。例如，Akbostancl 等（2009）基于土耳其 58 个省份监测数据，采用时间序列模型和面板数据模型讨论了环境质量与人均收入之间的关系，时间序列分析显示 CO_2 与收入之间是递增关系，而面板数据分析显示 SO_2、PM_{10} 与收入的关系均为"N"型曲线[21]。He 和 Richard（2010）基于加拿大过去 57 年 CO_2 排放数据，采用半参数和非线性模型方法量化人均 CO_2 排放与人均 GDP 的关系，结果显示两者并不存在 EKC 曲线关系。同样，国内相关学者也证实倒"U"型并不是 EKC 曲线的唯一形式。这是由于不同地区、不同发展阶段，经济增长和环境质量之间关系的差异可能较大[22]。王西琴和李芬（2005）选取工业排放量表征环境污染水平，标准化的人均 GDP 表征经济增长，通过构建关系计量模型分析了天津市经济增长与环境污染水平之间的关系，发现天津市库兹涅茨曲线呈现"U 型+倒 U 型"特征[23]。李秀香和潘晓倩（2007）基于 1990—2005 年我国工业污染数据，描绘出我国 EKC 呈"N"字型波浪式上升，并阐述了产生这一特点的贸易政策和环境政策的影响因素，肯定了政府的环保政策对于环境恶化的控制效果[24]。

1.3.2 环境作为生产要素对经济增长影响研究

传统的环境经济学研究中低估了环境作为生产要素的基础性和重要性。由于经济发展导致了严重的生态环境问题，而且随着全社会对环境质量要求的提高，环境已经成为经济社会的一种重要的稀缺资源。因此，国内一些学者开始将环境作为一种新的生产要素，开展其对经济增长的影响研究。李艳丽和李利军（2010）把环境容量作为一种基本生产要素，并在此基础上论述了环境容量生产要素市场的宏观调控功能，分析了这种调控机制的政策目标、政策手段和政策运转模式[25]。薛一梅和郭蓓（2010）在索洛模型基本原理的基础上将其扩展，引入资源与环境两个变量，选取 2000—2007 年陕西省各项指标数据，准确测算出资源与环境对陕西省经济增长的贡献，结果显示保护资源与环境并不会阻碍经济发展，反而会对经济增长有支撑和推动作用[26]。罗岚（2012）将资源和环境作为投入要素纳入经济增长核算模型，测算了我国 1990—2010 年资源和环境对经济增长的贡献度，结果显示资源和环境对经济增长的贡献度远远小于资本和劳动的贡献度，并对此作了分析并提出了对策建议[27]。

经济的发展依赖于环境能够提供的资源，同时也受环境容量的制约。环境质量的改善能够增大环境容量，提高环境消纳污染物的能力，可以允许经济规模的适当扩大；另一方面，环境质量的改善能够提升国家或区域的整体形象，拉动旅游业等相关产业的发展。从以上角度分析，环境质量的改善能够促进经济的发展。国内部分学者还开展了环境质量改善之后对区域经济影响的实证研究。例如，张嘉治等（2011）以沈阳市为例，分析了"十一五"期间环境质量改善对经济发展的促进作用，表明环境质量的大幅改善能够提升城市的整体形象，使得对外贸易、旅游业和房地产业等发展加速，有利于经济与环境的和谐发展[28]。刘耀源等（2011）基于成都市江安河武侯区段水质监测数据，通过污染经济损失模型计算了不同水质指标对水经济价值的损失率，以及不同指标减排达标情况下的环境经济效益，结果表明水环境质量的改善能够获得巨大的环境经济效益[29]。

1.3.3 环境规制对经济发展影响研究

对于环境保护会不会影响企业的竞争力，一直是人们关注和争议的话题。人们一般从直观上认为增加环境管制压力会削弱一国企业的国际竞争力，因为环境保护毕竟需要花费大量资金，这会提高企业生产成本，降低企业的价格竞争优势。对此，美国企业竞争力专家、哈佛商学院教授迈克尔·波特提出了不同看法，他在过去 20 多年研究企业竞争力的过程中，看到企业会对环境管制做出理性反映，从而改变生产策略，获得更好的收益。他指出："妥善设计的环保标准有助于引发创新，降低产品的总成本或提高产品的价值，这类创新容许企业使用一系列更有生产力的原料、能源及劳动力等，抵消了改善环境影响的成本，进而提高资源生产力，使得企业更有竞争力"（《竞争论》），这个论点被人称为"波特假说"。波特认为严格的环保可刺激企业从事技术创新，并借以提高生产力，有助于国际竞争力的提升，两者之间并不一定存在抵消关系。虽然企业在从事污染防治过程中，开始可能因为成本增加而产生竞争力下降的现象，尤其是在国际市场上面对其他没有从事污染防治的国外企业，更可能表现出暂时的竞争力劣势。但是，这种情况不会永远不变，企业技术等条件的进步将促使其调整生产程序，利用新技术提高生产效率，进而提高生产力与竞争力。因此，环保通过引发企业的创新，最后会达成降低污染与增加竞争力的结果[30]。

波特假说在理论和实践上都很有价值，它实际上是要求人们用动态而不是静态的方法看待环境保护对经济增长的影响。在此之前，人们认为："环境规制是企业费用增加的主要因素，对提高生产率和竞争力将产生消极影响。"波特假说的主张与此形成鲜明对比，立刻受到了人们的关注，一些学者对其进行了验证。Mohr（2002）通过构建 Learning-by-doing 模型，研究企业、生产规模和技术的改进之间的关系，证明了波特假说的正确性[31]。Murty 和 Kumar（2003）基于印度制糖产业 92 个公司 1996—1999 年的面板数据，验证环境规制对水污染产业生产效率的影响，结果显示环境规制和水环境保护工作的实施有利于提高公司的技术效率，这也有力地支持了波特假说[32]。Lanoie 等（2008）以加拿大魁北克市制造业为例，对严格的环境规制和全要素生产率之间的关系开展了实证研究，发现短期内环境规制对生产率会产生一定的负面影响，而且两者之间的关系存在滞后变量，这与波特假说是一致的[33]。

在中国，也有一些研究表明，环境管制会通过一定的过程最后改善企业的效益。赵红（2008）认为当环境管理增加 1%时，企业的研发投入强度、专利授权数量以及新产品销售收入分别增加 0.12%、0.30%和 0.22%，证明了适当的环境规制对于企业的赢利是有好处的[34, 35]。吕永龙和梁丹（2003）分析了不同类型环境政策的技术效应，并阐述了环境政策的未来发展方向及其对技术创新的影响[36]。孔祥利和毛毅（2010）运用相关计量经济学方法，对我国东中西部地区环境规制与经济增长的关系进行实证研究，结果呈现出明显的区域差异性，长期内东中西部地区环境规制水平与经济增长均互为因果关系，短期内东部地区环境规制水平对经济增长影响显著，中部地区两者之间关系不显著，而西部地区经济增长在一定程度上推动了环境规制水平的提升[37]。程华等（2011）基于我国 30 个省、市、自治区 2002—2008 年的相关数据，分析我国环境政策与经济发展之间的关系，以环境创新为中介变量进行实证研究表明，环境管制措施和环境经济措施对 GDP 有显著的促进作用，环境创新经济产出能力与间接产出能力变量在环境政策对经济发展的影响中具有部分中介作用[38]。

1.3.4　环境保护投资对经济发展影响研究

经济发展不能再以牺牲环境为代价的，而是应该把用于经济建设的一部分资金用于环境保护，即开展环境投资工作。显然，短期内环境投资势必会影响经济发展速度，但是长远来看，环境投资有助于改善环境质量和减少污染损失，可以促进经济的进一步发展。

针对环境投资对经济发展的影响国内很多学者采用不同的计量经济学方法开展了

许多研究工作。蒋洪强（2004，2005，2009）最早开始关注环保投资对经济社会的贡献作用，在界定环保投资概念及范畴的基础上，借鉴环境经济投入产出基本思想，构建了环保投资对经济贡献的投入产出模型，分别测算了 1991—2000 年以及 2005 年中国环保投资对经济增长的贡献，结果表明环保投入起到了增加利税、提供就业机会、拉动经济发展的显著作用[39-41]。王渤元（2006）运用系统动力学理论建立了环境保护投资与经济发展关系模型，通过新疆环保投资与经济发展的时间序列分析以及与发达地区横向对比分析，确定出了合理的环保投资方向和环保投资比例[42]。王班红（2008）利用向量误差模型研究 GDP 和环保投资的长期均衡关系以及环保投资的短期波动对 GDP 波动的影响。同时，利用格兰杰因果检验对我国环保投资与国民经济发展的因果关系进行检测。从实证结果来看，环保投资从短期和长期能够拉动我国经济的发展[43]。张雷（2009）把环境保护投资从生产函数中的资本变量中分离，通过建立 AR（2）模型进行外推预测。结果表明环保投资短期内阻碍经济发展但长期内会推动经济增长，我国已处在由阻碍发展向推动发展的过渡时期[44]。周文娟（2010）运用面板单位根检验、协整检验及误差修正模型对东、中、西三大地区环保投资对经济增长的影响状况进行了实证研究。结果表明，三大地区的环保投资与 GDP 之间均存在着长期的协整关系，但不管是城市环境基础设施建设投资还是工业污染源治理投资，投资效益都很低[45]。邵海清（2010）采用灰色关联分析方法讨论了环保投资与国民经济增长的关联程度，结果显示加大环保投资可以有效地促进经济增长，但其作用还是要低于全社会固定资产投资对经济增长的促进作用[46]。叶丽娟（2011）利用 2003—2008 年全国 31 个省市的面板数据进行回归分析和估算结果的因素分析，通过实证分析和规范分析得出结论：环保投资对经济增长的产出弹性和贡献率都存在显著的区域差异。主要影响因素在于经济发展水平、环境压力、环保投资使用结构等 7 个因素[47]。徐辉等（2012）将环保投资作为经济发展的影响要素纳入 C-D 生产函数，基于我国 1990—2009 年的时间序列数据，通过构建 VAR 和 VECM 模型，运用 JJ 协整检验和 Granger 因果关系检验，确定了环保投资与 GDP 之间存在的双向长期 Granger 因果关系[48]。张平淡（2012）基于 2005—2009 年我国各地区环保投资和三种专利受理量数据所进行的实证分析表明，政府主导的环保投资（环境污染治理投资、城市环境基础设施投资、工业污染源治理投资）对企业技术进步具有明显的溢出效应。未来较长一段时期政府应该进一步加大环保投资，带动企业的技术进步升级，促使环境保护从末端治理向生产全过程治理的转变[49]。

　　大量的研究已经证实，环保投资确实有利于经济增长。具体而言，环保投资短期内对经济增长可能阻碍或贡献不大，但是长期而言对经济增长的促进作用将逐渐增大。究其原因，主要是以下两个方面：①环保投资具有投入大、周期长、见效慢的特点。环保投资是一种投入性活动，最初可能投入很多而产出很少，当投入增加而产出不变时，势必会导致经济增长速度放慢。随着时间的推移，环保投资的效益可能就日趋显现出来。②环保投资具有其他效益且较难衡量。环保投资能够改善生态环境，同时减低经济发展的长期成本。而且，环境投资的效益是多方面，包括提高身体健康水平、改善水质和丰富生物多样性等其他方面效益，不能完全用货币衡量。

1.3.5 环境税对污染减排及国民经济影响分析

环境税作为环境规制的主要手段之一，可以逐步取代传统所得税作为主要财政来源，这样有利于环境质量的改善和促进就业与投资的增加[30]。环境税已经在奥地利、德国、比利时等国家得到实施，并获得较好的应用效果。Tulloek（1967）和 Kneese（1968）等人在对水环境研究的课题中首次提出了"双重红利"的思想。此观点认为环境税的实施在改善环境质量的同时，降低当前税制对劳动、资本所产生的扭曲作用，扩大了就业，促进了 GDP 的持续增长[50, 51]。此后关于"双重红利"的研究不断深化。Takeda（2006）以日本为研究主体，分析碳税能否带来"双重红利"，结果表明，碳税的实施可以减少现存的税制扭曲现象[52]。近些年来，我国也涌现了大量关于环境税对经济增长的影响研究。例如，周国菊（2011）运用实证分析法，建立变异生产函数模型，基于我国 30 个省市自治区 1999—2009 年数据，对环境税的实施效果进行预测，发现征收环境税对于全国各地区经济的影响作用不尽相同[53]。白彦锋和董瑞晗（2012）从环境污染税入手，利用计量模型实证分析了其对减少污染、保护环境的效果及对工业企业产品成本、出口和通货膨胀压力的影响，进一步得出了相应的政策建议[54]。但也有研究表明，环境税的征收可能对经济造成不利的影响。例如，魏涛远和格罗姆斯洛德（2002）利用我国一般均衡（CNAGE）模型定量分析了征收碳税对中国经济和温室气体排放的影响，发现征收碳税将使中国经济状况恶化，通过征收碳税实施温室气体减排的经济代价十分高昂[55]。吕志华等（2012）利用芬兰等 12 个已开征二氧化碳税的发达国家 1980—2009 年的跨国面板数据进行随机效应估计，结果发现开征环境税在短期内可能给经济增长带来负向冲击；但环境税对经济增长的影响更多地体现为长期冲击，且这种长期冲击是显著的负向影响[56]。

1.4 技术框架

1.4.1 研究思路

污染减排作为我国环境保护的重要措施和手段，"十一五"期间发挥了预期的环境效应，对污染物削减以及环境质量改善起到了十分重要的作用。同时，作为我国环境保护优化经济发展的重要抓手，污染减排被给予厚望，人们希望能够通过倒逼经济结构升级以及发展方式转变，一定程度上实现环境保护优化经济增长。因此，在关注污染减排措施巨大的环境改善效应同时，同样需要关注污染减排对经济发展以及结构调整优化的作用。定量化测算污染减排对经济优化的贡献作用，这将为我国"十二五"污染减排工作的顺利开展以及实现转变经济发展方式提供参考价值。

因此，本研究通过转变研究视角，以污染减排为研究对象，选择"十一五"期间污染减排设施投资和运转以及淘汰落后产能等相关数据，在环境经济投入产出表基础上，构建定量化测算污染减排对经济优化贡献作用的模型体系，从国家、三大区域、珠江三角洲区域、松花江流域、重点行业等多个研究尺度，定量化测算分析污染减排对区域经济发展、产业结构调整的贡献作用和经济社会溢出效应，总结不同研究尺度污染减排与区域经济发展的特征规律，并提出相关政策建议，从而为我国"十二五"乃至"十三五"污染减排工作的制定以及后评估提供决策支持。

1.4.2 技术路线

本研究的主要思路如图 1-17 所示，主要分为数据收集、模型构建、结果测算三个步骤：首先，对所研究区域（行业）污染减排措施数据进行整理收集。本书中所指污染减排措施主要包括工程减排（治理投资、治理运行费）和结构减排（淘汰落后产能）两个方面。其次，基于环境-经济投入产出表以及其他外部相关参数和系数，构建污染减排对经济贡献作用测算模型。其中环境-经济投入产出表需在一般投入产出表基础上加入废水和废气治理部门以及污染减排投资等内容，从而能够反映污染减排措施对经济发展及结构的影响，并结合劳动力占用系数、行业劳动平均报酬以及边际居民消费倾向等参数，构建污染减排经济作用测算模型。最后，从不同研究层面测算污染减排对地区经济发展（总产出、GDP、居民收入、就业）的贡献效应，并利用重点行业结构优化系数和三产结构优化系数，测算污染减排对重点区域（重点行业）产业结构优化的效果。

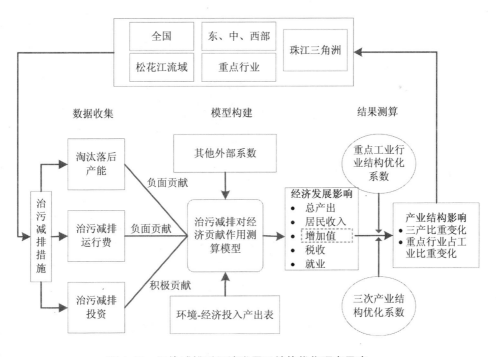

图 1-17 污染减排对经济发展及结构优化研究思路

1.4.3 研究范围

1.4.3.1 时间范围

本研究测算时期指我国第十一个五年规划即"十一五"期间，主要包括 2006—2010 年。

1.4.3.2 行业范围

本研究的行业划分在 42 部门投入产出表中的行业划分基础上，一方面拆分废水、废气两个虚拟部门，另一方面，合并部分相关行业（表 1-4），从而得到污染减排对经济社会贡献效应测算的行业范围（表 1-5）。

表 1-4 行业合并对照表

合并行业	投入产出表原行业
金属、非金属矿采选业	金属矿采选业
	非金属矿及其他矿采选业
电气、通信、电子、仪器等设备制造业	电气机械及器材制造业
	通信设备、计算机及其他电子设备制造业
	仪器、仪表及文化办公用机械制造业
工艺品、其他制造业、废品废料	工艺品及其他制造业
	废品废料
服务业	交通运输及仓储业
	批发和零售业
	住宿和餐饮业
	金融业
	房地产业
	邮政业
	信息传输、计算机服务和软件业
	租赁和商务服务业
	研究与试验发展业
	综合技术服务业
	水利和公共设施管理业
	居民服务和其他服务业
	教育
	卫生、社会保障和社会福利业
	文化、体育和娱乐业
	公共管理和社会组织

表 1-5　污染减排对经济社会贡献效应测算的行业范围

行业代码	行业名称	行业代码	行业名称
1	农林牧渔业	13	金属冶炼及压延加工业
2	煤炭开采和洗选业	14	金属制品业
3	石油和天然气开采业	15	通用、专用设备制造业
4	金属、非金属矿采选业	16	交通运输设备制造业
5	食品制造及烟草加工业	17	电气、通讯、电子、仪器设备制造业
6	纺织业	18	工艺品、其他制造业、废品废料
7	纺织服装鞋帽皮革羽绒及其制品业	19	电力、热力的生产和供应业
8	木材加工及家具制造业	20	燃气生产和供应业
9	造纸印刷及文教体育用品制造业	21	水的生产和供应业
10	石油加工、炼焦及核燃料加工业	22	废水治理部门
11	化学工业	23	废气治理部门
12	非金属矿物制品业	24	服务业

1.4.3.3　度量指标

污染减排经济贡献效应分析的主要指标是指污染减排对经济、社会"效果"或"效益"。由于污染减排投入的增加对社会经济会产生拉动作用，促进国民经济增长和就业增加等，这是污染减排投入的"社会经济效益"；淘汰落后产能将使得一部分企业停止生产，这将一定程度上对经济产生负面作用。因此，测算污染减排的贡献效应指标主要包括：一是总量指标，包括对国内生产总值（GDP）或产业增加值的贡献、对就业的影响、对利税的影响、对居民消费的影响和对进出口的影响等，这其中以 GDP 指标为主要内容。二是质量指标，包括产业结构优化系数，污染物排放强度变化系数等产业结构调整的贡献指标。

第2章 国家"十一五"污染减排回顾评价

以主要污染物总量为约束的目标责任制减排工作开始于"十一五"期间，国家"十一五"规划纲要将主要污染物（COD、SO_2）排放总量削减10%作为约束性指标，并通过结构减排、工程减排和管理减排三大减排措施，使得污染减排成为各级政府实施"十一五"规划的重要任务和政府主要职责之一。可以认为，"十一五"污染减排工作取得了十分显著的成效。本章对"十一五"污染减排工作目标制定、目标完成和实施情况以及产生的环境效应进行了必要的回顾和评价，为读者更加清晰地了解污染减排工作提供一定的参考[①]。

2.1 污染减排工作回顾

我国污染减排工作可以追溯到"九五"时期，但由于减排任务落实不到位，减排动力不足等，各地方政府减排工作成效并不十分显著。真正以主要污染物总量为约束目标责任制的减排工作则开始于"十一五"期间。"十一五"期间，将主要污染物排放总量削减10%作为约束性指标纳入国家"十一五"规划纲要是环境保护工作历史性进展。通过建立约束性指标，污染减排成为各级政府实施"十一五"规划的重要任务和政府主要职责之一，具有强制功能和制约功能。约束性指标的政治和法律内涵决定各级地方政府是污染减排目标的责任主体，政府主要领导是第一责任人，各级政府要通过合理配置公共资源和有效运用行政力量，确保减排约束性指标实现。通过建立污染减排的约束性指标，各级政府各个部门和社会各界很快达成共识，将污染减排作为中国当前乃至今后较长一段时期内的环境保护的重要抓手和核心任务。可以认为，"十一五"时期污染减排最大的经验就是落实地方政府的责任，调动地方政府的积极性，带动了环保工作的全面开展。

2006年，环境保护部（原国家环保总局）经国务院授权，分别与各省级人民政府和6家电力集团公司签订了污染减排目标责任书，通过减排计划、减排责任书等形式，将指标、减排工程、减排措施一一分解落实到各级政府，明确了各省工作任务和目标要求。各级政府又将减排指标和任务措施进一步分解落实到地市、县和重点企业。通过层层分解减排指标，将减排目标任务和各级政府的责任捆绑在一起，再通过加强对减排工作进展情况的监督考核，一级抓一级，层层抓落实，形成了强有力的减排工作格局。随后，为了切实加强污染减排工作，确保实现污染减排约束性指标，2007年5月，国务院出台

---

① 本章其中部分内容引自于2011年国合会研究报告《中国"十一五"污染减排评估分析报告》，在此表示感谢。

了《节能减排综合性工作方案》（以下简称《工作方案》）。《工作方案》分为十个部分共 45 条，进一步明确了实现污染减排的目标任务和总体要求，确定了"十一五"污染减排的重点工作和主要措施。整个方案包括 40 多条重大政策措施和多项具体目标，涉及控制高耗能、高污染行业过快增长、加快淘汰落后生产能力、完善促进产业结构调整的政策措施、积极推进能源结构调整、加快实施 10 大重点节能工程、加快水污染治理工程建设、推动燃煤电厂二氧化硫治理、多渠道筹措污染减排资金、实施水资源节约利用、推进资源综合利用、强化重点企业污染减排管理、积极稳妥推进资源性产品价格改革、完善促进污染减排的财政政策、加强政府机构节能和绿色采购等。《工作方案》的制定和实施为我国污染减排工作向实质性开展提供了充足动力，"十一五"污染减排工作开始有条不紊的推进。

2.2 "十一五"污染减排目标

污染减排本质上是一个综合的社会经济和政治问题，中国政府把污染减排作为"十一五"环境保护的重中之重，是建设资源节约型、环境友好型社会的必然选择，是推进经济结构调整、转变增长方式的必由之路，更是提高人民生活质量、维护中华民族长远利益的必然要求。《中华人民共和国国民经济和社会发展第十一个五年规划纲要》提出了"十一五"期间主要污染物排放总量减少 10% 的约束性指标，即到 2010 年，二氧化硫（SO_2）排放量由 2005 年的 2 549 万 t 减少到 2 295 万 t，化学需氧量（COD）由 1 414 万 t 减少到 1 273 万 t。

同时，在确保实现全国总量控制目标的前提下，综合考虑各地环境质量状况、环境容量、排放基数、经济发展水平和削减能力以及各污染防治专项规划的要求，对我国各省份实行区别对待。基本上，东部地区一般要大于 10%，中部地区在 10% 左右，西部地区一般小于 10%，个别排放基数小、环境容量大的省、市（自治区），排放量可以保持 2005 年水平不变，如青海、甘肃、新疆、西藏等省份（表 2-1）。

表 2-1 "十一五"期间各省、市（自治区）COD 和 SO_2 减排目标

省　份	2005 年排放量/万 t		2010 年控制量/万 t		减排率/%	
	COD	SO_2	COD	SO_2	COD	SO_2
北　京	11.6	19.1	9.9	15.2	−14.7	−20.4
天　津	14.6	26.5	13.2	24.0	−9.6	−9.4
河　北	66.1	149.6	56.1	127.1	−15.1	−15.0
山　西	38.7	151.6	33.6	130.4	−13.2	−14.0
内蒙古	29.7	145.6	27.7	140.0	−6.7	−3.8
辽　宁	64.4	119.7	56.1	105.3	−12.9	−12.0
吉　林	40.7	38.2	36.5	36.4	−10.3	−4.7
黑龙江	50.4	50.8	45.2	49.8	−10.3	−2.0
上　海	30.4	51.3	25.5	38.0	−14.8	−25.9
江　苏	96.6	137.3	82.0	112.6	−15.1	−18.0

省　份	2005 年排放量/万 t		2010 年控制量/万 t		减排率/%	
	COD	SO$_2$	COD	SO$_2$	COD	SO$_2$
浙　江	59.5	86.0	50.5	73.1	−15.1	−15.0
安　徽	44.4	57.1	41.5	54.8	−6.5	−4.0
福　建	39.4	46.1	37.5	42.4	−4.8	−8.0
江　西	45.7	61.3	43.4	57.0	−5.0	−7.0
山　东	77.0	200.3	65.5	160.2	−14.9	−20.0
河　南	72.1	162.5	64.3	139.7	−10.8	−14.0
湖　北	61.6	71.7	58.5	66.1	−5.0	−7.8
湖　南	89.5	91.9	80.5	83.6	−10.1	−9.0
广　东	105.8	129.4	89.9	110.0	−15.0	−15.0
广　西	107.0	102.3	94.0	92.2	−12.1	−9.9
海　南	9.5	2.2	9.5	2.2	0	0
重　庆	26.9	83.7	23.9	73.7	−11.2	−11.9
四　川	78.3	129.9	74.4	114.4	−5.0	−11.9
贵　州	22.6	135.8	21.0	115.4	−7.1	−15.0
云　南	28.5	52.2	27.1	50.1	−4.9	−4.0
西　藏	1.4	0.2	1.4	0.2	0	0
陕　西	35.0	92.2	31.5	81.1	−10.0	−12.0
甘　肃	18.2	56.3	16.8	56.3	−7.7	0
青　海	7.2	12.4	7.2	12.4	0	0
宁　夏	14.3	34.3	12.2	31.1	−14.7	−9.3
新　疆	27.1	51.9	27.1	51.9	0	0
总　计	1 414.2	2 549.4	1 263.9	2 246.7	−10.6	−11.9

注：全国 COD 和二氧化硫排放量削减 10%的总量控制目标分别为 1 272.8 万 t 和 2 294.4 万 t，实际分配给各省分别为 1 263.9 万 t 和 2 246.7 万 t，国家分别预留 8.9 万 t 和 47.7 万 t 用于化学需氧量排污权有偿分配和交易试点工作。

在具体操作层面，国家污染减排工作从结构减排、工程减排以及管理减排等方面进行了全面部署：

（1）调整优化产业结构，减少资源能源消耗，控制新增量是实现污染减排目标的主要手段之一。《工作方案》明确要求加快淘汰落后生产能力，特别是加大淘汰高耗能、高污染行业落后产能力度，并提出了具体目标。加大淘汰电力、钢铁、建材、电解铝、铁合金、电石、焦炭、煤炭、平板玻璃等行业落后产能的力度。"十一五"期间实现节能 1.18 亿 t 标准煤，减排二氧化硫 240 万 t。加大造纸、酒精、味精、柠檬酸等行业落后生产能力淘汰力度，"十一五"期间实现减排化学需氧量（COD）138 万 t。制订淘汰落后产能分地区、分年度的具体工作方案，并认真组织实施。对不按期淘汰的企业，地方各级人民政府要依法予以关停，有关部门依法吊销生产许可证和排污许可证并予以公布，电力供应企业依法停止供电。对没有完成淘汰落后产能任务的地区，严格控制国家安排投资的项目，实行项目"区域限批"。国务院有关部门每年向社会公告淘汰落后产能的企业名单和各地执行情况。建立落后产能退出机制，有条件的地方要安排资金支持淘汰落后产能，中央财政通过增加转移支付，对经济欠发达地区给予适当补助和奖励。

表2-2 "十一五"时期淘汰落后生产能力目标

行　业	内　容	单　位	淘汰产能量
电　力	实施上大压小，关停小火电机组	万 kW	5 000
炼　铁	300m³ 以下高炉	万 t	10 000
炼　钢	年产 20 万 t 及以下的小转炉、小电炉	万 t	5 500
电解铝	小型预焙槽	万 t	65
铁合金	6 300 kVA 以下矿热炉	万 t	400
电　石	6 300 kVA 以下炉型电石产能	万 t	200
焦　炭	炭化室高度 4.3 m 以下的小机焦	万 t	8 000
水　泥	等量替代机立窑水泥熟料	万 t	25 000
玻　璃	落后平板玻璃	万重量箱	3 000
造　纸	年产 3.4 万 t 以下草浆生产装置、年产 1.7 万 t 以下化学制浆生产线、排放不达标的年产 1 万 t 以下以废纸为原料的纸厂	万 t	650
酒　精	落后酒精生产工艺及年产 3 万 t 以下企业（废糖蜜制酒精除外）	万 t	160
味　精	年产 3 万 t 以下味精生产企业	万 t	20
柠檬酸	环保不达标柠檬酸生产企业	万 t	8

资料来源：国务院《节能减排综合性工作方案》（http://www.gov.cn/jrzg/2007-06/03/content_634545.htm）。

（2）污染减排重点工程是污染减排工作的另一个重点，也是实现污染减排目标的支撑和保障。《工作方案》提出了"十一五"期间需要加大投入，重点实施的污染减排工程，一是加快水污染治理工程建设。"十一五"期间新增城市污水日处理能力 4 500 万 t、再生水日利用能力 680 万 t，形成 COD 削减能力 300 万 t；加大工业废水治理力度，"十一五"形成 COD 削减能力 140 万 t，同时，加快城市污水处理配套管网建设和改造，严格饮用水水源保护，加大污染防治力度。二是推动燃煤电厂二氧化硫治理。"十一五"期间投运脱硫机组 3.55 亿 kW。其中，新建燃煤电厂同步投运脱硫机组 1.88 亿 kW；现有燃煤电厂投运脱硫机组 1.67 亿 kW，形成削减二氧化硫能力 590 万 t。

2.3 "十一五"污染减排实施评估

2.3.1 减排总目标完成情况

"十一五"期间，部分与环境相关的经济社会发展指标实际情况超过预期，国内生产总值超出目标 13.7 万亿元，城镇人口多增加 1 100 万人，多消耗 5.5 亿 t 标煤的能源，节能降耗指标低于目标 0.9 个百分点，服务业增加值占 GDP 比重低于预期 0.5 个百分点。这些因素偏离了"十一五"规划 10%减排基准情景，增加了 208 万 t COD 和 493 万 t SO_2 减排压力。

表 2-3　"十一五"国民经济和社会发展环境关联指标实现情况

类别	指标	2005	规划目标		实现情况			对环境影响
			2010	年均增长/%	2010	年均增长/%	与目标差距/%	
经济增长	国内生产总值/万亿元	18.5	26.1	7.50	39.8	11.2	+3.7	逆向指标
	人均国内生产总值/元	14 185	19 270	6.6	29 748	10.6	+4.0	逆向指标
	服务业增加值比重/%	40.5	43.3	[3]	43	[2.5]	−0.5	正向指标
经济结构	研发经费支出占 GDP 比重/%	1.3	2	[0.7]	1.75	[0.45]	−0.25	正向指标
	城镇化率/%	43	47	[4]	47.5	[4.5]	+0.5	逆向指标
	全国总人口/万人	130 756	136 000	<8‰	137 053	9.6‰	+1.6	逆向指标
人口、能源与资源	单位国内生产总值能耗消耗降低/%	—	[20]	—	[19.1]	—	−0.9	正向指标
	单位工业增加值用水量降低/%	—	—	[30]	—	[36.7]	+6.7	正向指标
	农业灌溉用水有效利用系数	0.45	0.5	[0.05]	0.5	[0.05]	0	正向指标

数据来源:《国民经济与社会发展第十二个五年规划纲要》及 2010 年第六次全国人口普查主要数据公报(第 1 号),带[]的为五年累计数。

"十一五"期间我国 COD 和 SO_2 等主要污染物排放量均超额完成了"十一五"规定的减排目标,污染减排措施对减少污染物排放、改善生态环境质量起到了较为明显的、积极的作用。与 2005 年相比,2010 年 COD 和 SO_2 排放量分别下降 12.45%和 14.29%(见图 2-1),双双超额完成"十一五"减排任务。全国脱硫机组装机容量已经达到 5.78 亿 kW,占全部火电机组的比例从 2005 年的 12%提高到 82.6%。城市污水处理能力达到 1.25 亿 m^3,城市污水处理率由 2005 年的 52%提高到 75%以上。2010 年全国地表水国控监测断面中,Ⅰ~Ⅲ类水质断面比例为 51.9%,劣Ⅴ类水质断面比例为 20.8%,分别比 2005 年提高 14.4 个百分点、下降 6.6 个百分点;全国城市环境空气中 SO_2、可吸入颗粒物的年均浓度分别下降 26.3%和 12%。

考虑到经济社会发展带来的污染物新增量因素,"十一五"期间各项工程和措施实际完成 COD 削减 694 万 t(占 2005 年排放量的 49%),SO_2 削减 1 044 万 t(占 2005 年排放量的 41%)。换言之,"十一五"期间消化经济社会发展形成的新增污染物排放量 COD 518 万 t,SO_2 680 万 t。因此,控制经济发展带来的新增污染,巩固主要污染物减排成果,是中国新时期污染减排面临的首要任务和最大困难。

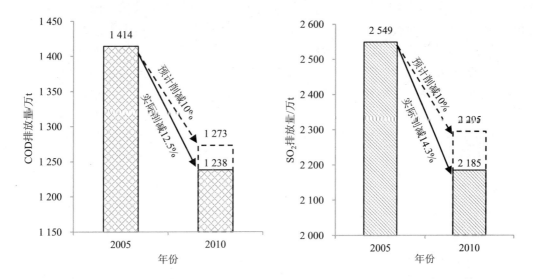

图 2-1　"十一五" COD 和 SO₂ 减排目标完成情况

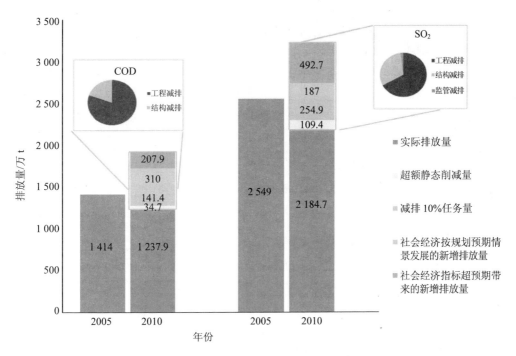

图 2-2　减排量与减排措施贡献度分解

数据来源：静态削减量来源于环保部环境统计年报，动态削减量中，社会经济按规划预期情景发展的新增量根据"十一五"初期情景方案测算得出，社会经济指标超预期带来的新增排放量根据"十一五"时期污染减排核查核算得出。"十一五"工程减排、结构减排和监管减排占总削减量的比例关系根据 2007—2010 年减排核算数据推算确定。

"十一五"期间，有 25 个省（自治区、直辖市）COD 削减率高于预期目标，这其中上海市最为突出，2010 年 COD 排放量较 2005 年减少 27.6%，较 14.8% 的削减目标高 12.8 个百分点；北京市 COD 减排效果也十分明显，较规划削减预期高 6 个百分点；山东、广东、江苏、山东、湖北、浙江、吉林、海南等省实际减排也较预期目标高 3～4 个百分点；甘肃、天津、宁夏等省份 COD 实际减排量与预期相同。另外，个别省份如新疆、青海和西藏三省 COD 减排未达到预期减排目标，该三个省"十一五"COD 减排目标均较为宽松，仅需与 2005 年持平即可，但上述省份 COD 排放量仍然在 2005 年的基础上分别增加了 9.2%、15.3% 和 107.1%，考虑上述三省份排放基数较小，对减排总效果影响十分有限。

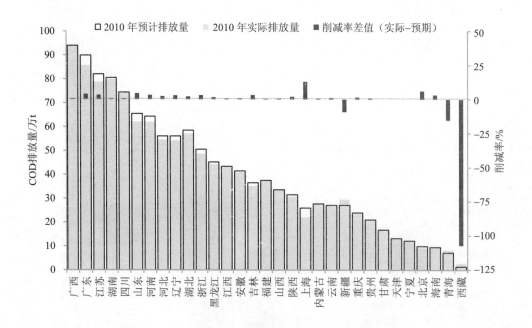

图 2-3 "十一五"各省份 COD 减排实施情况比较

数据来源：国务院《节能减排综合性工作方案》；《中国环境统计年报 2010》。

从 SO_2 减排来看，同样有 25 个省份 SO_2 削减率高于预期目标，这其中北京市最为突出，2010 年 SO_2 排放量较 2005 年减少 39.8%，较当初设定的 20.4% 的削减目标高 19.4 个百分点；浙江、江苏、上海、广东、湖南等省减排效果也十分突出，较预期目标高 4～6 个百分点；云南和宁夏 SO_2 实际减排量与预期相同。另外，新疆、青海、海南和西藏等省减排未达到预期减排目标，SO_2 排放分别增加了 13.3%、15.3%、31.8%、100%。当然，由于排放基数较小，对减排总效果同样影响不大。

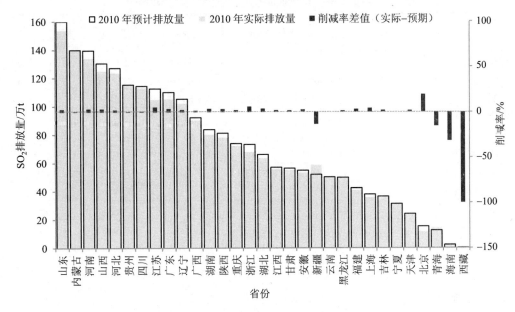

图 2-4 "十一五"各省份 SO_2 减排实施情况比较

数据来源：国务院《节能减排综合性工作方案》；《中国环境统计年报 2010》。

2.3.2　三大减排工程实施情况

"十一五"期间，为了推动污染减排工作的顺利开展和圆满完成，中国分别从结构调整、末端治理以及监管能力三个方面实施污染减排，推动三大减排工程，即结构减排、工程减排、管理减排。

2.3.2.1　结构减排实施情况

"十一五"时期结构减排以控制高耗能、高污染行业过快增长，严格控制新建高耗能、高污染项目，严格执行国家产业政策和淘汰落后产能计划，采取"资金激励、上大压小、等量淘汰、区域限批、社会公示"等政策措施，加大淘汰电力、钢铁、建材、电解铝、铁合金、电石、焦炭、煤炭、平板玻璃、造纸、酒精、味精、柠檬酸等行业落后产能的力度（见表 2-4），推进产业之间和产业内部间结构的调整优化，提高产业技术发展水平，减少资源能源消耗，降低污染物排放量。

"十一五"结构减排一方面促进了产业结构优化升级，2010 年与 2005 年相比，电力行业 300MW 以上火电机组占火电装机容量比重由 50% 上升到 73%，钢铁行业 1 000 m³以上大型高炉产能比重由 48% 上升到 61%，建材行业新型干法水泥熟料产量比重由 39%上升到 81%。另一方面推动了技术进步，2010 年与 2005 年相比，钢铁行业干熄焦技术普及率由不足 30% 提高到 80% 以上，水泥行业低温余热回收发电技术普及率由开始起步提高到 55%，烧碱行业离子膜法烧碱技术普及率由 29% 提高到 84%。

表 2-4　中国"十一五"期间各行业淘汰落后产能实施情况

年份 行业	2007	2008	2009	2010	"十一五" 合计
炼铁 /万 t	5 000	0.0	2 113.0	3 606.6	10 719.6
炼钢 /万 t	12 019.0	0.0	1 691.0	935.4	14 645.4
焦炭 /万 t	3 147.4	3 692.1	1 809.1	2 586.5	11 235.0
铁合金/万 t	129.4	117.7	162.1	171.9	581.1
电石 /万 t	79.6	104.8	46.7	74.5	305.5
有色金属/万 t	0.0	0.0	31.4	107.5	138.9
水泥 /万 t	13 275.0	8 514.0	7 416.0	10 727.5	39 932.5
玻璃 /万重量箱	0.0	0.0	600.0	993.5	1 593.5
造纸 /万 t	449.6	0.0	50.7	465.3	965.5
酒精 /万 t	42.1	0.0	35.5	68.0	145.6
味精 /万 t	7.2	0.0	3.5	19.5	30.2
柠檬酸/万 t	0.0	0.0	0.8	1.7	2.5
制革/万标张	0.0	0.0	0.0	1 435.8	1 435.8
印染/万 m	0.0	0.0	0.0	381 356.0	381 356.0
化纤/万 t	0.0	0.0	0.0	67.4	67.4
火电/万 kW	1 751.8	1 669.1	2 617.2	1 071.1	7 109.2

数据来源：中国发展和改革委员会、工业和信息化部政府网站发布数据。

2.3.2.2　工程减排及实施情况

"十一五"期间，减少化学需氧量排放总量的主要工程措施是加快和强化城市污水处理设施建设与运行管理，减少二氧化硫排放总量的主要工程措施是加快和强化现役及新建燃煤电厂脱硫设施建设与运行监管。在国家和地方的有力推动下，城市污水处理厂和燃煤电厂脱硫设施建设规模远超"十一五"规划要求，污染减排设施建设实现了跨越发展，工程减排对"十一五"污染减排任务贡献最大。其中，COD 工程削减量占全部削减量的 80.5%（其中污水处理厂实现 COD 削减量占总削减量的 58.5%，北京、天津、上海、广东和重庆等 20 个省市的污水处理厂 COD 削减量占本省市 COD 总削减量的 50%以上）。二氧化硫工程削减量占全部削减量的 67.2%（其中电厂脱硫工程实现二氧化硫削减量占总削减量的 59.5%）。

城市污水处理能力来看，"十一五"实际新增城市污水日处理能力 6 535 万 m^3/d，较目标值 4 500 万 m^3/d 提高 44%；年均污水处理量达到 343.3 亿 m^3/a，超出预期 47 亿 m^3/a 的处理能力。COD 削减能力新增 430 万 t，设市城市污水处理率达到 76.9%，城镇整体污水处理率达到 73%（环保部数据），新增再生水日利用能力 680 万 t，城市污水处理厂负荷率也达到 78.9%（见表 2-5）。另一方面，加快城市污水处理配套管网建设和改造，加大工业废水治理力度，实施 1 500 家污染源废水深度处理，以及开展 1 000 多个水污染综合整治项目。

表 2-5　"十一五"污水处理厂工程建设情况

主要规划目标项	"十一五"目标值	"十一五"完成情况
污水处理能力	10 500 万 m³/d 其中新增 4 500 万 m³/d（3 000 万 t 形成能力）	12 535 万 m³/d 其中新增 6 535 万 m³/d
污水处理量	296 亿 m³/a	343.3 亿 m³/a
COD 削减能力	新增 300 万 t	新增 430 万 t
污水处理率	城市污水处理率 52%。设市城市≥70%，县城≥30%	城市污水处理率达到 75% 以上。设市城市 76.9%，县城 44.2%
设市城市污水处理厂负荷率	≥70%	78.9%

到 2010 年，河北、河南、湖南、贵州等 16 个省（区、市）辖区内县县建有污水处理厂。全国累计建成城镇污水集中处理设施 2 832 座（"十一五"期间增加约 2 000 座），处理能力达到 1.25 亿 m³/d（"十一五"期间增加 6 535 万 m³/d），城市污水处理率由 2005 年的 52% 提高到约 77%[①]。污水处理厂实际建成投运规模超规划目标 2 000 万 t（是规划目标的 144%），COD 削减能力超规划目标 130 多万 t。

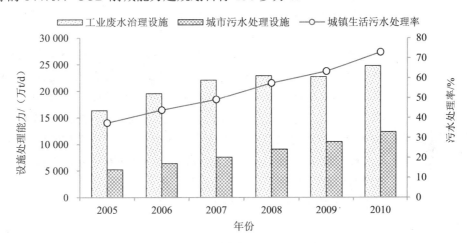

图 2-5　污水处理能力及城镇污水处理率增长情况

数据来源：2005—2010 年《中国环境统计年报》。

二氧化硫治理方面，推动燃煤电厂二氧化硫治理，除含硫量低于 0.3 以下的坑口电站（仍需预留脱硫场地）外，所有新建燃煤电厂同步配套脱硫设施。到 2010 年，全国累计建成投运燃煤电厂脱硫设施 5.78 亿 kW，"十一五"期间增加 5.32 亿 kW（见图 2-6），火电脱硫机组比例从 2005 年的 12% 提高到 2010 年的 82.6%，建成投运的燃煤电厂脱硫设施超规划目标 1.77 亿 kW（是规划目标的 150%），二氧化硫削减能力超规划目标 290 多万 t。加大建设钢铁烧结机烟气脱硫工程，钢铁烧结机脱硫设施建成 170 台，占烧结

---

① 此处数据来源于《中国城市建设统计年鉴》，是按照设市城市资料统计所得；而《中国环境统计年报》中相关数据按照全部城镇资料统计，2005 年和 2010 年城镇污水处理率分别为 37.4% 和 72.9%。

机台数的比例由 2005 年的"0"提高到 2010 年的 15.6%。

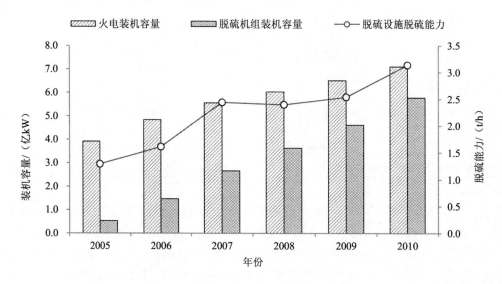

图 2-6 燃煤脱硫机组装机容量及脱硫能力增长情况

数据来源：装机容量来自电力工业统计资料，脱硫机组容量来自环保部统计公报。

污染减排投入不断增加。"十一五"期间，我国污染减排投入总共为 8 788 亿元，从 2006 年的 999 亿元增长到 2010 年的 2 558 亿元，年均增长率约为 54%。这其中污染减排投资为 4 679 亿元，占总投入的 53%，从 2006 年的 444 亿元增长到 2010 年的 1 450 亿元，增长了 2 倍多；污染减排运行费为 4 110 亿元，占总投入的 47%，从 2006 年的 556 亿元增长到 1 107 亿元，增长了 1 倍。从要素分类来看，"十一五"期间废水治理投入共计 6 823 亿元，占投入总量的 78%；废气治理投入共计 1 966 亿元，占投入总量的 22%（见表 2-6）。可以看出，我国"十一五"污染减排投入主要以废水治理为主，这与我国废水处理水平较低、废水处理设施投入较大密切相关。

表 2-6 "十一五"全国污染减排投入总额　　　　　　单位：亿元

投入额	年份	2006	2007	2008	2009	2010	"十一五"合计
投资	废水治理	315	585	705	855	1 154	3 614
	废气治理	129	174	205	259	297	1 065
	合计	444	760	910	1 114	1 451	4 679
运行费	废水处理	490	558	631	698	832	3 209
	废气处理	65	128	189	243	275	900
	合计	555	686	820	941	1 107	4 109
污染减排总投入		999	1 446	1 730	2 055	2 558	8 788

数据来源：逯元堂、吴舜泽等撰写《中国"十一五"污染减排分析评估报告》。

2.3.2.3　管理减排及实施情况

监督管理是污染减排的重要途径。一方面严格执行环境影响评价，提高环保准入门槛，实行"区域限批"措施；另一方面加紧制订和修订造纸、化工、酿造、印染、食品等重点行业化学需氧量排放标准和钢铁、有色金属、火电、石化、冶金等行业大气污染物排放标准，同时加大执法力度，综合运用排污许可、排污收费、强制淘汰、限期治理和环境影响评价等各项环境管理制度和手段，强化企业环境管理，将 7 000 家国控重点企业的排放达标率提高到 90%以上。通过强化重点治污工程建设和运营监管，把目前和未来几年建成运转的减排工程落实到对环境质量改善有实际效果上，实现总量控制目标。

（1）环境政策出台情况

"十一五"时期，除了以环境保护工作为主要业务的环境保护部出台了有关的环境经济政策外，财政部、国家税务总局等经济部门，国家林业局、国土资源部等自然资源管理部门，以及国家发改委等国家社会经济发展宏观调控部门也均出台了有关环境经济政策，这不仅体现了环境经济政策的综合性特征，也反映了环境经济政策体系建设工作不仅是环境保护专门职能部门的事情，自然资源管理部门、经济部门以及行业部门在环境经济政策制定中也发挥重要作用。其中财政部是政策出台最多的部门，共出台 84 项相关政策，主要集中于环境财政政策和税费政策；国家发改委出台了 27 项政策，主要集中于环境资源定价方面；环保部出台 19 项政策，主要集中于环境财政、金融以及行业方面；国务院出台 18 项政策，主要集中于综合领域（见表 2-7）。

表 2-7　"十一五"期间国家层面出台的环境经济政策

政策出台（主导）部门	环境财政政策	环境税费政策	环境资源定价政策	绿色金融政策	绿色贸易政策	排污权交易政策	生态补偿政策	行业环境经济政策	综合性政策	总计
国务院	2	2	—	1	—	—	3	—	10	18
国家发改委	3	2	20	1	—	—	—	1	—	27
财政部	24	35	9	3	—	8	5	—	—	84
环境保护部	9	—	—	5	—	—	2	3	—	19
商务部	—	—	1	—	—	—	—	14	—	17
工业和信息化部	—	—	1	—	—	—	—	1	—	2
国家林业局	1	—	—	—	—	—	—	—	—	1
国家税务总局	—	3	—	—	—	—	—	—	—	3
国土资源部	—	—	—	—	—	—	1	1	2	4
农业部	—	1	—	—	—	—	—	—	—	1
中国人民银行	1	—	—	5	—	—	—	—	—	6
中国银监会	—	—	—	2	—	—	—	1	—	3
中国证监会	—	—	—	3	—	—	—	—	—	3
总计	40	44	31	20	1	8	11	21	12	189

资料来源：葛察忠、董战峰等人整理[①]。

---

① 葛察忠，董战峰，王金南，等."全国'十一五'环境经济政策实践与进展评估".重要环境信息参考（环境规划院内刊），2012 年第 8 卷　第 2 期.

（2）在线监测设备安装及达标排放情况

"十一五"期间，我国废水在线监测设备安装套数从 2006 年的 7 749 套增长到 2010 年的 15 635 套，净增加 1 倍左右，年均增长接近 20%。大大加强了我国废水排放在线实时监控能力，工业废水达标率也呈现不断提高的趋势，从 2005 年的 90.7%增长到 95.3%，提高了近 5 个百分点。另一方面，我国废气在线监控能力也不断增强，废气在线监测设备套数从 2005 年的 3 028 套增长到 2010 年的 10 227 套，净增加 2 倍左右，年均增长率达 36%。随着更多的在线监测设备投入使用，工业废气主要污染物达标率也随之提高，其中 SO_2 达标率从 81.9%提高到 92.1%，烟尘达标率从 87%提高到 90.6%，分别提高了 10.6%和 3.6%（见图 2-7）。

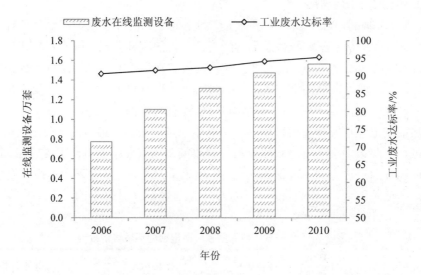

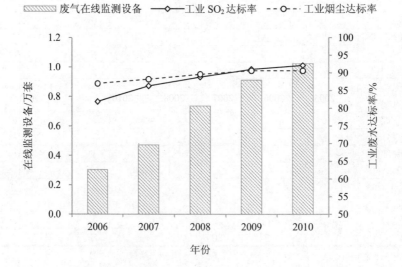

图 2-7　在线监测设备安装及污染物达标排放情况

数据来源：2005—2010 年《中国环境统计年报》。

2.4 "十一五"污染减排的环境效应分析

2.4.1 大气环境质量变化

"十五"期间，全国地级以上城市中达到国家环境空气质量二级标准的城市比例由 2000 年的 35.6% 提高到 2003 年的 56.2%，年均提高 4.1 个百分点。2010 年，地级以上城市达到国家环境空气质量二级标准的城市比例为 83.9%，比 2005 年提高 27.7 个百分点，年均提高 5.5 个百分点，年均提高幅度远高于"十五"期间。空气中二氧化硫、二氧化氮和可吸入颗粒物平均浓度分别由 2005 年的 0.047 mg/m³、0.029 mg/m³ 和 0.095 mg/m³ 下降到 2010 年的 0.033 mg/m³、0.027 mg/m³ 和 0.077 mg/m³，分别下降了 29.8%、6.9% 和 18.9%。

"十一五"期间，113 个环境保护重点城市空气质量持续提高。空气中二氧化硫、二氧化氮和可吸入颗粒物年均浓度达到国家环境空气质量二级标准的城市比例明显上升。2010 年，环保重点城市达到国家环境空气质量二级标准的城市比例为 73.5%，比 2005 年的 42.5% 提高了 31 个百分点。113 个环保重点城市的二氧化硫浓度下降 20.9%，二氧化氮浓度下降 0.9%，PM_{10} 浓度下降 11.6%（图 2-8）。

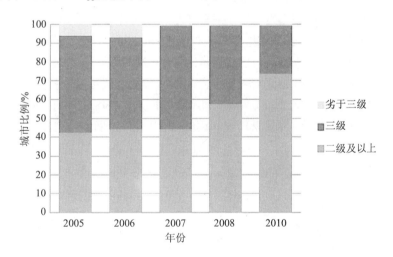

图 2-8 "十一五"环境保护重点城市大气质量变化

资料来源：2005—2010《中国环境质量公报》。

空气中 SO_2 和可吸入颗粒物平均浓度分别由 2005 年的 0.057 mg/m³ 和 0.100 mg/m³ 下降到了 2010 年的 0.042 mg/m³ 和 0.088 mg/m³，分别下降了 26.3% 和 12.0%（图 2-9）。二氧化氮（NO_2）平均浓度与 2005 年持平，均为 0.035 mg/m³。

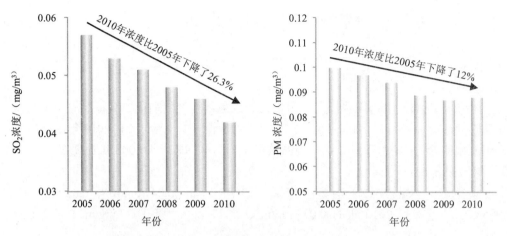

图 2-9　"十一五"环境保护重点城市 SO_2 浓度变化趋势

资料来源：2005—2010《中国环境质量公报》。

2010 年全国酸雨面积较 2005 年下降 1.3%，重酸雨面积保持稳定（图 2-10）。我国酸雨区域分布格局基本不变，但局部地区的酸雨有所加重，主要由于氮氧化物排放量的持续增加，降水中硝酸根离子浓度快速升高，致使降水离子结构发生显著变化。氮氧化物是导致我国酸沉降的重要因素之一，对降水酸度的贡献仅次于 SO_2。监测数据显示我国 2008 年降水中硝酸根离子平均浓度为 3.1 mg/L，较 2005 年（2.6 mg/L）增加了 19.2%。硝酸根与硫酸根离子当量浓度比值已由 2005 年的 0.205 升高到 2008 年的 0.258，呈现快速递增的趋势，酸雨类型已加速由硫酸型向硫酸硝酸复合型过渡。相关研究表明，2010 年我国实际氮氧化物排放量 2 273 万 t，如不加以控制，将很快超过 SO_2 排放量，并有可能抵消 SO_2 减排带来的环境效果，使酸雨的恶化趋势得不到根本控制。

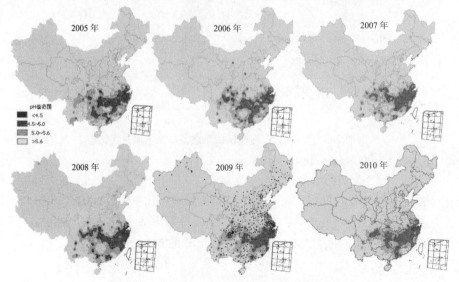

图 2-10　"十一五"期间全国酸雨危害变化趋势

资料来源：2005—2010《中国环境质量公报》。

2.4.2 地表水环境质量变化

"十一五"期间，国家环境监测网地表水监测结果表明，2005—2006 年，地表水国控断面高锰酸盐指数年均浓度与 COD 排放量均有所上升；2006—2010 年地表水国控断面高锰酸盐指数年均浓度与 COD 排放量逐年下降（图 2-11）。自 2008 年以来，全国地表水国控断面高锰酸盐指数平均浓度均好于国家地表水环境质量Ⅲ类标准，2010 年为4.79 mg/L，比 2005 年降低 31.9%。

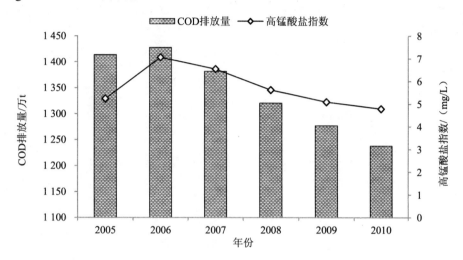

图 2-11 "十一五" COD 排放量与地表水高锰酸盐指数变化

资料来源：2005—2010《中国环境质量公报》，2005—2010《中国环境统计年报》。

"十一五"期间，全国地表水国控断面Ⅰ～Ⅲ类水质断面比例不断上升，劣Ⅴ类水质比例总体呈下降趋势。2010 年，Ⅰ～Ⅲ水质比例为 51.9%，比 2005 年提高 14.4 个百分点；劣Ⅴ类水质比例为 20.8%，比 2005 年降低 6.6 个百分点。全国七大水系断面水质不断改善，劣Ⅴ类水质比例整体呈下降趋势（图 2-12）。

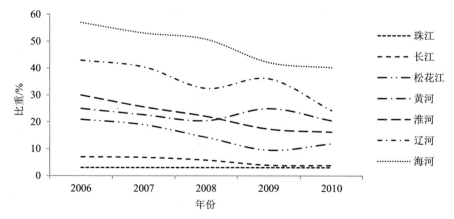

图 2-12 七大水系劣Ⅴ类水质断面占所有断面的比重变化

数据来源：2006—2010 年《中国环境质量公报》。

其中，淮河流域水质不断改善，地表水高锰酸盐指数浓度呈下降趋势（图 2-13），2006—2010 年高锰酸盐指数浓度从 6.82 mg/L 下降至 5.02 mg/L，浓度下降了 26.4 个百分点。同期流域 COD 排放量也逐年下降，2010 年流域 COD 排放量较 2005 年下降了 9.8 个百分点（图 2-14）。

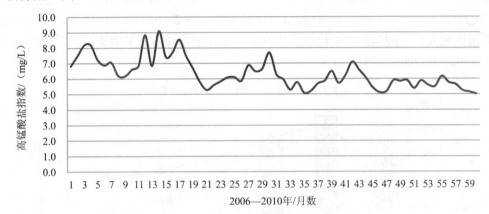

图 2-13 "十一五"淮河流域地表水高锰酸盐指数浓度变化

数据来源：2006—2010 年《中国环境质量公报》。

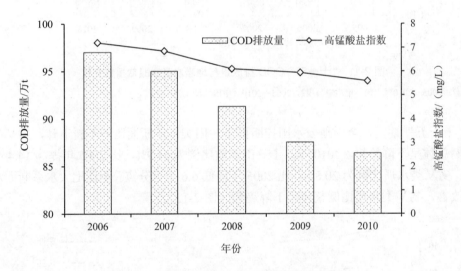

图 2-14 淮河流域水质与 COD 总量变化对比

数据来源：2006—2010 年《中国环境质量公报》。

2.4.3 主要污染物排放强度变化

"十一五"期间，我国单位 GDP 污染物排放强度均出现明显下降，其中 2010 年全国单位 GDP 废水和 COD 排放强度比 2005 年分别下降了 30.8%、48.5%，下降趋势十分明显。从工业来看，2010 年工业废水和 COD 排放强度也比 2005 年分别下降了 42.6%、53.9%，下降了近一半。废气主要污染物排放强度下降同样较为明显，2010 年单位生产

总值 SO_2 和烟尘排放强度比 2005 年分别下降了 49.6%和 58.8%，另外工业 SO_2 和烟尘排放强度也分别比 2005 年下降了 49.5%和 62.6%。整体来看，"十一五"期间我国废水及废气主要污染物排放强度均呈现较大幅度的下降（图 2-15）。

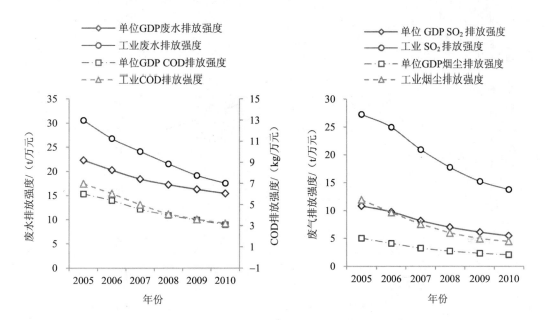

图 2-15　废水及废气主要污染物排放强度变化趋势

数据来源：污染物数据来源于《中国环境统计年报 2010》；GDP 数据来源于《中国统计年鉴 2011》，采用 2010 年不变价。

2010 年与 2005 年相比各行业综合能耗均呈现不同幅度的下降，其中电力行业 300MW 以上火电机组占火电装机容量比重由 47%上升到 71%，火电供电煤耗下降 9.5%；钢铁行业 1 000 m^3 以上大型高炉比重由 21%上升到 52%，吨钢综合能耗下降 12.8%；新型干法水泥熟料产量比重由 39%上升到 81%，水泥综合能耗下降 46.3%。

从各重点行业 COD 和 SO_2 排放强度变化趋势来看，2006—2010 年绝大部分行业的强度值都明显呈现持续下降趋势（见图 2-16 和图 2-17）。COD 排放量居前五位的造纸及纸制品业、食品制造加工业、化学工业、纺织业和金属矿采选业总排放量占统计行业总排放量的 79%以上，其万元增加值排放强度分别下降了 204%、97%、25%、45%。SO_2 排放量居前五位的电力热力的生产和供应业、金属冶炼及压延加工业、非金属矿物制品业、化学原料及化学制品制造业和石油加工炼焦及核燃料加工业总排放量占统计行业总排放量的 90%左右，其万元增加值排放强度分别下降了 49.1%、19.9%、38.4%、36.3%和 34.5%。

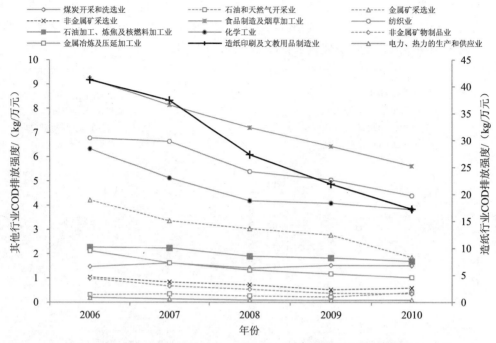

图 2-16　重点行业 2005—2010 年 COD 排放强度变化趋势

资料来源：2006—2010《中国环境统计年报》。

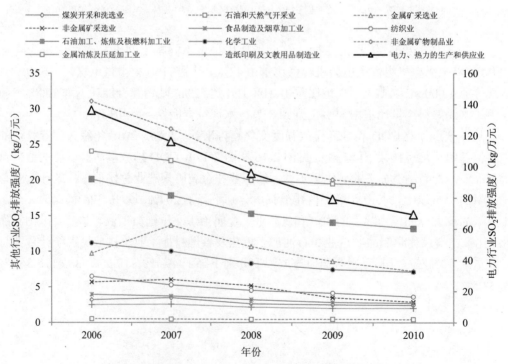

图 2-17　重点行业 2005—2010 年 SO_2 排放强度变化趋势

资料来源：2006—2010《中国环境统计年报》。

2.5　主要结论

我国"十一五"期间，在社会经济发展指标超过预期的情形下，污染减排工作在我国污染物总量减排、环境质量变化以及主要污染物排放强度变化等方面均取得了十分显著的成效，主要表现在如下方面。

（1）污染物减排量超额完成当初制定的控制目标

"十一五"期间，在部分与环境相关的经济社会发展指标实际情况超过预期的情况下，我国 COD 和 SO_2 等主要污染物排放量均超额完成了"十一五"规定的减排目标。与 2005 年相比，2010 年 COD 和 SO_2 排放量分别下降 12.45% 和 14.29%，双双超额完成"十一五"减排任务。从各省市目标完成情况来看，超过 25 个省份 COD 和 SO_2 削减率高于预期目标，北京在 SO_2 和上海在 COD 方面削减幅度全国最大，分别较设定的削减目标高出 19.4% 和 12.8%。山东、广东、江苏、湖北、浙江、吉林等省份表现也较为突出，高于当初设定目标。新疆、青海和西藏等省份表现不尽如人意，没有达到当初设定减排目标，但考虑上述三省份排放基数较小，对减排总效果影响十分有限。

（2）三大减排工程实施顺利，对污染减排起到十分重要的作用

从结构减排实施情况看，2010 年与 2005 年相比，一方面促进了产业结构优化升级，电力行业 300MW 以上火电机组占火电装机容量比重由 50% 上升到 73%，钢铁行业 1 000 m^3 以上大型高炉产能比重由 48% 上升到 61%，建材行业新型干法水泥熟料产量比重由 39% 上升到 81%。另一方面推动了技术进步，2010 年与 2005 年相比，钢铁行业干熄焦技术普及率由不足 30% 提高到 80% 以上，水泥行业低温余热回收发电技术普及率由开始起步提高到 55%，烧碱行业离子膜法烧碱技术普及率由 29% 提高到 84%。

从工程减排实施情况看，"十一五"期间，我国污染减排投入总共为 8 788 亿元，从 2006 年的 999 亿元增长到 2010 年的 2 558 亿元，年均增长率约为 54%。废水治理投入共计 6 823 亿元，占投入总量的 78%，"十一五"实际新增城市污水日处理能力 6 535 万 m^3/d，较目标值 4 500 万 t/d 提高 44%；年均污水处理量达到 343.3 亿 m^3/a，超出预期 47 亿 m^3/a 的处理能力。COD 削减能力新增 430 万 t，设市城市污水处理率达到 77%，城镇整体污水处理率达到 73%，新增再生水日利用能力 680 万 t，城市污水处理厂负荷率也达到 79%。废气治理投入共计 1 966 亿元，占投入总量的 22%。全国脱硫机组装机容量已经达到 5.78 亿 kW，占全部火电机组的比例从 2005 年的 12% 提高到 82.6%。

从管理减排实施情况看，通过加快修订造纸、化工、酿造、印染、食品等重点行业化学需氧量排放标准和钢铁、有色金属、火电、石化、冶金等行业大气污染物排放标准，同时加大执法力度，综合运用排污许可、排污收费、强制淘汰、限期治理和环境影响评价等各项环境管理制度和手段，强化企业环境管理，将 7 000 家国控重点企业的排放达标率提高到 90% 以上。"十一五"时期，环境保护部、财政部、国家税务总局、国家林业局、国土资源部等部门共出台 84 项环境经济相关政策。废水和废弃在线监测和监控设备分别增加了 1 倍和 2 倍左右，污染物达标率也随之提高。

（3）污染减排环境效应显著，污染物排放强度不断降低

大气质量不断好转，"十一五"期间，113 个环境保护重点城市空气质量持续提高。空气中二氧化硫、二氧化氮和可吸入颗粒物年均浓度达到国家环境空气质量二级标准的城市比例明显上升。2010 年，环保重点城市达到国家环境空气质量二级标准的城市比例为 73.5%，比 2005 年的 42.5%提高了 31 个百分点。113 个环保重点城市的二氧化硫浓度下降 20.9%，二氧化氮浓度下降 0.9%，PM_{10} 浓度下降 11.6%。

地表水环境质量不断改善，"十一五"期间，全国地表水国控断面 I ～III类水质断面比例不断上升，劣V类水质比例总体呈下降趋势。2010 年，I ～III水质比例为 51.9%，比 2005 年提高 14.4 个百分点；劣V类水质比例为 20.8%，比 2005 年降低 6.6 个百分点。全国七大水系断面水质不断改善，劣V类水质比例整体呈下降趋势。

单位 GDP 污染物排放强度均出现明显下降。2010 年全国单位 GDP 废水和 COD 排放强度比 2005 年分别下降了 30.8%和 48.5%，单位生产总值 SO_2 和烟尘排放强度比 2005 年分别下降了 49.6%和 58.8%。整体来看，"十一五"期间我国废水及废气主要污染物排放强度均出现较大幅度的下降。

第3章　污染减排经济效应分析的一般模型方法

　　污染减排作为我国"十一五"期间环境保护的主要工作之一,其在减少污染物排放、改善环境质量的同时,将通过增加投资、拉动内需、淘汰产能等手段直接或间接地影响到国民经济发展以及产业结构调整。本章在总结有关研究成果的基础上,简要介绍污染减排的经济效应分析可用的一般模型方法,主要包括投入产出模型、可计算一般均衡模型、计量经济模型以及系统动力学模型等。对上述模型,尤其是投入产出模型的深入了解将有助于读者更加深刻地理解污染减排经济效应分析的内在原理以及本书所构建的评价模型的作用机理。

3.1　投入产出模型

3.1.1　投入产出的产生与发展

　　投入产出表是运用投入产出技术,将国民经济各部门生产中投入的各种费用的来源与产出的各种产品和服务的使用去向,组成纵横交错的棋盘式平衡表,全面而系统地反映国民经济各部门在生产过程中互相依存、互相制约的经济技术联系。投入产出表的投入是指各部门在生产货物和服务时的各种投入,包括中间投入的最初投入。产出是指各部门的产出及其使用去向,包括中间使用和最终使用。

　　投入产出表于 20 世纪 30 年代产生于美国,它是由美国经济学家、哈佛大学教授瓦西里·列昂惕夫(W·Leontief)在前人关于经济活动相互依存性的研究基础上首先提出并研究和编制的。列昂惕夫从 1931 年开始研究投入产出技术,编制投入产出表,目的是研究当时美国的经济结构。为此,他利用美国国情普查资料编制了 1919 和 1929 年美国投入产出表,并分析美国的经济结构和经济均衡问题。1936 年他在美国《经济学和统计学评论》上发表了投入产出法的第一篇论文"美国经济制度中投入产出数量关系",标志着投入产出分析的诞生。1941 年他出版了《美国经济结构 1919—1929》一书,他在该书中详细阐述了投入产出技术的主要内容。1951 年该书在增加了 1939 年投入产出表和一些论文后再版。1953 年,列昂惕夫与他人合作,出版了《美国经济结构研究》一书。通过这些论著,列昂惕夫提出了投入产出表的概念及其编制方法,阐述了投入产出技术的基础原理,创立了投入产出技术这一科学理论。正是在投入产出技术方面的卓越贡献,列昂惕夫于 1973 年获得了第五届诺贝尔经济学奖。

　　投入产出方法在西方产生并非偶然,而是具有一定历史背景,主要是为了适应当时资本主义经济发展的需要。1929 年爆发的震撼资本主义世界的经济危机是资本主义国家历史上最严重、持续时间最长的一次经济危机，传统的西方经济理论已无法解释这个问题，这一冲击在资本主义社会产生了极大的反响。一方面，在 30 年代中期出现了凯恩斯主义理论，主张国家干预，特别是财政干预进行投资，人为地刺激消费，扩大需求，以减少失业和预防经济危机的发生，这一理论曾成为资本主义国家政府制定经济政策的依据。另一方面，促使一些经济学家在原来的数理经济基础上，利用数学和统计资料对资本主义经济发展中的问题进行分析、研究和经济预测，以便找到医治资本主义痼疾的药方。在这种背景下，产生了投入产出分析和经济计量学。当时列昂惕夫曾认为"今天的经济学出现了这样一种情况：一方面，理论高度集中而没有事实，另一方面，事实堆积如山而没有理论"，而投入产出分析是把经济事实和理论结合起来，把质的分析和量的分析结合起来研究经济问题。按列昂惕夫自己的描述，投入产出分析是"用新古典学派的全部均衡理论对各种错综复杂的经济活动之间数量上相互依赖关系进行经验研究[57]"。

投入产出技术从诞生到现在的 70 多年里，经过经济学家的研究和辛勤探索，无论是在理论方面，还是在实践方面都得到了很大的发展，取得了丰硕的成果。早期的投入产出模型，只是静态的投入产出模型。后来，随着研究的深入，开发了动态投入产出模型，投入产出模型由静态扩展到动态。近期，随着投入产出技术与数量经济方法等经济分析方法日益融合，投入产出分析应用领域不断扩大。目前世界上已有 100 多个国家都在定期编制投入产出表。

20 世纪 50 年代末 60 年代初，我国开始引进投入产出技术。1980 年按照国家统计局要求，山西省统计局编制了山西省 1979 年投入产出表。1987 年国务院办公厅发出了《关于进行全国投入产出调查的通知》，在全国进行投入产出调查，编制中国 1987 年投入产出表。这是我国编制的第一张投入产出表。投入产出分析技术在我国开始得到广泛应用，投入产出表成为宏观经济调控、决策和管理的重要工具。从 1987 年投入产出表开始，中国投入产出表编制工作开始规范化，确定逢 2 逢 7 年份编制基本表，逢 0 逢 5 年份编制延长表。迄今为止，国家统计局先后编制了 1992、1997、2002、2007 年投入产出表和 1990、1995、2000、2005 年投入产出延长表。在地区表方面，全国各省级行政区除西藏外，都已经与国家同步编制了本地区投入产出表。

3.1.2 投入产出表的类型

投入产出模型按照分析和研究的时期不同，可分为静态模型和动态模型两大类。静态模型研究与分析某一个时期（如某一个年度）某个系统的投入产出关系与系统的各种活动等。动态模型则研究与分析若干时期（如若干年度）系统的投入产出与系统的活动，以及各个时期之间的相互联系。因而静态模型中的内生变量往往只涉及某一个时期，而动态模型中的内生变量则涉及几个时期（年份）。在静态模型中投资往往是事先给定的，经常作为外生变量处理，而在动态模型中投资通常取决于本期以及今后若干时期产量变动的函数，因而它不是事先给定的，而是通过模型求解来确定。

静态模型分为静态开模型、静态闭模型和静态局部闭模型三类。在投入产出技术中这三类模型具有其特定的含义。静态开模型已很成熟，应用很广泛。在这个模型中通常把最终产品作为外生变量，即由模型以外的因素来确定其数值的变量；静态闭模型中假定没有外生变量，所有变量都是内生变量，即都是通过模型的计算来确定其数值的变量。但是在实践中可以发现，一部分变量的数值，如出口数额、最终消费中的国防开支数值和基建投资数值等在静态模型中往往无法由此模型本身来确定，而应作为外生变量来处理，所以静态闭模型至今没有得到实际应用；静态局部闭模型是把最终需求中的居民消费内生化，而其他最终需求仍作为外生变量处理的一种模型。这是由于居民消费的数量与结构取决于经济发展水平。某个部门支付的劳动报酬数额与该部门消耗的材料和动力一样，可以看作该部门产出的函数，把居民部门内生化后就形成静态局部闭模型。静态局部闭模型应用很广泛。

投入产出模型按照计量单位的不同，可以分为价值型投入产出模型、实物型、混合型投入产出模型。在价值型投入产出模型中，所有数值都按价值单位计量，计量单位只有 1 个。在实物型投入产出模型中计量单位为实物单位，由于实物单位种类很多，所以实物型投入产出模型中各部门的单位不一致。这时，大部分部门采用实物单位，一部分部门可以采用价值单位或劳动单位和能量单位等。

投入产出模型按照模型编制的范围可分为世界投入产出模型、国家投入产出模型、地区投入产出模型、部门投入产出模型、企业投入产出模型、地区（国家）间投入产出模型等。

投入产出模型按照编制的时期不同可分为报告期投入产出模型和规划期投入产出模型两大类。前者是利用过去年份统计资料编制的，后者则是为了进行计划和预测，针对今后某一个时期编制的。

投入产出模型按照研究的对象可以分为资源能源投入产出模型、环境投入产出模型、劳动力（人口）投入产出模型、教育投入产出模型、农业投入产出模型等。

表 3-1　投入产出表类型

分类标准	种类
分析时期	开模型
	静态/动态闭模型
	局部闭模型
计量单位	价值型
	实物型
	混合型
研究范围	世界投入产出模型
	国家投入产出模型
	地区投入产出模型
	部门投入产出模型
	企业投入产出模型
	地区（国家）间投入产出模型
研究时间	报告期投入产出模型
	规划期（预测期）投入产出模型
研究对象	资源、能源投入产出模型
	环境投入产出模型
	劳动力（人口）投入产出模型
	教育投入产出模型
	农业投入产出模型

资料来源：陈锡康，杨翠红[58]。

3.1.3　投入产出表的基本结构

投入产出分析通过编制投入产出表来实现的。投入产出表是指反映各种产品生产投入来源和去向的一种棋盘式表格，由投入表与产出表交叉而成的。前者反映各种产品的价值，包括物质消耗、劳动报酬和剩余产品；后者反映各种产品的分配使用情况，包括投资、消费、出口等。投入产出表可以用来揭示国民经济中各部门之间经济技术的相互依存、相互制约的数量关系。表 3-2 是一个简化的价值型投入产出表，可以按行或者列建立数学模型。

表 3-2　一般价值型投入产出表简化框架[59]

投入 ＼ 产出		中间产品			最终产品			进口	总产出
		部门 1	……	部门 n	最终消费	资本形成	出口		
中间投入	部门 1	x_{ij} I 象限			Y_i II 象限				X_i
	……								
	部门 n								
最初投入	劳动者报酬	N_{ij} III 象限							
	生产税净额								
	固定资产折旧								
	营业盈余								
总投入		X_j							

从上表可以看出，投入产出表由三部分组成，按照左上、右上、左下的排列顺序，分别称为第Ⅰ、Ⅱ、Ⅲ象限。

第Ⅰ象限是由名称相同、排列顺序相同、数目一致的 n 个产品部门纵横交叉而成的，其主栏为中间投入、宾栏为中间使用。矩阵中每个数字 x_{ij} 都具有双重意义：沿行方向看表明某产品部门生产的货物或服务提供给各产品部门使用的价值量；沿列方向看，反映某产品部门在生产过程中消耗各产品部门生产的货物或服务的价值量。第Ⅰ象限充分揭示了国民经济各部门之间相互依存、相互制约的技术经济联系，反映了国民经济各部门之间相互依赖、相互提供劳动对象供生产和消耗的过程，是投入产出表的核心。

第Ⅱ象限是第Ⅰ象限在水平方向上的延伸，其主栏与第Ⅰ象限的主栏相同，也是 n 个产品部门；其宾栏由最终消费、资本形成总额、净出口等最终使用项目组成。这部分反映各产品部门生产的货物或服务用于各种最终使用的价值量及其构成。体现了国内生产总值经过分配和再分配后的最终使用。

第Ⅲ象限是第Ⅰ象限在垂直方向上的延伸，主栏是劳动者报酬、固定资产折旧、生产税净额、营业盈余等增加值项组成；宾栏与第Ⅰ象限的宾栏相同，它反映各产品部门增加值的构成情况。

第Ⅰ和第Ⅱ象限联结在一起组成的横表，反映国民经济各部门生产的货物和服务的使用去向。第Ⅰ和第Ⅲ象限联结在一起组成的竖表，反映国民经济各部门在生产经营活动中的各种投入来源及产品价值构成，体现了国民经济各部门货物和服务的价值形成过程。

上述投入产出表满足下列平衡：

从横向看，中间产出+最终产出−进口=总产出，反映各部门的产出及其使用去向，即"产品分配"过程。

从列向看，中间投入+最初投入=总投入，反映各部门的投入及其提供来源，即"价值形成"过程。

从总量看，总产出=总投入；中间产出=中间投入；最终产出=最初投入。

横表和竖表各自存在一定的平衡关系，彼此之间又在总量上相互制约，构成投入产出表建模分析的基础框架。

3.1.4　投入产出表编制方法

投入产出表的编制方法主要指编制产品部门×产品部门表的方法。产品部门×产品部门表有两种编制方法，一种是间接推导法，另一种是直接分解法。

间接推导法是以产业活动单位为统计单位，按照产业活动单位主产品的性质将其划分到某一产业部门，并编制包括全部产业部门在内的使用表和供给表，然后利用使用表和供给表，依据一定的假定，采用数学方法推导出产品部门×产品部门表的方法。

间接推导法使用的假定有两种：一是产品工艺假定，即假定不管由哪个产业部门生产，同一种产品具有相同的投入结构；二是产业部门工艺假定，即假定同一产业部门不论生产何种产品，都具有相同的投入结构。

直接分解法与间接推导法不同，其统计单位不是产业活动单位，而是一个企业。一个企业，特别是大中型企业，往往同时生产几种甚至几十种不同质的产品，它们的投入构成不同，根据产品部门的要求，将该企业生产的各种产品，按其性质划归到相应产品部门中，利用企业按产品部门直接分解后的投入构成资料，编制产品部门×产品部门表的方法。

目前我国采用的是以直接分解法为主，间接推导法为辅的编表方法。

3.1.5　投入产出表的主要系数

投入产出系数是进行投入产出分析的重要工具。投入产出系数包括直接消耗系数、完全消耗系数、感应度系数、影响力系数和各种诱发系数。由于直接消耗系数和完全消耗系数是最基本的投入产出系数。

（1）直接消耗系数

直接消耗系数，也称为投入系数，记为 a_{ij}（i, j=1，2，…，n），它是指在生产经营过程中第 j 产品（或产业）部门的单位总产出所直接消耗的第 i 产品部门货物或服务的价值量，将各产品（或产业）部门的直接消耗系数用表的形式表现就是直接消耗系数表或直接消耗系数矩阵，通常用字母 A 表示。

直接消耗系数的计算方法为：用第 j 产品（或产业）部门的总投入 X_j 去除该产品部门（或产业）生产经营中所直接消耗的第 i 产品部门的货物或服务的价值量 X_{ij}，用公式表示为：

$$a_{ij} = \frac{X_{ij}}{X_j}(i, j = 1, 2, \cdots, n) \tag{3-1}$$

直接消耗系数体现了列昂惕夫模型中生产结构的基本特征，是计算完全消耗系数的基础。它充分揭示了国民经济各部门之间的技术经济联系，即部门之间相互依存和相互制约关系的强弱，并为构造投入产出模型提供了重要的经济参数。

从直接消耗系数的定义和计算方法可以看出，直接消耗系数的取值范围在 $0 \leqslant a_{ij} < 1$ 之间，a_{ij} 越大，说明第 j 部门对第 i 部门的直接依赖性越强；a_{ij} 越小，说明第 j 部门对第 i 部门的直接依赖性越弱；$a_{ij}=0$ 则说明第 j 部门对第 i 部门没有直接的依赖关系。

（2）完全消耗系数

完全消耗系数是指第 j 产品部门每提供一个单位最终使用时，对第 i 产品部门货物或服务的直接消耗和间接消耗之和。将各产品部门的完全消耗系数用表的形式表现出来，就是完全消耗系数表或完全消耗系数矩阵，通常用字母 $\boldsymbol{B}$ 表示。

完全消耗系数的计算公式为：

$$b_{ij} = a_{ij} + \sum_{k=1}^{n} a_{ik} a_{kj} + \sum_{s=1}^{n} \sum_{k=1}^{n} a_{is} a_{sk} a_{kj} + \sum_{s=1}^{n} \sum_{k=1}^{n} a_{it} a_{ts} a_{sk} a_{kj} + \cdots;$$
$$(i, j=1, 2, \cdots, n) \tag{3-2}$$

式中，第一项 a_{ij} 表示第 j 产品部门对第 i 产品部门的直接消耗量；式中的第二项 $\sum_{k=1}^{n} a_{ik} a_{kj}$ 表示第 j 产品部门对第 i 产品部门的第一轮间接消耗量；式中的第三项 $\sum_{s=1}^{n} \sum_{k=1}^{n} a_{is} a_{sk} a_{kj}$ 为第二轮间接消耗量；式中的第四项 $\sum_{s=1}^{n} \sum_{k=1}^{n} a_{it} a_{ts} a_{sk} a_{kj}$ 为第三轮间接消耗量；依此类推，第 $n+1$ 项为第 n 轮间接消耗量。按照公式所示，将直接消耗量和各轮间接消耗量相加就是完全消耗系数。

完全消耗系数矩阵可以在直接消耗系数矩阵的基础上计算得到的，利用直接消耗系数矩阵计算完全消耗系数矩阵的公式为：

$$\boldsymbol{B} = (\boldsymbol{I} - \boldsymbol{A})^{-1} - \boldsymbol{I} \tag{3-3}$$

式中，$\boldsymbol{A}$ 为直接消耗系数矩阵，$\boldsymbol{I}$ 为单位矩阵，$\boldsymbol{B}$ 为完全消耗系数矩阵。

完全消耗系数，不仅反映了国民经济各部门之间直接的技术经济联系，还反映了国民经济各部门之间间接的技术经济联系，并通过线性关系，将国民经济各部门的总产出与最终使用联系在一起。

（3）影响力系数

影响力系数是指国民经济某一个产品部门增加一个单位最终产品时，对国民经济各部门所产生的生产需求波及程度。影响力系数越大，该部门对其他部门的拉动作用也越大。影响力系数一般用符号 F_j 表示，计算公式为：

$$F_j = \frac{\sum\limits_{i=1}^{n} b_{ij}}{\dfrac{1}{n}\sum\limits_{i=1}^{n}\sum\limits_{j=1}^{n} b_{ij}} \qquad (j=1,2,\cdots,n) \tag{3-4}$$

式中，$\sum\limits_{i=1}^{n} b_{ij}$ 为列昂惕夫逆矩阵的第 j 列之和；$\dfrac{1}{n}\sum\limits_{i=1}^{n}\sum\limits_{j=1}^{n} b_{ij}$ 为列昂惕夫逆矩阵列和的平均值。当 $F_j>1$ 时，则表示第 j 部门的生产对其他部门所产生的波及影响程度超过社会平均影响水平，即各部门所产生的波及影响水平（各部门所产生的波及影响的平均值），当 $F_j=1$ 时，则表示第 j 部门的生产对其他部门所产生的波及影响程度等于社会平均的影响力水平；当 $F_j<1$ 时，则表示第 j 部门的生产对其他部门所产生的波及影响程度低于社会平均影响力水平。显然，影响力系数 F_j 越大，第 j 部门对其他部门的拉动作用越大。

（4）感应度系数

感应度系数是指国民经济各部门每增加一个单位最终使用时，某一部门由此而受到的需求感应程度，也就是需要该部门为其他部门生产而提供的产出量。系数大说明该部门对经济发展的需求感应程度强，反之，则表示对经济发展需求感应程度弱。其计算公式为：

$$E_i = \frac{\sum\limits_{j=1}^{n} b_{ij}}{\dfrac{1}{n}\sum\limits_{i=1}^{n}\sum\limits_{j=1}^{n} b_{ij}} \tag{3-5}$$

式中，分子为完全需求系数矩阵各行元素之和，分母为完全需求系数矩阵各列元素之和的平均数。当感应度系数大于 1 时，表示该部门受到的感应程度高于社会平均感应度水平；当感应度系数小于 1 时，表示该部门受到的感应程度低于社会平均感应度水平。

3.1.6　需求拉动的投入产出模型

将投入产出表按行建立投入产出行模型，其可以反映各部门产品的生产与分配使用情况，描述最终产品与总产品之间的价值平衡关系。其方程表达式如下：

$$\sum_{j=1}^{n} a_{ij} \cdot x_j + y_i = x_i \quad (i=1,2,\cdots,n) \tag{3-6}$$

其可以进一步写成矩阵式

$$(\boldsymbol{I}-\boldsymbol{A})\boldsymbol{X} = \boldsymbol{Y} \tag{3-7}$$

$$\boldsymbol{X} = (\boldsymbol{I}-\boldsymbol{A})^{-1}\boldsymbol{Y} \tag{3-8}$$

式（3-8）中，$\boldsymbol{A}$ 代表直接消耗系数矩阵，$\boldsymbol{X}$ 代表总产值，$\boldsymbol{Y}$ 代表最终产品。投入产出行模型反映了最终需求（最终产品）拉动总产出的经济机制，所以又称为需求拉动模型。这样便可以定量地研究最终产品变化（最终需求变化）$\Delta\boldsymbol{Y}$ 时对总产出的影响 $\Delta\boldsymbol{X}$，即 $\Delta\boldsymbol{X} = (\boldsymbol{I}-\boldsymbol{A})^{-1}\Delta\boldsymbol{Y}$。

3.1.7 投入产出表校准与更新

投入产出的编制需要花费大量的人力、物力和财力，所以，世界各国的投入产出表一般每隔 5 年编制一次，而各 5 年期间的投入产出延长表则是在前一次投入产出表的基础上采用一定的方式进行调整。调整的方法主要是通过对直接消耗系数进行修正。直接消耗系数的修正方法按修正的全面程度，可分为全面修正法和局部修正法。全面修正法通过重新编制投入产出表来全面修正直接消耗系数；局部修正法只选择变化较大的直接消耗系数，根据技术、经济、自然等因素和有关统计资料，局部地进行调整。RAS 则是一种对直接消耗系数进行局部调整的常用方法。RAS 法，也称适时修正法，是英国经济计量学家 R. 斯通提出的。

RAS 法的基本原理是首先假设部门间直接消耗系数矩阵 A 的每一个元素 a_{ij} 受到两个方面的影响，其一是替代的影响，即生产中作为中间消耗的一种产品，代替其他产品或被其他产品所替代的影响，它体现在流量表的行乘数 r 上；其二是制造的影响，即产品在生产中所发生的中间投入与总投入比例变化的影响，它体现在列乘数 s 上。设基期的直接消耗系数矩阵为 A_0，以后年份的直接消耗系数矩阵为 A_1：

$$A_1 = \hat{R}A_0\hat{S} \tag{3-9}$$

其中 $\hat{R} = \begin{pmatrix} r_1 & \cdots & 0 \\ \vdots & \ddots & \vdots \\ 0 & \cdots & r_n \end{pmatrix}$ $\hat{S} = \begin{pmatrix} s_1 & \cdots & 0 \\ \vdots & \ddots & \vdots \\ 0 & \cdots & s_n \end{pmatrix}$

然而在矩阵 $A_1 = \hat{R}A_0\hat{S}$ 中，只有 A_0 是已知量，求解比较困难，需要用多次迭代进行求解。求解的前提条件是已知基期直接消耗系数矩阵 A，报告期总产出列向量 X，报告期中间消耗矩阵行合计数 UT 和列合计数 VT。

3.1.8 投入产出模型在环境经济效应分析中的应用

自 1970 年开始，一批投入产出研究者，如 Leontief、Hetteling 等人开始利用投入产出技术研究资源和环境问题，并取得了良好的成效。Cumberland（1966）通过对环境、效益和成本的比较把经济与环境的相互作用结合起来[60]。Isard（1969）提出把环境和生态环境结合在一起的最宽泛的框架[61]。Leontief（1970）拓展了投入产出表，使表中纵向投入中包括了污染物消除，横向产出中包括了污染物产生。利用这一模型，可以分析限制公害的产生会给部门结构、价格结构造成什么样的影响，或者为了达到一定的环境标准，社会经济需要付出多么大的代价[62]。Leontief（1973）进一步扩大了投入产出表中普通商品与服务在各部门之间的流量，并把污染物的产生与消除包含了进来[63]。20世纪 80 年代，Hetteling 在投入产出模型中增加了不同类别能源转换矩阵，分析了电力、石油、煤炭等能源组成对于环境与经济的影响[64]。McNicoll 和 Blackmore（1993）计算了 1989 年苏格兰 12 种污染物在 29 个（初级）部门的投入产出表中的排放系数。并将模型应用于污染排放影响评价的模拟研究[65]。

　　20 世纪 80 年代以后,国内一些地区也按照列昂惕夫的公害模型编制了投入产出表。如天津市的《天津市编制环境经济投入产出表的理论与实践》、山西省的《环境经济投入产出分析》等。雷明在北京社科"九五"规划基金的支持下,从投入产出核算的角度探索建立和完善集资源、经济、环境为一体的绿色综合核算体系的方法,并在此基础上对煤、石油、天然气等能源进行核算,并对诸如绿色 GDP 核算、绿色税费等进行了深入分析[66-68]。李立(1994)将投入产出模型引入能源环境的领域[69]。薛伟(1996)利用投入产出模型分析了经济活动的环境费用问题[70]。曾国雄(1998)以混合式投入产出分析为基础,将所有产业部门分成非能源部门和能源部门,构建多目标规划模型预测 2000 年台湾地区的能源、环境、经济情况[71]。李林红(2001)根据包含了污染排放及治理、水资源使用等数据的昆明市环境保护投入产出表,建立了一个多目标投入产出模型,并用此模型对滇池流域经济与环境协调发展的问题作了分析[72]。李林红(2002)集中研究了滇池流域可持续发展投入产出的基本组成,包括系统动力学模型、最优控制模型、绿色 GDP 核算以及信息决策控制系统[73]。王德发(2005)等应用能源-环境-经济投入产出模型测算了 2000 年及 2002 年上海市工业部门的绿色 GDP[74]。姜涛等(2002)从我国的基本国情出发,在进行定性分析的基础上,构建出我国人口-资源-环境-经济总体分析框架模型,建立了基于动态投入产出原理的可持续、多目标发展最优规划框架模型[75]。陈铁华等(2008)在江苏省 2005 年投入产出表的基础上,构造出一张新的绿色投入产出表,并对各行业的资源动用率、资源恢复贡献、污染排放量和对污染治理贡献进行比较和分析[76]。

3.2　可计算一般均衡模型

　　可计算一般均衡模型(Computable General Equilibrium,CGE)是一种最新发展起来的经济模型,它可应用于许多研究领域,并能给出实际的政策建议。与其他早期的实证模型不同,CGE 模型是一个基于新古典微观理论且内在一致的宏观经济模型。因为 CGE 模型可以用来全面评估政策的实施效果,近年来许多发展中国家以及发达国家开始运用该模型来评估能源危机以及税收和贸易政策改革的效果。经济学家们认识到,各种政策可能会产生重要的一般均衡影响,因此他们不断改进经济模型,以便更有利于分析各种政策的潜在影响。到目前为止,CGE 模型的发展已经有几十年的历史,并被广泛应用于 60 多个国家,而经济学家们在国际贸易、公共财政、环境和发展政策等方面也做了大量研究。

3.2.1　CGE 历史发展

　　CGE 模型脱胎于利昂·瓦尔拉斯(L.Walras)的一般均衡理论。1874 年,瓦尔拉斯提出了一般均衡的理论模型,用抽象的数学语言表述了一般均衡的思想。1936 年,列昂惕夫首次引入投入产出模型,并假定成本是线性的、技术系数是固定的。不过,这些理论一般均衡模型的解的存在性至此还一直没有解决;理论一般均衡模型解的存在性、唯一性、优化性和稳定性直到 20 世纪 50 年代才由肯尼斯·约瑟夫·阿罗(Arrow)和罗拉尔·德布鲁（Gerard Debreu）予以证明。

20 世纪 60 年代以后，随着数据可得性和计算机技术的发展，一般均衡分析方法向可计算化方向发展。第一个可计算一般均衡模型来源于 Johansen（1960）的著作[77]。约翰森（Johansen）构建了一个包括 20 个成本最小化的产业部门和一个效用最大化的家庭部门的实际一般均衡模型，并给出了相应的均衡价格的具体算法。由于约翰森模型的可计算性质，人们普遍把约翰森模型看作第一个 CGE 模型。1967 年，斯卡夫（Scarf）研制了一种开创性的算法，用于对数字设定的一般均衡模型进行求解。斯卡夫关于均衡价格开创性的算法使得一般均衡模型从纯理论结构转化为可计算的实际应用模型成为可能，并大大地促进了大型实际 CGE 模型的开发和应用。20 世纪 70 年代以后，CGE 模型的开发得到突飞猛进的发展，逐渐成为经济学家们进行政策分析的标准工具之一，被广泛地应用于税收、国际贸易、收入分配和发展战略的研究上。

3.2.2　CGE 模型的理论基础

一般均衡理论是 1874 年法国经济学家瓦尔拉斯在他的《纯粹经济学要义》中创立的。瓦尔拉斯认为，整个经济体系处于均衡状态时，所有消费品和生产要素的价格将有一个确定的均衡值，它们的产出和供给，将有一个确定的均衡量。他还认为在"完全竞争"的均衡条件下，出售一切生产要素的总收入和出售一切消费品的总收入必将相等。该理论的实质是说明资本主义经济可以处于稳定的均衡状态。在资本主义经济中，消费者可以获得最大效用，企业家可以获得最大利润，生产要素的所有者可以得到最大报酬。

瓦尔拉斯是边际效用学派奠基人之一。他的价格理论以边际效用价值论为基础。他认为价格或价值达成均衡的过程是一致的，因此价格决定和价值决定是一回事。他用"稀缺性"说明价格决定的最终原因，认为各种商品和劳务的供求数量和价格是相互联系的，一种商品价格和数量的变化可引起其他商品的数量和价格的变化。所以不能仅研究一种商品、一个市场上的供求变化，必须同时研究全部商品、全部市场供求的变化。只有当一切市场都处于均衡状态，个别市场才能处于均衡状态。

瓦尔拉斯的一般均衡价格决定思想，是通过数学公式阐述的。他假定社会上有 n 种资源生产 m 种商品。社会上每个人都持有一定数量的资源或生产要素，即他的分析以既定的收入分配方式为前提。在这样的经济社会中，消费者力图取得最大效用，企业家力图获得最大利润，资源所有者力图获取最多的报酬。

通过对方程求解，瓦尔拉斯证明了在市场上存在着一系列的市场价格和交易数量（这些价格和数量即为均衡价格和数量），能使每个消费者、企业家和资源所有者达到各自的目的，从而社会可以和谐而稳定地存在下去。

瓦尔拉斯还认为，方程所决定的均衡是稳定的均衡，即一旦经济制度处于非均衡状态时，市场的力量会自动地使经济制度调整到一个新的均衡状态。

瓦尔拉斯的一般均衡体系是按照从简单到复杂的路线一步步建立起来的。他首先撇开生产、资本积累和货币流通等复杂因素，集中考察所谓交换的一般均衡。在解决了交换的一般均衡之后，他加入更现实一些假定——商品是生产出来的，从而讨论了生产以及交换的一般均衡。但是，生产的一般均衡仍然不够"一般"，它只考虑了消费品的生产而忽略了资本品的生产和再生产。因此，瓦尔拉斯进一步提出其关于"资本积累"的第三个一般均衡。他的最后一个模型是"货币和流通理论"，考虑了货币交换和货币窖藏的作用，从而把一般均衡理论从实物经济推广到了货币经济。

3.2.3 CGE 模型的基本特征

CGE 模型没有确切的定义。从本质上讲，CGE 模型是多部门应用模型，设定在所有竞争性市场中不存在对商品和要素的超额需求或超额供给。这一描述有二点内容，反映了 CGE 模型的主要特征：

第一，CGE 模型按照惯常的新古典微观经济理论方式明确设定所有经济主体的行为都是优化的，因而是关于一般而非局部经济主体行为的模型。典型的 CGE 模型设定所有主体都是价格接受者，生产者在技术约束下追求成本最小化并获得零纯利润，消费者在预算约束下追求效用最大化。所有主体的需求和供给都来自这些最优化问题的解。通过使用这样的最优化行为假设，CGE 模型强调了商品和要素的价格在影响主体的需求和供给决策中的作用。除生产者和居民外，模型还可以进一步包括政府、工会、资本创造者、进口商和出口商等主体。

第二，它使用了市场均衡而非市场不均衡的假设，所有市场同时得到结清。换言之，CGE 模型刻画了不同经济主体的供给和需求决策对一些商品和要素价格的作用机制。在一般均衡条件下，所有商品和要素的数量和价格都同时内生决定。因此，CGE 模型按一致方式考虑了整个经济的相互作用。

第三，它是可计算的而非纯理论性的，会生成具体的数字结果。CGE 模型使用数据描述某基准年度的经济，通过变更某组成要素而冲击经济并改变模型中所有数据项的值。CGE 模型的核心数据是投入产出账户，CGE 模型的基准实际上是某观察年度经济数据解的复制。CGE 模型可以受到来自政策变动的冲击；通过求解 CGE 模型可以得到冲击后的新的一般均衡状态。正是由于经济主体的行为方程因替代可能而被设定为高度非线性，CGE 模型的数值解法才变得很复杂，很久之后才变得可计算并用于政策分析。

3.2.4 CGE 模型的结构

它所分析的基本经济单元是生产者、消费者、政府和外国经济。

（1）生产行为

在 CGE 中，生产者力求在生产条件和资源约束之下实现其利润优化。这是一种次优解（Sub-optimal）。与生产者相关的有两类方程：一类是描述性方程，例如生产者的生产过程、中间生产过程等；另一类是优化条件方程。在许多 CGE 模型中，假设生产者行为可以用柯布-道格拉斯函数（C-D）或常替代弹性（CES）方程来描述。

（2）消费行为

包括了描述性方程和优化方程。消费者优化问题的实质是在预算约束条件下选择商品（包括服务、投资以及休闲）的最佳组合以实现尽可能高的效益。

（3）政府行为

一般来说，政府的作用首先是制定有关政策。在 CGE 中通常将这作为政府变量。

同时，政府也是消费者。政府的收入来自税和费。政府开支包括各项公共事业、转移支付与政策性补贴。

（4）外贸

在 CGE 中，通常按照常弹性转换方程（CET）来描述为了优化出口产品利润，把国内产品在国内市场和出口之间进行优化分配的过程。或用阿明顿（Armington）方程来描述为了实现最低成本把进口产品与国内产品进行优化组合的过程。

（5）市场均衡

CGE 的市场均衡及预算均衡包括如下几方面：

①产品市场均衡。产品均衡不仅要求在数量上，而且要求在价值上。

②要素市场均衡，主要是劳动力市场均衡，假定劳动力无条件迁移，不存在迁移的制度障碍。

③资本市场均衡，投资=储蓄。

④政府预算均衡。政府收入－政府开支=预算赤字。

⑤居民收支平衡。居民收入的来源是工资及存款利息。居民收支平衡意味着：居民收入–支出=节余。

⑥国际市场均衡。外贸出超 CGE 中表现为外国资本流入，外贸入超表现为本国资本流出。

CGE 模型中一般包括企业、居民、政府和国外其他地区等经济主体，以及商品市场和要素（如资本、劳动力、土地、水等）市场，图 3-1 描述了 CGE 模型中不同市场、不同经济主体的相互作用和反馈关系。图中的各种经济主体和市场都把价格视为参数，并通过价格相互作用，既体现了经济主体之间的联系，又包含市场机制的描述。另外，还可以把不完全竞争因素引入 CGE 模型，即所谓的结构主义 CGE 模型，从而更适合于市场经济发育不完善的发展中国家。目前，国际上有不少现成的 CGE 模型供研究者应用，只要针对具体问题对模型（数据）做相应改动即可。如国际食物政策研究所（IFPRI）开发的应用方便、灵活的单国静态标准 CGE 模型，澳大利亚的 ORANI 模型，GTAP 模型等。

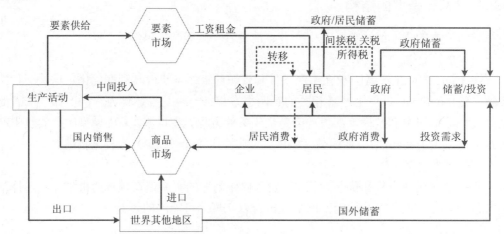

图 3-1 CGE 模型内在经济学逻辑

　　CGE 模型是一个多部门、多市场的模型，着眼于整个社会经济系统内的各类商品和要素间的供给与需求关系，并要求所有的市场出清。当价格、产业结构、政策变动和宏观经济变化等都是重要的影响因素时，CGE 模型是非常有力的分析工具。近年来，越来越多的研究开始运用 CGE 模型来评估政策和外部冲击对社会、经济和环境的影响，这在很大程度上源于 CGE 模型自身的优势，正如 Conrad 和 Schroderl 评述的那样："旨在控制污染物排放的环境政策会对价格、部门产出、产业结构等产生很大的影响，在这种情况下，一般均衡分析显然要比其他局部性分析方法更能全面揭示特定政策所产生的效应。"

3.2.5　CGE 模型的数据基础

　　使用 CGE 模型进行政策分析首先需要一个基准年的经济数据，这些数据要能够使得 CGE 模型达到均衡，然后再在这个基准的均衡模型基础上分析外生变化对宏观经济的影响。社会核算矩阵作为国民经济核算的一种表现形式，已被广泛运用于 CGE 模型基准数据的构建[78]。

　　社会核算矩阵（Social Accounting Matrix，SAM），是一个数据组织框架。它通过一系列统一的账户体系反映了一个国家的在某一指定年度的经济流量，把各行为主体的收支关系完整地组织在一起。社会核算矩阵并没有标准的模式，它的形式是多种多样的，但是遵循一些基本的结构原理。社会核算矩阵是一个方阵，它的行代表的是收入账户，列代表的是支出账户。每一项都表示由列账户向行账户的支付金额。表 3-3 列出了一个简单的社会核算矩阵。

表 3-3　社会核算矩阵（SAM）的简单结构

	生产活动	商品	企业	居民	政府	资本账户	国外	合计
生产活动		总产出						总产出
商品	中间需求			居民消费	政府消费	投资	出口	总需求
企业				转移支付				企业收入
居民	收入		利润分配		转移支付		国外汇款	居民收入
政府	间接税	进出口关税	企业所得税	个人所得税				政府收入
资本账户			留存收益	居民储蓄	政府储蓄		国外资本净流入	总储蓄
国外		进口		转移支付国外	转移支付国外	资本转移国外		进口额
合计	总成本	总供给	企业支出	居民支出	政府支出	投资	外汇收入	

来源：李善同，段志刚，胡枫（2009）。

　　SAM 的一个重要特征是把"生产活动"和"商品"分开核算。"生产活动"假定是由模型中的不同生产者组成的。SAM 第一行的货币流所对应的账户实际是各个需求方对国内生产商品的支付。"商品"核算对应的是国内市场的所有产品，包括国内生产的产品和进口产品，第二行代表了整个国内的商品消费金额。出口没有包括在"商品"核算中，而是直接由生产者卖给了"国外"。

"居民"和"政府"账户是分开处理的，反映了他们行为特征是完全不同的，居民收入来自于要素收入和一些转移支付，而政府收入主要来自税收。

"资本账户"可以理解为是一个投资银行，它集中了所有的储蓄，再把它花在投资品的购买上。

"国外账户"反映了外汇的来源和使用。外汇收入主要来自出口、转移收入及国外资本的净流入。外汇支出主要是购买进口品。

3.2.6　CGE 模型在环境经济效应分析中的应用

环境 CGE 的开发和应用始于 20 世纪 80 年代末，Dufournaud、Harrington 和 Rogers 最先将污染物排放和污染物处理行为引入模型中[79]，环境 CGE 模型主要用于环境政策的模拟，其主要涉及以下方面：①应用扩展型，对标准 CGE 模型进行扩展，采用部门的固定排放系数来估计污染排放并进行政策模拟；②环境反馈型，在模型中引入环境反馈机制，如在生产函数引入污染控制成本，或在生产函数设定中考虑环境质量对生产率的影响，或在效用函数中考虑环境的影响；③函数扩张型，在模型中不仅对生产和消费函数进行修正，而且还设定污染治理行为或技术的生产函数；④结构衍生型，在均衡框模型中增设污染治理部门，假设其按照与生产部门相同的方式运作。环境 CGE 主要应用在以下方面[80]。

（1）用于分析能源税、碳税等环境税收政策以及能源定价的影响

Haji（1994）采用 CGE 模型评价第一次石油冲击以及相关能源税收政策对肯尼亚经济的影响。模拟结果表明能源价格急剧上升对生产过程产生一系列的反馈作用，并对经济结构造成影响，导致贸易条件恶化，国际收支赤字上升，国民收入下降[81]。Rose 等（1995）采用 CGE 模型分析美国燃油税支出模式改变的影响，研究结果表明燃油税收入用于政府一般支出的比例越大，最低收入家庭的负担就越大[82]。Gottinger（1998）采用一个能源-经济-环境 CGE 模型来模拟欧盟主要成员国单边和多边政策工具对温室气体减排的影响。研究结果表明排放标准和可贸易排放许可证都能达到减排目标[83]。Kemfert 和 Welsch（2000）在采用 CES 生产函数估计德国能源、资本和劳动之间替代弹性的基础上，构建动态 CGE 模型用于分析不同替代弹性和不同税收返还方式下征收碳税的经济效应。研究结果表明，将碳税收入用于减少劳动力成本的情况下，转移的份额越小，它对就业和 GDP 的影响就越小（仍然为正）；但如果将碳税收入转移给私人部门，GDP 关于弹性数值的敏感性将变得非常小[84]。Gurkan（2003）采用能源-经济-环境 CGE 模型研究土耳其环境税的经济效应。结果认为在环境税税收收入被用于政府购买的情况下，环境税的"倍加红利"效应能够实现，即在减少环境污染的同时，能够提高经济运行绩效[85]。Frank（2005）采用 CGE 模型模拟分析碳税、能源税和汽油税对新西兰经济的影响，以及对工业部门，包括能源密集工业竞争力的影响[86]。Cagatay（2008）采用可算一般均衡模型来研究土耳其满足《京都议定书》目标的环境减排政策的经济影响。模型关注二氧化碳减排问题，结果认为减排目标的压力较高，减排成本也较高。通过碳税或提高能源税的环境减排政策会对就业产生负面影响。在引入碳税的时候必须结合减

少现有生产税负的措施[87]。

（2）用以分析减排政策以及国际减排贸易的影响

Yang（2001）采用一般均衡模型模拟分析台湾贸易自由化后生产活动水平和结构变化对二氧化碳排放的影响。结果表明二氧化碳排放随着贸易自由化的提高而提高，同时，生产结构朝更具有碳密集特点的部门转变[88]。Rob（2004）在多部门动态一般均衡模型中引入排污部门，并将自下而上的减排技术和经济信息整合到模型中，以分析荷兰环境政策的影响。结果表明当环境政策不严格的时候，只能获得较少的减排，它对经济其他部门的影响也较小。然而，高边际减排成本的宏观经济影响却是显著的[89]。Gernot 和 Sonja（2006）采用一个多地区、多部门的可算一般均衡模型模拟分析欧盟满足《京都议定书》目标的政策效果以及 CDM 和 JI 项目在国家气候战略中的角色。他们认为 CDM 和 JI 项目有助于减少欧洲满足《京都议定书》减排目标的成本[90]。Govinda 和 Ram（2006）采用静态 CGE 模型研究供应侧 CDM 选择——采用水电替代火电的经济和环境影响。研究发现用水电替代火电对泰国温室气体的减排是一个适当的政策选择[91]。

（3）中国能源环境 CGE 研究进展

2000 年以来，国内采用 CGE 模型对能源环境问题进行分析的文献逐渐增多。黄英娜、王学军（2002）对环境 CGE 模型的发展、类别、特征及其局限性进行了回顾[92]。蒋金荷、姚愉芳（2002）在分析温室气体减排技术的两种建模方法（"自上而下"和"自下而上"）的特点的基础上，提出构建混合型经济-能源系统模型的必要性，并提出模型开发的目标和思路[93]。贺菊煌等（2002）构建一个研究中国环境问题的 CGE 模型，用以分析征收碳税对国民经济各方面的影响，表明碳税对 GDP 影响较小，并能够使得各部门的能源消耗都下降[94]。魏涛远等（2002）构建一个中国 CGE 模型分析征收碳税对中国经济和温室气体排放的影响，表明征收碳税使中国的经济状态恶化，但二氧化碳排放会下降。长期而言，碳税的负面影响不断下降[95]。张友国（2004）在一般均衡框架下分析了排污费对行业产出的影响，认为中国排污费不会对各行业产出造成显著影响[96]。李洪心、付伯颖（2004）采用 CGE 模型模拟环境税对生产、消费和政府收入的影响。研究结果表明对不同行业根据污染强度设置不同的税率并按产值征税，可以在控制污染行业产量，保护环境的同时，减轻企业所得税负担和居民纳税负担，增加政府收入，因此笔者认为环境税的"双盈"效应假说成立[97]。王灿等（2005）应用一个描述中国经济、能源、环境系统的动态 CGE 模型，分析在中国实施碳减排政策的经济影响。表明：当减排率为 0～40%时，GDP 损失率在 0～3.9%，在中国实施 CO_2 减排政策将有助于能源效率的提高，但同时也将对中国经济增长和就业带来负面影响[98]。王德发（2006）以上海为例构建地区性 CGE 模型并用其分析征收能源税的影响，结果表明征收能源税能够有效推动劳动对能源的替代，促进经济结构和能源结构调整，降低大气污染物排放，同时对实际产出的影响较小[99]。姜林（2006）将 CGE 模型与大气环境质量模型和健康影响模型连接，组成一个环境政策综合评价模型，并用该模型分析北京市采用能源环境税对北京市大气环境、健康、经济发展和居民福利水平的影响[100]。

3.3 计量经济模型

3.3.1 计量经济模型概述

计量经济学是以一定的经济理论和统计资料为基础，运用数学、统计学方法与电脑技术结合，以建立经济计量模型为主要手段，定量分析研究具有随机性特性的经济变量关系。计量经济学是经济学的一个分支学科，是以揭示经济活动中客观存在的数量关系为内容的分支学科。第一届诺贝尔经济学奖获得者、计量经济学的创始人、挪威经济学家 Frisch 将它定义为经济理论、经济统计学和数学三者的结合（图 3-2）。计量经济学目前是经济学领域很有影响的学科，已形成内容丰富的相对独立的学科体系。计量经济模型可分为线性回归模型、时间序列模型、协整模型和面板数据模型等，这些模型的内容都可以成为相对独立的研究课程。

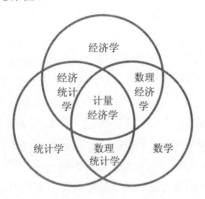

图 3-2 计量经济学与有关学科的关系

计量经济学是以数学、统计学和经济学这三种理论为基础发展起来的。与数理经济模型不同，计量经济模型的一个重要特征是以统计数据为基础，即离开统计数据就无法建立计量经济模型。而数理经济模型主要以数学工具为手段，只要能掌握一定的数学工具，在一定经济理论的指导下就可以建立数理经济模型。因此数理经济模型在学科特点方面不是很突出。相比之下，计量经济学并不是简单地把数学、统计学和经济学综合在一起，而是要利用这些理论的综合创建出新的理论，从而形成相对独立的学科体系。

3.3.2 计量经济学起源与发展

"Econometrics"（计量经济学）最早是由挪威经济学家 Frisch 在 1926 年仿照"生物计量学"一词提出的，由此标志着计量经济学的诞生，随后 1930 年成立了国际计量经济学学会，在 1933 年创办了《计量经济学》杂志。目前它仍是计量经济学界最权威的杂志。30 年代计量经济学研究对象主要是个别生产者、消费者、家庭、厂商等。基本上属于微观分析范畴。第二次世界大战后，计算机的发展与应用对计量经济学的研究起了巨大推动作用。从 40 年代起，计量经济学研究从微观向局部地区扩大，以至覆盖整个社会的宏观经济体系，处理总体形态的数据，如国民消费、国民收入、投资、失业问题等。但模型基本上属于单一方程形式。

1950 年以 Koopman 发表论文"动态经济模型的统计推断"和 Koopman-Hood 发表论文"线性联立经济关系的估计"为标志计量经济学理论进入联立方程模型时代。计量经济学研究经历了从简单到复杂，从单一方程到联立方程的变化过程。进入 50 年代人们开始用联立方程模型描述一个国家整体的宏观经济活动。比较著名的是 Klein 的美国经济波动模型和美国宏观经济模型，后者包括 20 个方程。联立方程模型的应用是计量经济学发展的第二个里程碑。

进入 70 年代西方国家致力于更大规模的宏观模型研究。从着眼于国内发展到着眼于国际的大型经济计量模型。研究国际经济波动的影响，国际经济发展战略可能引起的各种后果，以及制定评价长期的经济政策。70 年代是联立方程模型发展最辉煌的时代。最著名的联立方程模型是"连接计划"（Link Project）。截至 1987 年，已包括 78 个国家 2 万个方程。这一时期最有代表性的学者是 L. Klein 教授。他于 1980 年获诺贝尔经济学奖。

因为 70 年代以前的建模技术都是以"经济时间序列平稳"这一前提设计的，而战后多数国家的宏观经济变量均呈非平稳特征，所以在利用联立方程模型对非平稳经济变量进行预测时常常失败。从 70 年代开始，宏观经济变量的非平稳性问题以及虚假回归问题越来越引起人们的注意。因为这些问题的存在会直接影响经济计量模型参数估计的准确性。Granger Newbold（1974）提出虚假回归问题，引起了计量经济学界的注意。Box Jenkins（1967）出版《时间序列分析，预测与控制》一书。时间序列模型有别于回归模型，是一种全新的建模方法，它是依靠变量本身的外推机制建立模型。由于时间序列模型妥善地解决了变量的非平稳性问题，从而为在经济领域应用时间序列模型奠定了理论基础。人们发现耗费许多财力人力建立的经济计量模型有时竟不如一个简单的时间序列模型预测能力好。此时，计量经济工作者面临三个亟待解决的问题：一是如何检验经济变量的非平稳性，二是如何把时间序列模型引入经济计量分析领域，三是进一步修改传统的经济计量模型。

Dickey Fuller（1979）首先提出检验时间序列非平稳性（单位根）的 DF 检验法，之后又提出 ADF 检验法。Phillips Perron（1988）提出 Z 检验法，这是一种非参数检验方法。Sargan（1964）提出误差修正模型概念。当初是用于研究商品库存量问题。Hendry Anderson（1977）和 Davidson（1978）的论文进一步完善了这种模型，并尝试用这种模型解决非平稳变量的建模问题。Hendry 还提出动态回归理论。1980 年 Sims 提出向量自回归模型（VAR）。这是一种用一组内生变量作动态结构估计的联立模型。这种模型的特点是不以经济理论为基础，然而预测能力很强。以上成果为协整理论的提出奠定基础。

计量经济学发展的第三个里程碑是 1987 年 Engle Granger 发表论文"协整与误差修正，描述、估计与检验"。该论文正式提出协整概念，从而把计量经济学理论的研究又推向一个新阶段。Granger 定理证明若干个一阶非平稳变量间若存在协整关系，那么这些变量一定存在误差修正模型表达式。反之亦成立。1988—1992 年 Johansen 连续发表了四篇关于向量自回归模型中检验协整向量，并建立向量误差修正模型（VEC）的文章，进一步丰富了协整理论。协整理论之所以引起计量经济学界的广泛兴趣与极大关注是因为协整理论为当代经济学的发展提供了一种理论结合实际的强有力工具。特别是对非平稳经济时间序列的研究取得了长足进展。

计量经济模型得到广泛的应用,一方面因为计量经济学这门学科的理论和方法发展较快,且越来越完善;另一方面也与当今计算机技术的迅速发展与普及密切相关。目前,计量经济学的理论和方法已被开发成许多软件,而且软件的功能越来越强大,有关估计、检验以及方程求解等繁琐计算在软件中变得方便快捷,使得建立于应用模型的效率有很大提升。可以说,计算机以及相应的软件已成为建立计量经济模型不可缺少的部分。

3.3.3　计量经济模型数据

3.3.3.1　时间序列数据

时间序列数据是一批按照时间先后排列的统计数据,一般由统计部门提供,在建立计量经济学模型时应充分加以利用,以减少收集数据的工作量。在利用时间序列数据作样本时,要注意以下几个问题。一是所选择的样本区间内经济行为的一致性问题。例如,我们建立纺织行业生产模型,选择反映市场需求因素的变量,诸如居民收入、出口额等作为解释变量,而没有选择反映生产能力的变量,诸如资本、劳动等,原因是纺织行业属于供大于求的情况。对于这个模型,利用时间序列数据作样本时,只能选择 80 年代后期以来的数据,因为纺织行业供大于求的局面只出现在这个阶段,而在 80 年代中期以前的一个长时期里,我国纺织品是供不应求的,那时制约行业产出量的主要因素是投入要素。二是样本数据在不同样本点之间的可比性问题。经济变量的时间序列数据往往是以价值形态出现的,包含了价格因素,而同一件实物在不同年份的价格是不同的,这就造成样本数据在不同样本点之间不可比。需要对原始数据进行调整,消除其不可比因素,方可作为模型的样本数据。三是样本观测值过于集中的问题。经济变量在时间序列上的变化往往是缓慢的,例如,居民收入每年的变化幅度只有 5%左右。如果在一个消费函数模型中,以居民消费作为被解释变量,以居民收入作为解释变量,以它的时间序列数据作为解释变量的样本数据,由于样本数据过于集中,所建立的模型很难反映两个变量之间的长期关系。这也是时间序列不适宜于在模型中反映长期变化关系的结构参数的估计的一个主要原因。四是模型随机误差项的序列相关问题。用时间序列数据作样本,容易引起模型随机误差项产生序列相关。

3.3.3.2　截面数据

截面数据是一批发生在同一时间截面上的调查数据。例如,工业普查数据、人口普查数据等,主要由统计部门提供。用截面数据作为计量经济学模型的样本数据,应注意以下几个问题。一是样本与母体的一致性问题。计量经济学模型的参数估计,从数学上讲,是用从母体中随机抽取的个体样本估计母体的参数,那么要求母体与个体必须是一致的。例如,估计煤炭企业的生产函数模型,只能用煤炭企业的数据作为样本,不能用煤炭行业的数据。那么,截面数据就很难用于一些总量模型的估计,例如,建立煤炭行业的生产函数模型，就无法得到合适的截面数据。二是模型随机误差项的异方差问题。用截面数据作样本，容易引起模型随机误差项产生异方差。

3.3.3.3　面板数据

面板数据（Panel Data），也叫"平行数据"，是指在时间序列上取多个截面，在这些截面上同时选取样本观测值所构成的样本数据。其有时间序列和截面两个维度，当这类数据按两个维度排列时，是排在一个平面上，与只有一个维度的数据排在一条线上有着明显的不同，整个表格像是一个面板，所以把 Panel Data 译作"面板数据"。但是，如果从其内在含义上讲，把 Panel Data 译为"时间序列-截面数据"更能揭示这类数据的本质上的特点。也有译作"平行数据"或"TS-CS（Time Series-Cross Section 数据）"。面板数据可以克服时间序列分析所受的多重共线性的困扰，能够提供更多的信息、更多的变化、更少的共线性、更多的自由度和更高的估计效率，而面板数据的单位根检验和协整分析是目前最前沿的领域之一[101]。

3.3.4　计量经济模型的建立

对所要研究的经济现象进行深入的分析，根据研究的目的，选择模型中将包含的因素，根据数据的可得性选择适当的变量来表征这些因素，并根据经济行为理论和样本数据显示出的变量间的关系，设定描述这些变量之间关系的数学表达式，即理论模型。生产函数 $Q = Ae^{\gamma} K^{\alpha} L^{\beta}$ 就是一个理论模型。理论模型的设计主要包含三部分工作，即选择变量、确定变量之间的数学关系、拟定模型中待估计参数的数值范围。

3.3.4.1　确定模型所包含的变量

在单方程模型中，变量分为两类。作为研究对象的变量，也就是因果关系中的"果"，例如生产函数中的产出量，是模型中的被解释变量；而作为"原因"的变量，例如生产函数中的资本、劳动、技术，是模型中的解释变量。确定模型所包含的变量，主要是指确定解释变量。可以作为解释变量的有下列几类变量：外生经济变量、外生条件变量、外生政策变量和滞后被解释变量。其中有些变量，如政策变量、条件变量经常以虚变量的形式出现。

严格地说，生产函数中的产出量、资本、劳动、技术等，只能称为"因素"，这些因素间存在着因果关系。为了建立起计量经济学模型，必须选择适当的变量来表征这些因素，这些变量必须具有数据可得性。于是，我们可以用总产值来表征产出量，用固定资产原值来表征资本，用职工人数来表征劳动，用时间作为一个变量来表征技术。这样，最后建立的模型是关于总产值、固定资产原值、职工人数和时间变量之间关系的数学表达式。

关键在于在确定了被解释变量之后，怎样才能正确地选择解释变量。

首先，需要正确理解和把握所研究的经济现象中暗含的经济学理论和经济行为规律。这是正确选择解释变量的基础。例如，在上述生产问题中，已经明确指出属于供给不足的情况，那么，影响产出量的因素就应该在投入要素方面，而在当前，一般的投入要素主要是技术、资本与劳动。如果属于需求不足的情况，那么影响产出量的因素就应该在需求要素方面，而不在投入要素方面。这时，如果研究的对象是消费品生产，应该选择居民收入等变量作为解释变量；如果研究的对象是生产资料生产，应该选择固定资产投资总额等变量作为解释变量。由此可见，同样是建立生产模型，所处的经济环境不同、研究的行业不同，变量选择是不同的。

其次，选择变量要考虑数据的可得性。这就要求对经济统计学有透彻的了解。计量经济学模型是要在样本数据，即变量的样本观测值的支持下，采用一定的数学方法估计参数，以揭示变量之间的定量关系。所以所选择的变量必须是统计指标体系中存在的、有可靠的数据来源的。如果必须引入个别对被解释变量有重要影响的政策变量、条件变量，则采用虚变量的样本观测值的选取方法。

第三，选择变量时要考虑所有入选变量之间的关系，使得每一个解释变量都是独立的。这是计量经济学模型技术所要求的。当然，在开始时要做到这一点是困难的，如果在所有入选变量中出现相关的变量，可以在建模过程中检验并予以剔除。

3.3.4.2　确定模型的数学形式

选择了适当的变量，接下来就要选择适当的数学形式描述这些变量之间的关系，即建立理论模型。

选择模型数学形式的主要依据是经济行为理论。在数理经济学中，已经对常用的生产函数、需求函数、消费函数、投资函数等模型的数学形式进行了广泛的研究，可以借鉴这些研究成果。需要指出的是，现代经济学尤其注重实证研究，任何建立在一定经济学理论假设基础上的理论模型，如果不能很好地解释过去，尤其是历史统计数据，那么它是不能为人们所接受的。这就要求理论模型的建立要在参数估计、模型检验的全过程中反复修改，以得到一种既有较好的经济学解释又能较好地反映历史上已经发生的诸变量之间关系的数学模型。忽视任何一方面都是不对的。也可以根据变量的样本数据作出解释变量与被解释变量之间关系的散点图，由散点图显示的变量之间的函数关系作为理论模型的数学形式。这也是人们在建模时经常采用的方法。

3.3.4.3　拟定理论模型中待估参数的理论期望值

理论模型中的待估参数一般都具有特定的经济含义，它们的数值，要待模型估计、检验后，即经济数学模型完成后才能确定，但对于它们的数值范围，即理论期望值，可以根据它们的经济含义在开始时拟定。这一理论期望值可以用来检验模型的估计结果。拟定理论模型中待估参数的理论期望值，关键在于理解待估参数的经济含义。例如生产函数理论模型中有 4 个待估参数和 α、β、γ 和 A。其中，α 是资本的产出弹性，β 是劳动的产出弹性，γ 近似为技术进步速度，A 是效率系数。根据这些经济含义，它们的数值范围应该是：

$$0<\alpha<1,\ 0<\beta<1,\ \alpha+\beta\approx1,\ 0<\gamma<1\ 并接近\ 0,\ A>0$$

3.3.5　回归分析模型

回归分析（Regression Analysis）是确定两种或两种以上变量间相互依赖的定量关系的一种统计分析方法。运用十分广泛，回归分析按照涉及的自变量的多少，可分为一元回归分析和多元回归分析；按照自变量和因变量之间的关系类型，可分为线性回归分析和非线性回归分析。如果在回归分析中，只包括一个自变量和一个因变量，且二者的关系可用一条直线近似表示，这种回归分析称为一元线性回归分析。如果回归分析中包括两个或两个以上的自变量，且因变量和自变量之间是线性关系，则称为多元线性回归分析。

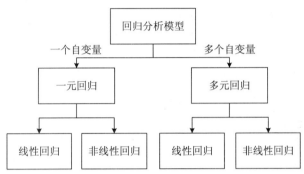

图 3-3　回归分析模型分类

3.3.5.1　回归分析的步骤

（1）根据预测目标，确定自变量和因变量

明确预测的具体目标，也就确定了因变量。如预测具体目标是下一年度的销售量，那么销售量 Y 就是因变量。通过市场调查和查阅资料，寻找与预测目标的相关影响因素，即自变量，并从中选出主要的影响因素。

（2）建立回归预测模型

依据自变量和因变量的历史统计资料进行计算，在此基础上建立回归分析方程，即回归分析预测模型。

（3）进行相关分析

回归分析是对具有因果关系的影响因素（自变量）和预测对象（因变量）所进行的数理统计分析处理。只有当自变量与因变量确实存在某种关系时，建立的回归方程才有意义。因此，作为自变量的因素与作为因变量的预测对象是否有关，相关程度如何，以及判断这种相关程度的把握性多大，就成为进行回归分析必须要解决的问题。进行相关分析，一般要计算相关关系，以相关系数的大小来判断自变量和因变量的相关的程度。

（4）检验回归预测模型，计算预测误差

回归预测模型是否可用于实际预测，取决于对回归预测模型的检验和对预测误差的计算。回归方程只有通过各种检验，且预测误差较小，才能将回归方程作为预测模型进行预测。

（5）计算并确定预测值

利用回归预测模型计算预测值，并对预测值进行综合分析，确定最后的预测值。

3.3.5.2 一元线性回归分析

在进行回归分析时，我们必须知道或假定在两个随机之间存在着一定的关系。这种关系可以用 y 的函数的形式表示出来，即 y 是所谓的因变量，它仅仅依赖于自变量 x，它们之间的关系可以用方程式表示。在最简单的情况下，y 与 x 之间的关系是线性关系。用线性函数 $a+bx$ 来估计 y 的数学期望的问题称为一元线性回归问题。即，上述估计问题相当于对 x 的每一个值，假设 $E(y)=a+bx$，而且，$y \sim N(a+bx,\sigma^2)$，其中 a、b、σ^2 都是未知参数，并且不依赖于 x。对 y 作这样的正态假设，相当于设：

$$y = a + bx + \varepsilon \tag{3-10}$$

式中，$\varepsilon \sim N(0,\sigma^2)$，为随机误差，$a$、$b$、$\sigma^2$ 都是未知参数。

这种线性关系的确定常常可以通过两类方法：一类是根据实际问题所对应的理论分析，如各种经济理论常常会揭示一些基本的数量关系；另一类直观的方法是通过 y 与 x 的散点图来初步确认。

对于公式（3-10）中的系数 a、b，需要由观察值 (x_i, y_i) 来进行估计。如果由样本得到了 a、b 的估计值为 $\hat{a}, \hat{b}$，则对于给定的 x，$a+bx$ 的估计为 $\hat{a} + \hat{b}x$，记作 $\hat{y}$，它也就是我们对 y 的估计。

$$\hat{y} = \hat{a} + \hat{b}x \tag{3-11}$$

式（3-11）称为 y 对 x 的线性回归方程或回归方程，其图形称为回归直线。

3.3.5.3 多元线性回归分析

在一元线性回归模型中，我们只讨论了包含一个解释变量的一元线性回归模型，也就是假定被解释变量只受一个因素的影响。但是在现实生活中，一个被解释变量往往受到多个因素的影响。例如，商品的消费需求，不但受商品本身的价格影响，还受到消费者的偏好、收入水平、替代品价格、互补品价格、对商品价格的预测以及消费者的数量等诸多因素的影响。在分析这些问题的时候，仅利用一元线性回归模型已经不能够反映各变量间的真实关系，因此，需要借助多元线性回归模型来进行量化分析。

如果一个被解释变量（因变量）y_t 有 k 个解释变量（自变量）x_{tj}，$j=1,2,3,\cdots,k$，同时，y_t 不仅是 x_{tk} 的线性函数，而且是参数 β_0 和 β_i，$i=1,2,3,\cdots,k$（通常未知）的线性函数，随机误差项为 u_t，那么多元线性回归模型可以表示为：

$$y_t = \beta_0 + \beta_1 x_{t1} + \beta_2 x_{t2} + \cdots + \beta_k x_{tk} + u_t \quad (t=1,2,\cdots,n) \tag{3-12}$$

这里 $E(y_t) = \beta_0 + \beta_1 x_{t1} + \beta_2 x_{t2} + \cdots + \beta_k x_{tk}$ 为总体多元线性回归方程，简称总体回归方程。

其中，k 表示解释变量个数，β_0 称为截距项，$\beta_1, \beta_2, \cdots, \beta_k$ 是总体回归系数。

β_i, $i=1,2,3,\cdots,k$ 表示在其他自变量保持不变的情况下，自变量 x_{tj} 变动一个单位所引起的因变量 y 平均变动的数量，因而也称为偏回归系数。

当给定一个样本 $(y_t,x_{t1},x_{t2},\cdots,x_{tk}),t=1,2,\cdots,n$ 时，上述模型可以表示为：

$$\begin{cases} y_1 = \beta_0 + \beta_1 x_{11} + \beta_2 x_{12} + \cdots + \beta_k x_{1k} + u_1 \\ y_2 = \beta_0 + \beta_1 x_{21} + \beta_2 x_{22} + \cdots + \beta_k x_{2k} + u_2 \\ y_3 = \beta_0 + \beta_1 x_{31} + \beta_2 x_{32} + \cdots + \beta_k x_{3k} + u_3 \\ \vdots \\ y_t = \beta_0 + \beta_1 x_{t1} + \beta_2 x_{t2} + \cdots + \beta_k x_{tk} + u_t \end{cases} \tag{3-13}$$

此时，y_t 与 x_{tj} 已知，β_i 与 u_t 未知。

其相应的矩阵表达式为：

$$\begin{bmatrix} y_1 \\ y_2 \\ y_3 \\ \vdots \\ y_t \end{bmatrix}_{(t\times1)} = \begin{bmatrix} 1 & x_{11}\cdots x_{1j}\cdots x_{1k} \\ 1 & x_{21}\cdots x_{2j}\cdots x_{2k} \\ 1 & x_{31}\cdots x_{3j}\cdots x_{3k} \\ 1 & x_{t1}\cdots x_{tj}\cdots x_{tk} \end{bmatrix}_{(t\times k)} \begin{bmatrix} \beta_0 \\ \beta_1 \\ \beta_2 \\ \vdots \\ \beta_k \end{bmatrix}_{(k\times1)} + \begin{bmatrix} u_1 \\ u_2 \\ u_3 \\ \vdots \\ u_t \end{bmatrix}_{(t\times1)} \tag{3-14}$$

可以简化为：

$$\boldsymbol{Y} = \boldsymbol{X\beta} + \boldsymbol{u} \tag{3-15}$$

上式就是总体回归模型的简化形式。

3.3.6　格兰杰因果关系检验

3.3.6.1　经济变量之间的因果性问题

计量经济模型的建立过程，本质上是用回归分析工具处理一个经济变量对其他经济变量的依存性问题，但这并不是暗示这个经济变量与其他经济变量间必然存在着因果关系。由于没有因果关系的变量之间常常有很好的回归拟合，把回归模型的解释变量与被解释变量倒过来也能够拟合得很好，因此回归分析本身不能检验因果关系的存在性，也无法识别因果关系的方向。假设两个变量，比如国内生产总值 GDP 和广义货币供给量 M，各自都有滞后的分量 GDP（−1），GDP（−2），⋯，M（−1），M（−2），⋯显然这两个变量都存在着相互影响的关系。

但现在的问题是：究竟是 M 引起 GDP 的变化，还是 GDP 引起 M 的变化，或者两者间相互影响都存在反馈，即 M 引起 GDP 的变化，同时 GDP 也引起 M 的变化。这些问题的实质是在两个变量间存在时间上的先后关系时，是否能够从统计意义上检验出因果性的方向，即在统计上确定 GDP 是 M 的因，还是 M 是 GDP 的因，或者 M 和 GDP 互为因果。

3.3.6.2 格兰杰因果关系检验

经济学家开拓了一种可以用来分析变量之间的因果的办法，即格兰杰因果关系检验。该检验方法为 2003 年诺贝尔经济学奖得主克莱夫·格兰杰（Clive W. J. Granger）所开创，用于分析经济变量之间的因果关系。他给因果关系的定义为"依赖于使用过去某些时点上所有信息的最佳最小二乘预测的方差"，在时间序列情形下，两个经济变量 X、Y 之间的格兰杰因果关系定义为：若在包含了变量 X、Y 的过去信息的条件下，对变量 Y 的预测效果要优于只单独由 Y 的过去信息对 Y 进行的预测效果，即变量 X 有助于解释变量 Y 的将来变化，则认为变量 X 是引致变量 Y 的格兰杰原因。

进行格兰杰因果关系检验的一个前提条件是时间序列必须具有平稳性，否则可能会出现虚假回归问题。因此在进行格兰杰因果关系检验之前首先应对各指标时间序列的平稳性进行单位根检验（unit root test）。常用增广的迪基-富勒检验（ADF 检验）来分别对各指标序列的平稳性进行单位根检验。

格兰杰因果关系检验假设了有关 y 和 x 每一变量的预测的信息全部包含在这些变量的时间序列之中。检验要求估计以下的回归：

$$y_t = \sum_{i-1}^{q} \alpha_i x_{t-i} + \sum_{j-1}^{q} \beta_j y_{t-j} + u_{1t} \tag{3-16}$$

$$x_t = \sum_{i-1}^{s} \lambda_i x_{t-i} + \sum_{j-1}^{s} \delta_j y_{t-j} + u_{2t} \tag{3-17}$$

其中白噪音 u_{1t} 和 u_{2t} 假定为不相关的。

假定式（3-16）当前 y 与 y 自身以及 x 的过去值有关，而式（3-17）对 x 也假定了类似的行为。

对式（3-16）而言，其零假设 H_0：$\alpha_1 = \alpha_2 = \cdots = \alpha_q = 0$。

对式（3-17）而言，其零假设 H_0：$\delta_1 = \delta_2 = \cdots = \delta_s = 0$。

分四种情形讨论：

（1）x 是引起 y 变化的原因，即存在由 x 到 y 的单向因果关系。若式（3-16）中滞后的 x 的系数估计值在统计上整体显著不为零，同时式（3-17）中滞后的 y 的系数估计值在统计上整体显著为零，则称 x 是引起 y 变化的原因。

（2）y 是引起 x 变化的原因，即存在由 y 到 x 的单向因果关系。若式（3-17）中滞后的 y 的系数估计值在统计上整体显著不为零，同时式（3-16）中滞后的 x 的系数估计值在统计上整体显著为零，则称 y 是引起 x 变化的原因。

（3）x 和 y 互为因果关系，即存在由 x 到 y 的单向因果关系，同时也存在由 y 到 x 的单向因果关系。若式（3-16）中滞后的 x 的系数估计值在统计上整体显著不为零，同时式（3-17）中滞后的 y 的系数估计值在统计上整体显著不为零，则称 x 和 y 间存在反馈关系，或者双向因果关系。

（4）x 和 y 是独立的或 x 与 y 间不存在因果关系。若式（3-16）中滞后的 x 的系数估计值在统计上整体的显著为零，同时式（3-17）中滞后的 y 的系数估计值在统计上整体的显著为零，则称 x 和 y 间不存在因果关系。

3.3.6.3　格兰杰因果关系检验的步骤

（1）将当前的 y 对所有的滞后项 y 以及别的什么变量（如果有的话）做回归，即 y 对 y 的滞后项 y_{t-1}，y_{t-2}，$\cdots$，y_{t-q} 及其他变量的回归，但在这一回归中没有把滞后项 x 包括进来，这是一个受约束的回归。然后从此回归得到受约束的残差平方和（RSSR）。

（2）做一个含有滞后项 x 的回归，即在前面的回归式中加进滞后项 x，这是一个无约束的回归，由此回归得到无约束的残差平方和（RSSUR）。

（3）零假设是 H_0：$\alpha_1=\alpha_2=\cdots=\alpha_q=0$，即滞后项 x 不属于此回归。

（4）为了检验此假设，用 F 检验，即：

它遵循自由度为 q 和（$n-k$）的 F 分布。在这里，n 是样本容量，q 等于滞后项 x 的个数，即有约束回归方程中待估参数的个数，k 是无约束回归中待估参数的个数。

（5）如果在选定的显著性水平 α 上计算的 F 值超过临界值 F_α，则拒绝零假设，这样滞后 x 项就属于此回归，表明 x 是 y 的原因。

（6）同样，为了检验 y 是否是 x 的原因，可将变量 y 与 x 相互替换，重复步骤（1）至（5）。

格兰杰因果关系检验对于滞后期长度的选择有时很敏感。其原因可能是由于检验变量的平稳性的影响，或是样本容量的长度的影响。不同的滞后期可能会得到完全不同的检验结果。因此，一般而言，常进行不同滞后期长度的检验，以检验模型中随机干扰项不存在序列相关的滞后期长度来选取滞后期。

值得注意的是，格兰杰因果关系检验的结论只是统计意义上的因果性，而不一定是真正的因果关系。虽然可以作为真正的因果关系的一种支持，但不能作为肯定或否定因果关系的最终根据。当然，即使格兰杰因果关系不等于实际因果关系，也并不妨碍其参考价值。因为统计意义上的因果关系也是有意义的，对于经济预测等仍然能起很大的作用。

由于假设检验的零假设是不存在因果关系，在该假设下 F 统计量服从 F 分布，因此严格地说，该检验应该称为格兰杰非因果关系检验。

3.3.7　因素分解模型

因素分解法的目的是将总量变化分解为相关因素单独变化的影响效应加总，定量分析这些因素对总量变化的相对贡献，从而为政策制定提供依据。在环境和能源经济学常用的因素分解法，大体上分为两类：一类是基于投入产出表的结构性因素分解方法（Structrual Decomposition Analysis，SDA），另一类是指数因素分解方法（Index Decomposition Analysis，IDA）。后者主要以拉氏（Laspeyres）和迪氏（Divisia）指数分解方法为主，由于简单易用，使用更加广泛。近年来研究者提出的指数分解的方法大多是基于拉氏和迪氏指数分解的改进。目前使用较为广泛的是 Ang（2003）在迪氏分解方法的基础上提出的对数平均迪氏指数方法（Log arithmic Mean Divisia Index，LMDI）[102] 和 Sun（1998）基于拉氏指数分解法提出的全分解模型（Complete Decomposition Model，CDM）[103]。这两种方法都解决了因素分解中剩余项的问题，从而可以做到对总量变化效应的完全分解，在理论基础、适用性、易用性和解释力等方面均具有良好特性。

3.3.7.1 对数平均迪氏指数方法

基于 LMDI 指数方法构建的工业污染减排驱动测算模型：

设定工业污染物排放总量

$$P = \sum_{i=1}^{n} \frac{P_i}{T_i} \times \frac{T_i}{G_i} \times \frac{G_i}{G} \times G = \sum_{i=1}^{n} G \times S_i \times I_i \times E_i \tag{3-18}$$

式中，P 和 G 分别代表污染物排放总量和增加值总量，P_i、T_i、G_i 分别代表 i 行业污染物排放量、污染物产生量和工业增加值。

令 $E_i = \dfrac{P_i}{T_i}$，$I_i = \dfrac{T_i}{G_i}$，$S_i = \dfrac{G_i}{G}$

则在基期和 t 时期工业污染物排放量可分别记为：

$$P^0 = \sum_{i=1}^{n} G^0 \times S_i^0 \times I_i^0 \times E_i^0，\quad P^t = \sum_{i=1}^{n} G^t \times S_i^t \times I_i^t \times E_i^t \tag{3-19}$$

式中，G^t、S_i^t、I_i^t、E_i^t 分别代表经济规模、技术进步、结构调整和末端治理 4 个指标因子。经济规模 G^t 用 GDP 来反映；技术进步 I_i^t 为污染物排放强度，反映清洁型生产技术的应用情况；结构调整 S_i^t 是各行业 GDP 占整个 GDP 的比例，反映各行业对污染物排放的贡献，高能耗、高污染行业比重越大，污染物减排量越小；末端治理 E_i^t 反映各行业通过末端治理设施减少污染物排放的情况。

然后，对式（3-19）两边对时间 t 取导数可得，

$$\frac{\mathrm{d}\ln P}{\mathrm{d}t} = \sum_i \frac{G \times S_i \times I_i \times E_i}{P} \times \left(\frac{\mathrm{d}\ln S_i}{\mathrm{d}t} + \frac{\mathrm{d}\ln I_i}{\mathrm{d}t} + \frac{\mathrm{d}\ln E_i}{\mathrm{d}t} + \frac{\mathrm{d}\ln G}{\mathrm{d}t} \right) \tag{3-20}$$

令 $\omega_i = \dfrac{G \times S_i \times I_i \times E_i}{P}$，那么污染排放量 P 在时期 $[0, t]$ 中的变化量可以表示为：

$$\Delta P = P^t - P^0$$

$$= \int_0^t \sum_i \omega_i \ln \frac{E_i^t}{E_i^0} \mathrm{d}t + \int_0^t \sum_i \omega_i \ln \frac{I_i^t}{I_i^0} \mathrm{d}t + \int_0^t \sum_i \omega_i \ln \frac{S_i^t}{S_i^0} \mathrm{d}t + \int_0^t \sum_i \omega_i \ln \frac{V^t}{V^0} \mathrm{d}t \tag{3-21}$$

采用对数平均权重函数对式（3-21）的各积分项求解，令

$$\omega_i^* = \frac{(P_i^t - P_i^0)}{(\ln P_i^t - \ln P_i^0)}，$$

则

$$\Delta P = \sum_i \omega_i^* \ln \frac{E_i^t}{E_i^0} + \sum_i \omega_i^* \ln \frac{I_i^t}{I_i^0} + \sum_i \omega_i^* \ln \frac{S_i^t}{S_i^0} + \sum_i \omega_i^* \ln \frac{V^t}{V^0} \tag{3-22}$$

上式即为 LMDI 分解法测算污染物减排贡献效应的主要方法。

3.3.7.2　拉氏指数全分解方法

采用 Sun（1998）提出的全分解模型建立科技减排贡献效应模型，同样将污染物排放总量分解为如式（3-18）形式：

$$P = \sum_{i=1}^{n} \frac{P_i}{T_i} \times \frac{T_i}{G_i} \times \frac{G_i}{G} \times G = \sum_{i=1}^{n} G \times S_i \times I_i \times E_i$$

设定在 $[0, t]$ 时间内工业 SO_2 的变化量由经济规模效应（$G_{效应}$）、结构调整效应（$S_{效应}$）、技术进步效应（$I_{效应}$）和末端治理效应（$E_{效应}$）组成，$\Delta P = P^t - P^0 = G_{效应} + S_{效应} + I_{效应} + E_{效应}$。

$$G_{效应} = \sum_{i=1}^{n} I_i^0 S_i^0 E_i^0 \Delta G + \frac{1}{2} \sum_{i=1}^{n} \Delta G \left(\Delta I_i S_i^0 E_i^0 + \Delta S_i I_i^0 E_i^0 + \Delta E_i I_i^0 S_i^0 \right) +$$

$$\frac{1}{3} \sum_{i=1}^{n} \Delta G \left(\Delta I_i \Delta S_i E_i^0 + \Delta E_i \Delta S_i I_i^0 + \Delta E_i \Delta I_i S_i^0 \right) + \frac{1}{4} \sum_{i=1}^{n} \Delta G \left(\Delta I_i \Delta S_i \Delta E_i \right) \tag{3-23}$$

$$I_{效应} = G^0 \sum_{i=1}^{n} \Delta I_i S_i^0 E_i^0 + \frac{1}{2} \sum_{i=1}^{n} \Delta I_i \left(\Delta G S_i^0 E_i^0 + \Delta S_i G^0 E_i^0 + \Delta E_i G^0 S_i^0 \right) +$$

$$\frac{1}{3} \sum_{i=1}^{n} \Delta I_i \left(\Delta S_i \Delta E_i G^0 + \Delta S_i \Delta G E_i^0 + \Delta E_i \Delta G S_i^0 \right) + \frac{1}{4} \sum_{i=1}^{n} \Delta G \left(\Delta I_i \Delta S_i \Delta E_i \right) \tag{3-24}$$

$$S_{效应} = G^0 \sum_{i=1}^{n} \Delta S_i I_i^0 E_i^0 + \frac{1}{2} \sum_{i=1}^{n} \Delta S_i \left(\Delta G I_i^0 E_i^0 + \Delta I_i G^0 E_i^0 + \Delta E_i G^0 I_i^0 \right) +$$

$$\frac{1}{3} \sum_{i=1}^{n} \Delta S_i \left(\Delta I_i \Delta E_i G^0 + \Delta I_i \Delta G E_i^0 + \Delta E_i \Delta G I_i^0 \right) + \frac{1}{4} \sum_{i=1}^{n} \Delta G \left(\Delta I_i \Delta S_i \Delta E_i \right) \tag{3-25}$$

$$E_{效应} = G^0 \sum_{i=1}^{n} \Delta E_i I_i^0 S_i^0 + \frac{1}{2} \sum_{i=1}^{n} \Delta E_i \left(\Delta G S_i^0 I_i^0 + \Delta S_i G^0 I_i^0 + \Delta I_i G^0 S_i^0 \right) +$$

$$\frac{1}{3} \sum_{i=1}^{n} \Delta E_i \left(\Delta S_i \Delta I_i G^0 + \Delta S_i \Delta G I_i^0 + \Delta I_i \Delta G S_i^0 \right) + \frac{1}{4} \sum_{i=1}^{n} \Delta G \left(\Delta I_i \Delta S_i \Delta E_i \right) \tag{3-26}$$

通过收集（$0, t$）时期相关数据带入以上公式，即可求得经济规模、结构调整、末端治理、技术进步对主要污染物减排量的贡献。

3.3.8　计量经济模型在环境经济效应分析中的应用

3.3.8.1　回归模型在环境系统分析中的应用

在处理各种环境问题时，经常要遇到相互间存在一定联系的变量，了解这些变量之间的关系，可以为环境评价、预测分析和污染治理提供帮助。这些变量之间的相关关系和密切程度可用回归分析得到。基于回归分析模型解决预测与控制问题的有效性和确定因素间相关关系的准确性。目前，回归分析已普遍应用于环境预测、环境监测、环境质量评价、生态环境与经济发展关系分析等相关研究领域。

在水质评价方面，索南仁欠（2000）提出水质污染的多元回归分析方法，并以湟水流域 1998 年水质污染指标年平均值为例，对其进行多元回归及逐步回归分析[104]。向速林（2005）运用回归分析理论和方法，建立了一个基于多元线性回归分析法的地下水水质评价模型，并将该模型用于遵义市海龙坝地下水水质评价[105]。路亮等（2005）采用频度统计和标准化方法对长江两年多的水质情况进行了分析和评价，并根据污染物氨氮和高锰酸盐污染源在时间和空间上的分布特点，采用一维河道水质模型计算给出了主要污染源的分布[106]。李亦芳等（2008）针对人工神经网络在预测中出现的异常值现象，采用了回归分析模型得到的预测区间来控制异常值现象的方法，并且应用在黄河三门峡河段的水质预测中[107]。方崇（2010）针对目前我国城市内河普遍遭到污染的问题，在分析影响内河水质因素的基础上，选取 BOD_5（五日生化需氧量）、COD（化学需氧量）、石油类、挥发酚、NH_3-N（氨氮）、总磷等 6 个主要因素作为评价因子，建立了城市内河水质评价的投影寻踪分析模型，采用人工鱼群算法对评价模型进行优化，并将该模型应用于南宁市 10 条内河水质的评价与排序[108]。

在大气污染健康问题方面，楚建军（1993）采用岭回归模型拟合方法，分析徐州市 1980—1991 年大气污染与居民肺癌死亡率关系，结果表明大气污染物总悬浮颗粒物、降尘、氮氧化物和光化学氧化剂与居民肺癌死亡率呈正相关[109]。庄一廷（1996）通过对福州市区 1984—1993 年 10 年间大气环境污染状况以及肺癌死亡人数的连续追踪监测，采用多元回归、逐步回归等统计手段，对获取的数据进行回顾性分析。结果表明：福州市区肺癌死亡率和大气中总悬浮颗粒物、降尘呈正相关，相关性显著，且其影响存在滞后效应[110]。谢鹏（2010）利用 Meta 分析方法获取我国人群大气污染物暴露对死亡健康结局影响的暴露-反应关系，并以珠江三角洲地区人群 2006 年大气污染物暴露浓度为基准，运用泊松回归模型评价珠江三角洲地区大气污染对人群的健康影响[111]。张秉玲（2011）采用 Poisson 广义相加模型进行兰州市大气污染与居民心血管疾病日住院人数及居民日死亡人数的回归分析，结果表明兰州市大气主要污染物对心血管疾病住院人数和居民总死亡人数的影响均有滞后效应，不同污染物对总心血管疾病及居民总死亡人数的影响也不相同[112]。

在环境质量与经济发展关系方面，于峰（2006）以 SO_2 排放量表征环境污染水平，对 1999—2004 年除西藏、山西和贵州以外的我国 28 个省、自治区及直辖市的面板数据进行回归分析，结果显示经济规模扩大、产业结构和能源结构变动加剧了我国环境污染，生产率提高、环保技术创新与推广降低了我国环境污染[113]。庄宇（2007）建立了评价经济效益和水环境承载力的指标体系；运用加权最小二乘回归方法对西部地区的数据分析，研究表明：控制和减少工业废水的排放量和增加达标工业废水排放量是改善水环境质量和提高人均 GDP 的重点[114]。郭天配（2010）以人均 GDP 为影响变量，构建了 6 个非线性回归模型来实证研究中国环境质量与经济发展之间的关系，证明了不同研究阶段以单位 GDP"三废"排放所体现的环境质量与人均 GDP 之间遵循的轨迹[115]。张协奎（2012）采用改进的多变量双对数回归模型分析南宁市工业规模、工业结构、工业技术三类效应对环境的影响程度，结果表明，工业结构对环境影响程度最高，工业规模次之，工业技术因素影响最小[116]。

3.3.8.2　因素分解模型在科技减排贡献度测算中的应用

许多学者采用了因素分解法来探寻工业污染排放量变化的驱动因素及其特征。Grossman 和 Krueger（1995）以研究北美自由贸易协议（NAFTA）对环境质量的影响问题，将经济增长与环境质量的关系变化解释为"规模""技术"和"结构"三种因素的作用结果，认为经济规模的增长会导致污染排放的增加，但是生产技术的革新以及资源效率的提升则会降低污染排放强度；随着能源密集型工业向技术密集型产业的发展，污染水平又伴随产业结构的调整而开始下降[117]；日本学者 Sawa（1996）研究认为，1996 年日本 SO_2 减排量中末端治理贡献率为 8%，结构调整贡献率为 26%，技术进步贡献率则高达 66%[118]；De Bruyn（1997）发现在 1980—1990 年西德和荷兰的 GDP 分别增长了 26.1% 和 28.2%，但是二氧化硫的排放量却分别减少了 73.6% 和 58.7%，其原因在于技术进步所带来的正面影响开始占据主导并超过了规模效应的负面作用[119]；Vukina（1999）等对 20 世纪 90 年代 12 个处在市场化转型期的国家的多种工业污染物排放量变化的分解分析表明，在工业化中后期，技术进步和结构调整对于减排的正面效应能够抵消经济规模增长的负面效应，并使环境质量随着经济增长而得到改善[118]；Bruvoll 和 Medin（2003）对挪威 1980—1996 年 10 种空气污染物排放量的变化做分解分析，结果发现技术进步的作用减少了经济增长的环境压力，环境治理的技术和政策对减缓排放也起到了积极的作用[120]。

在国内，定量化研究科技进步对污染减排的贡献率的研究仍较少，其中但智钢等（2010）依据因子分解模型，建立了全过程减排指数定量化计算方法，对我国 SO_2 减排作用进行了定量化评价，结果表明 1995—2005 年我国由于经济规模因素将导致 SO_2 排放量增加 2 291.2 万 t，实际 SO_2 排放量增加了 575.5 万 t，其中结构调整、技术进步和末端治理的减排贡献分别为 29.1 万 t、1 361.1 万 t、325.4 万 t，技术进步对 SO_2 减排的贡献率十分巨大[121]；陆文聪（2010）使用对数平均迪氏指数法（LMDI）以 3 种主要工业废气排放为例，对中国工业污染排放量变化的主要驱动因素进行分析。结果表明：工业生产中排放治理和技术进步发挥了主要的减排贡献，工业结构调整的减排贡献较小[122]。成艾华（2011）采用环境效应分解模型，对 1998—2008 年中国工业 SO_2 减排的动态效应进行了实证研究。结果表明，1998—2008 年中国工业减排的环境净效应中，环境技术效应贡献了环境净效应的 97.8%，而结构调整效应对环境的改善作用并不大，仅为 6.3%。从各年度环境净效应的分解结果看，环境技术进步效应在各年度仍发挥了主要的作用，年均占到 90% 左右[123]。刘元华、贾杰林等测算了我国 2006—2009 年工业 COD 和 SO_2 减排分解效应，测算结果表明，2006—2009 年，工业 COD 和工业 SO_2 减排总效应分别为 –21.09% 和 –13.36%，均为负值，工业污染物排放趋于减少，规模效应全部为正值，表现为增量效应，是引起污染物排放增加的增量因子；技术效应和结构效应均为负值，是污染物减排的减量因子，其中技术因子是主要因子，是促进工业污染物减排的主要原因，对 COD 和 SO_2 减排的技术效应分别达到 79.14% 和 67.12%[124]。

3.4 系统动力学模型

3.4.1 系统动力学的发展历程

系统动力学（System Dynamics）是一门分析研究信息反馈系统的学科，是认识与解决系统问题、沟通自然科学与社会科学的边缘学科，属于系统科学的一个分支。系统动力学以传统的管理程序为背景，引用信息反馈理论和系统力学理论，把社会问题流程化，从而获得描述社会系统构造的一般方法，并通过计算机仿真运算，获得对真实系统的跟踪，实现社会系统的战略与策略实验。

第二次世界大战后，随着工业化的进展，城市人口、就业、环境污染和资源等各种社会问题日趋严重，这些问题范围广泛、关系复杂、因素众多，迫切需要用新的方法对这些问题进行综合研究。美国麻省理工学院的福瑞斯特（Forrester）教授于 1957 年首次提出工业动力学，对经济与工业组织系统进行了深入的研究，分析研究了这些系统的性质和特点，成功地将信息反馈理论、系统力学理论与计算机仿真技术应用于社会系统，形成了系统动力学[125, 126]。50 年代后期，系统动力学逐步发展成为一门新的学科，初期它主要应用于工业企业管理，故早期称为"工业动力学"，处理诸如生产与雇员情况的波动，市场股票与市场增长的不稳定性等问题。60 年代福瑞斯特教授发表了《工业动力学》，成为本学科的经典著作。他阐明了系统动力学的原理和典型应用。《系统原理》侧重介绍了系统的基本结构，《城市动力学》则总结了美国城市兴衰问题的理论与应用研究的成果。福瑞斯特于 1972 年正式提出"系统动力学"的名称，他的学生梅多斯（D.Meadow）应用系统动力学建立了世界模型[127]。

70 年代初期，罗马俱乐部面对世界人口增长与资源日渐枯竭的局面，鉴于当时的一些惯用的方法对此不能胜任，开始转向系统动力学方法。1970 年 6—7 月，经过一个多月的学习讨论，俱乐部对福瑞斯特教授提出的世界模型的雏形 WORLD II 很感兴趣。于是提供财政支持，在麻省理工学院成立丹尼斯·梅多斯（Dennis·Meadows）教授为首的国际研究小组，担负研究任务。这是系统动力学面临的一次严峻考验与挑战。作为最初的研究成果，福瑞斯特教授以 WORLD II 为基础发表了《世界动力学》，接着由他指导的小组先后发表了《增长限制》《趋向全球的均衡》等著作，阐述其研究成果 WORLD III 和他们对未来世界发展的观点[128]。

近半个世纪以来系统动力学在企业经营管理、城市问题、环境资源、全球发展预测等一系列社会、经济领域的重大课题中都得到了成功的应用。系统动力学于 20 世纪 80 年代后期引入我国，经过十几年的研究发展，已广泛应用于我国社会经济课题中的多个方面。

3.4.2 系统动力学的特点

系统动力学认为，系统的行为模式与特性主要取决于其内部的动态结构与反馈机制，虽然外部条件有时也有重大影响，但系统行为主要是由系统的内部结构所决定，一旦掌握了系统的内部结构及其变动趋势就有可能预见其未来的行为模式，这就是系统动力学著名的内生观点。

系统动力学的主要研究对象是社会、经济、生态等复杂系统及其复合的各类复杂大系统。系统动力学特别强调系统的整体性和复杂系统的非线性特性。它突出强调系统、整体的观点和联系、发展、运动的观点。系统动力学研究处理复杂系统问题的方法是定性与定量结合，系统整体思考与分析、综合与推理的方法。这是一种定性—定量—定性，螺旋上升，逐渐深化推进，认识与解决问题的方法。根据系统动力学理论与方法建立的模型，借助计算机模拟可以定性和定量地分析研究复杂系统的各种问题。

系统动力学模型模拟是一种结构-功能模拟。外因是变化的条件，内因是变化的依据，外因通过内因而起作用，因此系统动力学模型内部的信息反馈机制规定了系统的行为模式。这种模型模拟可以分析研究信息反馈结构、功能与行为之间的动态的辩证对立统一关系。系统动力学模型中能容纳大量的变量，一般可达数千个以上，系统动力学模型主要是通过仿真实验进行分析计算，主要计算结果都是未来一定时期内各种变量随时间而变化的曲线。也就是说，模型能处理高阶次、非线性、多重反馈的复杂时变系统（如社会经济系统）的有关问题。运用系统动力学解决问题的优点为[129]：

（1）适用于处理长期性和周期性的问题。如自然界的生态平衡、人的生命周期和社会问题中的经济危机等都呈现周期性规律并需通过较长的历史阶段来观察，已有不少系统动力学模型对其机制做出了较为科学的解释。

（2）适用于对数据不足的问题进行研究。建模中常常遇到数据不足或某些数据难以量化的问题，系统动力学利用各要素间的因果关系、有限的数据及一定结构仍可进行推算分析。

（3）适用于处理精度要求不高的复杂的社会经济问题。不少系统因描述方程是高阶非线性动态的，应用一般数学方法很难求解，而系统动力学借助于计算机及仿真技术仍能获得主要信息。

3.4.3　系统动力学的建模原理

系统动力学模型只是实际系统的简化与代表。一个模型只是实际系统的一个断面或侧面。若从不同角度对同一实际系统进行建模，就可以得到系统许多不同的断面，就能更加全面、深刻地认识系统，寻求更好的解决问题的途径。用系统动力学方法建模的依据是系统动力学对系统、系统特性的一系列观点，系统的行为模式主要根植于内部反馈结构与机制，以及主导部分作用原理。

系统动力学认为，不存在终极的模型，任何模型都只是在满足预定要求的条件下的相对成果。模型与现实系统的关系[130]见图 3-4。

（1）首先要明确建模的目的、任务。建模过程要面向客观系统所要解决的矛盾与问题，面向矛盾诸方面相互制约、相互影响所形成的反馈动态发展过程；面向模型的应用、政策的实施。

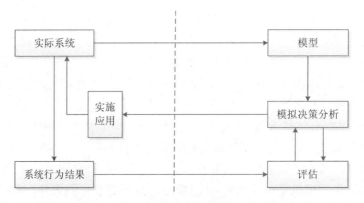

图3-4 系统动力学模型与现实系统的关系

（2）在建模的构思、建模与测试的过程中要正确使用分解与综合的原理。一方面强调从整体的观点对系统进行研究；另一方面，系统的层次性意味着一个系统是不同等级的子系统组成，在进行系统与结构分析的时候要用分解的方法。

（3）建模是实际系统的"实验室"，它是真实系统的简化和代表，是真实世界的某些断面或侧面。建模不等于对实际系统的复制，应防止所谓原原本本、一一对应按真实世界去建模。

3.4.4　系统动力学的主要方程

系统动力学中所有的"数量"可分为两大类：常数——其值在一次模拟的全过程中不变；变量——其值是可变的。其中变量又分为状态变量、速率变量和辅助变量。

状态变量也称为水准变量，是能对输入和输出变量或其中之一进行累积的变量；速率变量表征时间的流量；辅助变量是当速率变量的表达式较复杂时，用来描述其中一部分的变量，且设置在状态变量和速率变量之间的信息通道中。

系统动力学的本质是一阶微分方程。一阶微分方程描述了系统各状态变量的变化率对各状态变量或特定输入变量等的依存关系。而在系统动力学中，则进一步考虑了促成状态变量变化的几个因素，根据实际系统的情况和研究的需要，将变化率的描述分解为若干流率的描述[131]。这样处理使得物理、经济概念明确，不仅有利于建模，而且有利于政策试验中寻找合适的控制点。系统动力学中的不同"数量"分别对应着不同的方程[132]。其主要方程如下：

（1）状态方程：凡是能对输入和输出变量（或其中之一）进行积累的变量称为状态变量。在系统动力学中计算状态变量的方程称为状态变量方程。状态变量方程的一般形式为：

$$L\ L.K = L.j + DT(IR.jk - OR.jk) \tag{3-27}$$

状态变量方程在模型中，必须以 L 为标志写在第一列。式中，$L.K$、$L.j$ 为状态向量；$IR.jk$、$OR.jk$ 为输入输出速率；DT 为时间间隔（从 j 时刻到 k 时刻）。

（2）速率方程：描述速率的方程式，以 R 为标志。

$$\frac{L.K - L.J}{DT} = \frac{DL}{DT} = IR.jk - OR.jk \tag{3-28}$$

由上式可知，在状态变量方程中代表输入与输出的变量称为速率，它由速率方程求出。在系统动力学中，速率方程以 R 为标志，速率变量时间下标为 KL。与状态方程不同，速率方程无标准格式。

（3）辅助方程：帮助建立速率方程的方程，以 A 为标志。

在建立速率方程之前，若未先做好某些代数计算，把速率方程中必需的信息仔细加以考虑，那么将遇到很大的困难。这些附加的代数运算，在系统动力学中称为辅助方程，方程中的变量则称为辅助变量，辅助变量时间下标为 K，没有统一的标准格式。

（4）常数方程：为状态方程赋值，若初始值未设定则自动取为零。所有模型中的状态变量都必须赋予初始值。

（5）表函数：模型中往往要用辅助变量描述某些变量之间的非线性关系，而在简单由其他变量进行代数组合的辅助变量已不能胜任的情况下，采用非线性函数以图形方式给出，这种以图形表示的非线性函数称为表函数，以 T 为标志[133]。

3.4.5　系统动力学的基本步骤

（1）系统分析。系统分析是用系统动力学解决问题的第一步，其主要任务在于分析问题、剖析要因、明确目的。主要包括以下内容：调查收集有关系统的情况与统计数据；了解用户提出的要求、目的，明确所要解决的问题；分析系统的基本问题与主要问题、基本矛盾与主要矛盾、基本变量与主要变量；初步确定系统的界限，并确定内生变量、外生变量、输入量；确定系统行为的参考模式。

（2）系统的结构分析。这一步主要任务在于处理系统信息，分析系统的反馈机制。主要包括分析系统总体与局部的反馈机制；划分系统的层次与子块；分析系统的变量及变量间的关系，定义变量（包括常数），确定变量的种类及主要变量；确定回路及回路间的反馈耦合关系；初步确定系统的主回路及其性质；分析主回路随时间转移的可能性。

（3）构造规范模型。画出流程图；建立状态、速率、辅助、常数（L、R、A、C）诸变量方程并给变量赋初值；确定与估计参数。

（4）模型模拟及有效性检验。以系统动力学的理论为指导进行模型模拟与政策分析，更深入地剖析系统；修改模型，包括结构与参数的修改。

（5）政策分析，提出建议。

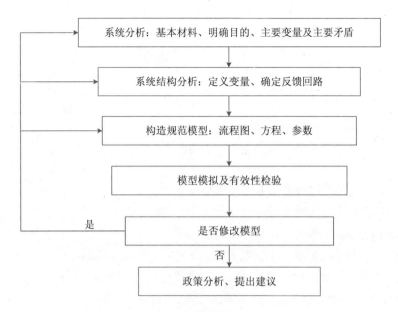

图 3-5　系统动力学解决问题的步骤

3.4.6　系统动力学的应用软件

系统动力学有专门的计算机模拟语言和软件。DYNAMO 是一种计算机模型语言，是 Dynamic Models 的混合缩写。它命名的含义在于建立真实系统的模型，借助计算机进行系统结构、功能与动态行为的模拟。用 DYNAMO 写成的反馈系统模型经计算机进行模拟，可以得到随时间连续变化的系统图像[134]。

随着系统动力学在许多领域的广泛应用，其模拟方法不断更新，在 20 世纪 80 年代涌现出一批系统动力学专用模拟分析软件，如：Stella、Vensim、Powersim 等。其中 Vensim 是最有代表性的一种。Vensim 是一个可视化应用软件，由美国 Ventata Systems Inc.公司开发，主要用于政府决策，可以在 Windows 下运行。它具有以下特点[135]：

（1）该软件利用图示化编程建立模型，只要在模型建立窗口画出流图，再通过公式编辑器输入方程和参数，模型就完成了。

（2）Vensim 提供对模型的结构分析和数据集分析。其中结构分析包括原因树分析、结果树分析和反馈信息。当程序运行后，通过原因树和结果树的分析，可以对数据进行统计处理，列出图表，便于数据对比分析。

（3）提供真实性功能。可以在模型建立后，对于所研究的系统，依据常识和一些基本原则，提出对其正确性的基本要求，作为真实性约束加到建好的模型中，模型在运行时可对于这些约束的遵守情况自动记录和判别。由此可以判断模型的合理性与真实性，从而调整结构或参数。

（4）可以在中文 Windows 下实现完全的模型汉化，模型流图、变量、运行结果、分析结果均由中文表达。

3.4.7　系统动力学在环境经济效应分析中的应用

系统动力学可以有效地将不同系统要素纳入一个统一的框架下，综合分析它们的相互作用，这能够为全面了解环境问题并为环境可持续发展的相关政策提供帮助。系统动力学方法被广泛应用于很多领域，包括全球环境可持续发展[136, 137]、区域可持续发展问题[138]、环境管理[139, 140]、水资源规划[141]、生态建模[142]。系统动力学方法包括明确考虑系统信息回馈过程的动态模拟模型，这类模型能够从整体上将系统要素层面的知识合并入系统行为模拟中，这有助于为管理系统和社会系统提供分析和决策支持。自系统动力学诞生以来，其被应用于很多环境研究。

（1）水资源管理与评价

申碧峰（1995）以北京市为例，运用系统动力学和投入产出方法建立数学模型，融社会、经济、水资源和环境于一个整体之中，从系统内部的微观结构着手来预测和分析北京市水资源供需矛盾给经济发展及社会环境带来的影响[143]。高岩春（1997）提出合理的区域水资源开发战略是区域经济和生态环境可持续发展的根本条件，并以汉中流域为例，通过对区域水资源系统的系统分析，建立了系统动力学模型，并根据模型建立了不同的开发方案，最后通过对不同方案的多目标的评价，优选出区域水资源系统开发的最佳方案和配套政策[144]。杨建强（1999）应用系统动力学的原理与方法，以吉林省西部平原重点农业区乾安县为对象，建立了该区水资源可持续利用的系统动力学仿真模型，经过对政策仿真模拟对比，提出了符合本区经济发展的最佳方案[145]。Simonovic（2002）以第三世界模型为基本模型，建立了全球水资源系统动力学模型，研究了世界范围内用水状况与工业发展间的关系，并指出水污染是水资源危机面临的一个重要问题[146]。袁汝华（2007）等以广东省北江下游影响区为研究范围，建立区域水资源供需的系统动力学模型，并进行了动态仿真模拟[147]。孙才志（2011）等建立辽宁省海岸带水资源承载力系统动力学模型，并模拟了辽宁省海岸带 2005—2020 年水资源承载力的动态变化，提出提高辽宁省海岸带水资源承载力的可行方案[148]。

（2）环境影响评价分析

吴贻名（2000）分析了利用系统动力学模型进行累积影响评价的效果。实例研究表明，系统动力学模型能较好地反映环境影响的动态变化过程，在空间累积效应的评价方面也有一定作用，是进行累积影响评价的有效方法[149]。童玉芬（2003）以新疆塔里木河流域为例，建立了该流域人口变动与生态环境退化的系统动力学模型。在对模型进行有效性检验的基础上，演示了该流域近 20 年来源流段、上中游段和下游段各种不同人口变动条件下下游出现的各种生态环境后果，并与实际的生态环境现状进行了对比[150]。张妍（2003）采用系统动力学方法对长春市产业结构环境影响进行仿真模拟研究，从人口、资本、环境三个方面对长春市产业结构环境影响进行系统集成，模拟其动态变化趋势[151]。周世星（2005）以川南某县县城总体规划为例，运用系统动力学模型对规划实施过程中环境影响进行模拟、分析和评价，这是将系统动力学模型应用在相对微观地域上的一次尝试[152]。王向华（2008）在系统分析规划环境影响发生机理的基础上，提出将系统动力学作为规划（区域发展及行业发展规划）与承载系统（能源资源、淡水资源、耕地资源、矿产资源、生物资源）的动态连接工具，给出系统动力学与规划环评相融合的方法学框架并给出了具体实施步骤，建立基于系统动力学的规划环评方法体系和系统评估模型[153]。陈书忠（2010）将基于信息反馈控制理论的系统动力学引入城市环境影响模拟中，构建城市环境、社会、经济之间的系统动力学模型，通过调整环保投入、科技投入、经济增长速率以及单位能耗等系统变量，对武汉市未来发展的主要污染物（SO_2、COD）排放量和主要资源消耗量（能源、水）等进行了四种情景动态模拟[154]。都小尚（2011）采用情景分析和系统动力学模型相结合的方法，模拟、分析和评价区域规划在时间和空间尺度上的累积环境影响，并以郑州航空港地区总体规划为例，开展了评价区域环境空气和地表水环境质量的累积环境影响评价和预警实证研究[155]。林燕芬（2011）采用基于元胞自动机的 SLEUTH 模型与系统动力学模型相耦合，模拟了三个情景设置（基础情景、生态优先情景和道路交通规划引导情景）下 2005—2020 年城市拓展及其对环境的影响[156]。

（3）自然资源环境承载力评价

杨秀杰（2005）在分析影响生态安全承载力因素基础上建立了系统动力学模型。并根据云阳县发展现状及未来发展的趋势，拟定了三种方案，通过模拟仿真结果判断云阳县的生态安全变化趋势[157]。车越（2006）以上海崇明岛为例，运用水资源承载力多幕景系统动力学仿真模型，动态模拟了水不同水资源策略对经济社会的承载能力，得出不同水平年崇明岛水资源承载能力，分析水环境对经济社会发展的响应；结合崇明岛未来经济社会发展目标，计算崇明岛水资源对经济社会发展目标的承载力指数，得到提高崇明岛水资源承载力的优化策略[158]。拓学森（2006）根据民勤县生态环境和水土资源开发利用的特点，建立了民勤县水土资源承载力系统动力学模型，在不同的系统状态下，模拟了民勤县 2005—2025 年水土资源承载力的变化趋势，并根据模拟结果提出了提高民勤县水土资源承载力的对策[159]。李天宏（2006）以玛纳斯河流域为例，在分析流域内人类活动、经济发展与生态环境耦合关系，以及绿洲与荒漠系统之间相互影响的基础上，建立系统动力学模型模拟了绿洲-荒漠系统互馈关系，重点考察了水资源变化、经济发展和生态环境之间的变化关系，模拟了 2000—2020 年社会经济发展和水资源的需求状况。莫淑红（2007）以西北地区城市宝鸡市为例，将水环境承载力系统分解为水资源、水污染、工业、农业和人口 5 个子系统，运用系统动力学方法与向量模法相结合，建立了区域水环境承载力的系统动力学仿真模型。通过多个方案仿真，比较优选出适合宝鸡市发展的最佳方案[160]。王俭（2009）应用系统动力学方法建立了水环境承载力模型，并结合层次分析法和向量模法，模拟了辽宁省水环境系统的动态变化，预测了2000—2050 年辽宁省水环境在不同发展方案下的承载能力。结果表明：只有将开源、节流、治污、减排等多种手段相结合，才能有效提高辽宁省水环境承载能力，促进该地区经济、社会和环境的协调发展[161]。韦静（2009）以《博鳌亚洲论坛特别规划区总体规划（2005—2020）》为例，采用系统动力学方法，以生态承载力利用系数 k 来表示生态承载力对区域生态足迹的约束，建立了生态承载力约束下的区域生态足迹系统动力学模型，研究表明，规划实施后，生产用地面积的缩减、人口的迅速增长和消费水平的提高将使案例区出现严重的生态赤字[162]。孙才志（2011）建立水资源承载力系统动力学模型，在现状发展型、经济为主型、节水为主型和持续发展型 4 种方案下，模拟辽宁省海岸带 2005—2020 年水资源承载力的动态变化。结果表明，持续发展型是提高辽宁省海岸带水资源承载力的可行方案，在实施该方案的同时，应重点开发利用非常规水资源，实现水资源、社会经济和生态环境的持续发展[148]。

（4）节能减排模拟与预测

秦钟（2008）在研究我国现阶段能源消费和人口、经济发展现状的基础上，运用系统动力学模型预测了我国能源需求和 SO_2 排放量，提出能源发展和削减 SO_2 排放量的设想和对策[163]。强瑞（2010）利用系统动力学的思想与方法，选择大气 SO_2 污染存量、固体废弃物存量、水污染 COD 存量作为代表性指标，选择企业废水排放量、万元投资固废处理量、万元 SO_2 处理量、万元污水处理量为政策变量构建企业节能减排系统的模型，并以某铸造厂为案例进行仿真分析[164]。佟贺丰（2010）通过构建的系统动力学模型，预测和分析了我国未来 20 年的水泥行业的产量、能源消耗、CO_2 排放。将模型的仿真结果与历史数据对比可以发现具有较好的拟合度。根据仿真结果，我国水泥产量将在 2015 年前后达到顶峰，约为 17 亿 t；能源消耗在 2010 年达到峰值，约为 1.98 亿 t 标准煤；CO_2 排放量将在 2012 年前后达到高峰，约为 11.5 亿 t[165]。黄飞（2012）以煤炭矿区为研究对象，引入系统动力学模型，以典型煤炭矿区——郑煤超化矿为案例，对煤炭矿区节能减排进行仿真模拟。通过仿真结果分析了矿区物耗、电耗和原煤消耗这三种主要能耗，以及废水、固废、SO_2、烟尘和粉尘这五种主要污染物的产生量、治理量和排放量。并系统论述了它们与原煤产量之间的关系[166]。刘丽娟（2012）在系统分析火电企业节能减排系统结构的基础上，构建火电企业节能减排的系统动力学模型；以某发电企业二期工程为实例，通过设定煤炭价格、上网电价、容量利用小时数、发电煤耗、厂用电率等为调控参数对火电企业的节能减排情况进行模拟调控[167]。

（5）环境经济协调发展

汤万金（2000）将可持续发展思想与动力学模拟方法相结合，在系统地分析矿区 REES 系统结构的基础上，构建了矿区 REES 系统动力学模型，并以铁法矿区为例论述了矿区 REES 系统的模拟和调控等有关问题[168]。李林红（2002）根据包含了污染排放及治理、水资源使用等数据的昆明市环境保护投入产出表，建立了一个系统动力学模型，该模型可用来仿真滇池流域环境经济的相互影响关系及发展规律，结合经济、环境、资源管理者的经验，通过反复模拟寻求合理的发展及污染治理水平[169]。蔡玲如（2009）用系统动力学建立环境污染管理问题中政府管理部门与生产排污企业之间的一个混合战略演化博弈模型。仿真结果表明：非对称结构的 2×2 混合策略演化博弈模型不存在演化均衡。从监管部门的角度出发，应改变博弈支付矩阵在演化博弈过程始终保持不变的情况，在博弈支付矩阵中考虑动态惩罚策略[170]。李树奎（2009）在深入分析西安市 PRED 系统的组成因素及其反馈关系的基础上，运用系统动力学构造出该市 PRED 系统模型。以模型为基础，建立西安市 PRED 系统协调发展的三种方案，即无为方案、环境治理方案、综合治理方案。并采用 Vensim PLE 软件进行系统仿真，以获取 2020 年末 3 种模拟方案的仿真结果[171]。谭玲玲（2011）在分析了低碳经济系统复杂结构特征及动态反馈关系的基础上，建立了低碳经济系统动力学模型并进行了仿真模拟，研究表明：技术进步、产业调节政策对降低碳排放具有显著影响，提高能源效率是低碳发展的重要举措，制度建设是低碳发展的基础措施。从政策层面上，应通过调整能源结构，发展新能源和可再生能源[172]。张子珩（2010）根据乌海市目前人口、经济与资源环境之间的基本关系特征，构建了可持续发展的系统动力学模型。模型仿真结果显示：如果乌海市目前人口、经济与资源环境之间的主要结构特征保持不变，那么未来即使技术不断进步，煤炭资源存量也将以几乎稳定的速率逐渐减少，水资源透支总量显著增大；而总人口在经历一段时期增长后，将表现出与资源型城市衰退相伴随的逐渐减少的变化趋势[173]。袁绪英（2011）根据漯水河流域的自然与社会经济特点，构建经济环境协调发展系统动力学模型，模型主要参数包括人口、GDP、城市化水平、产业结构、水资源可利用量、水环境容量等。通过设计三种不同情景，得出经济与环境协调发展情景为最优方案[174]。

第4章 污染减排的经济效应测算模型

污染减排通过污染减排投入（投资、运行费）和产业结构减排（淘汰落后产能）两个方面影响经济发展和经济结构的调整和优化，因此，本章首先介绍了污染减排经济效应测算的基本思路，在投入产出模型基础上构建了污染减排经济效应测算模型体系。这其中包括构建包含环境治理部门的环境经济投入产出表，构建污染减排投资和运行费贡献度测算模型、结构减排贡献度测算模型以及产业结构优化贡献测算模型等。通过建立的模型体系，可以应用于典型区域、流域、城市群、重点行业等，实现对污染减排经济效应的实证分析。

4.1 模型构建的基本思路

4.1.1 污染减排对经济贡献的主要途径

污染减排对经济贡献的途径，即能通过哪些方式、措施或手段来优化经济增长，包括淘汰落后产能、治理工程、加大污染减排投入、排污收费、制定排放标准等因素。

根据美国经济学家提出的"索洛"生产函数，经济增长的来源分为 3 个要素：资本积累、劳动力投入和全要素生产率提高。污染减排对经济的贡献主要是通过资本积累和全要素生产率提高（技术进步和资源效率、利用率提高）来实现的，劳动力投入占很小一部分。污染减排的各项措施，包括立法、标准、管理、执法等，这些措施促进了资源利用效率的提高和生产技术的进步，同时环保投入还增进了资本积累。

在本书中，为缩小环境保护活动范围，同时为便于定量化研究和增强针对性，主要选择两种环境保护活动：一是污染减排投入，包括污染治理投资和污染治理运行费用；二是结构性污染减排措施，即淘汰落后产能。以"十一五"即 2006—2010 年的环保投入和淘汰落后产能数据为基础进行研究（具体数据见实证分析）。

4.1.2 污染减排对经济贡献分析的主要指标

污染减排对经济增长贡献的主要指标，即是指污染减排措施对经济社会环境产生的"效果"或"效益"。由于环境保护投入的增加，可避免污染物排放带来的环境污染损失，是环境保护投入"环境效益"的体现，这部分是绿色 GDP 核算的主要内容。另外，环境保护投入还会对社会经济产生影响，促进国民经济增长，促进就业增加等，这些是环境保护投入的"社会经济溢出效益"。本书主要从社会经济的角度研究环境保护产生的溢出效益。

优化经济增长的贡献度指标（社会经济效益指标）为：①总量指标，包括对总产出、国内生产总值（GDP）或产业增加值的贡献、对就业的影响、对利税的影响、对居民收入的影响等 5 个方面；②质量指标，包括三次产业结构优化系数和重点工业行业结构优化系数两个方面。

4.1.3 环保投入对经济贡献的基本原理

4.1.3.1 污染减排投资的乘数作用原理

社会投资对经济增长的贡献既有供给效应，又有需求效应。供给效应主要是指投资能增加有效供给，实现生产规模和生产能力的增加，从而提高有效供给，促进经济增长；投资的需求效应是指投资扩张使需求发生连锁式增加，带动生产资料等相关产业的发展，生产资料等行业的发展又会带动就业的增加，提高收入水平，刺激消费等。

污染减排投资作为一类相对独立而又比较特殊的国民经济和社会发展投资，既具有与一般固定资产投资相同的性质，又具有不同于一般固定资产投资的特殊性质。尤其在投资效益方面，两者差别较大，主要表现在：①环境保护投资的主体与利益获取者往往不一致，环境保护投资的效益主要不表现在投资部门本身，而表现在环境保护投资区域内的工业、农业、社会福利事业等各个领域，表现在整个社会。②环境保护投资效益主要体现在环境效益和社会效益上，经济效益并不明显。但据国内外有关专家研究，环境保护投资不但不会影响社会的整体利益，而且还会促进经济的发展。③环境保护投资对经济影响的机理与其他投资不一样，其对国民经济的影响主要是需求效应而不是供给效应，它对国民经济的贡献主要是通过拉动需求，带动生产资料等相关产业的发展，并通过收入的增减变化，刺激消费的增长，从而促进经济的增长。

环境保护投资对需求的拉动作用具有乘数效应（图 4-1）。在图中，ΔY 表示收入的增量，ΔI 表示投资的增量，当投资增加了 ME_1，投资曲线由 I_0I_0 上升到 I_1I_1，此刻收入的增加量 Y_0Y_1 是投资增加量 ME_1 的倍数；当投资减少了 NE_0，投资曲线由 I_0I_0 下降为 I_2I_2，此时，收入减少量 Y_0Y_2 是投资减少量 NE_0 的倍数。在投资的乘数原理中，投资与收入的函数关系表达式为：

$$Y = (\alpha + I)/(1 - \beta) \tag{4-1}$$

式中，α、β 分别表示自发性消费和边际消费倾向。若用 δ 表示 $\alpha/(1-\beta)$，用 $k = 1/(1-\beta)$ 为投资乘数，则上式表示为：

$$Y = \delta + kI \tag{4-2}$$

投资乘数反映着经济系统的潜在投资效率，其效应一般来讲需要数月乃至更长一段时间才能显示出来，要使投资的乘数效应全部显示出来，需要的时间更长。

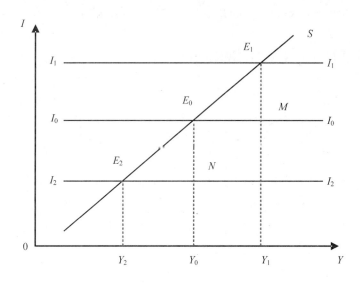

图 4-1　污染减排投资乘数的作用原理

4.1.3.2　污染减排运行费用对经济作用原理

与环境保护投资对经济的作用原理不同的是，污染治理的运行费用，如消耗电力、化学试剂和其他材料，加大了产品生产的中间消耗，减少了增加值和利税，对经济增长造成负面影响。对于为污染治理运行提供电力、化学试剂和其他材料的行业来讲，扩大了需求，也有正面影响。但是总体上，污染治理运行的中间消耗对 GDP 的影响是负值。虽然，污染治理的运行增加的中间消耗对 GDP 或增加值是负面影响，但增加的劳动工资支出和折旧对 GDP 或增加值却是正面影响，而污染治理运行增加的中间消耗、工资支出和折旧对利税的影响都是负面影响。

4.1.3.3　产业结构调整（淘汰落后产能）对经济作用的基本原理

根据国家《节能减排综合性工作方案》，污染减排措施包括工程减排、结构减排和管理减排，考虑到工程减排措施对经济增长的影响可以放在环保投入对经济的影响中进行研究，管理减排措施对经济的影响目前还无法进行定量化研究，因此，本研究中污染减排措施只考虑结构减排措施，即淘汰落后生产能力对优化经济增长的影响。研究淘汰落后生产能力对相关产业的 SO_2 和 COD 的减排影响，进而构建环境经济投入产出模型分析这些减排的产业部门与国民经济其他各部门的产业关联关系，分析其对国民经济的影响。

从经济总量上看，淘汰落后生产能力，必将对社会总产出和各部门产出、国内生产总值（GDP）、各部门的中间投入、利税以及就业等造成较大负面影响，但同时，淘汰落后产能必将优化产业结构，降低资源能源消耗和污染物排放，最终将优化经济增长质量。因此，本书对污染减排措施优化经济增长的贡献度进行的研究，主要从优化经济增长的质量角度进行，通过建立经济增长质量评估指标和环境经济投入产出模型，对污染减排政策（淘汰落后生产能力）的实施效果进行定量分析和评估。

4.2 环境经济投入产出表的构建

为了研究污染减排措施（淘汰落后产能、污染减排投入）对社会经济发展的贡献，需在一般投入产出表基础上构建环境-经济投入产出表。一方面，在最终使用中将污染减排投资从资本形成总额中拆分出来，并按照我国环保投资的分类分为污染减排投资和其他最终使用。另一方面，在第一象限的中间矩阵中拆分出两个虚拟的污染治理部门，分别为水污染治理、大气污染治理。其中，污染治理部门的行向分别代表生产最终产品需要投入的污染治理费用，其数据来源于环境统计年报中废水和废气治理运行费；列向分别代表污染治理部门对生产部门产品的消耗，其数据来源于实际测算数据。表 4-1 是本研究构建的环境-经济投入产出表基本框架。

表 4-1　环境-经济投入产出表基本框架

			中间使用				中间使用		最终使用		总使用
			生产部门				环境治理部门		污染治理投资	其他最终使用	
			1	2	...	n	废水	废气			
中间投入	生产部门	1	x_{11}	x_{12}	...	x_{1n}	e_{11}	e_{12}	r_1	w_1	x_1
		2	x_{21}	x_{22}	...	x_{2n}	e_{21}	e_{22}	r_2	w_2	x_2
		...	...	...	...	...	...	...	...	...	...
		n	x_{n1}	x_{n2}	...	x_{nn}	e_{n1}	e_{n2}	r_n	w_n	x_n
	污染治理部门	废水	k_{11}	k_{12}	...	k_{1n}	h_{11}	h_{12}	z_1	$\bar{w}_1$	$\bar{x}_1$
		废气	k_{21}	k_{22}	...	k_{2n}	h_{21}	h_{22}	z_2	$\bar{w}_2$	$\bar{x}_2$
最初投入	劳动者报酬		v_1	v_2		v_n	$\bar{v}_1$	$\bar{v}_2$			
	生产税净额		p_1	p_2		p_n	$\bar{p}_1$	$\bar{p}_2$			
	固定资产折旧		d_1	d_2		d_n	$\bar{d}_1$	$\bar{d}_2$			
	营业盈余		m_1	m_2		m_n	$\bar{m}_1$	$\bar{m}_2$			
	增加值		n_1	n_2		n_n	$\bar{n}_1$	$\bar{n}_2$			
总投入			x_1	x_2		x_n	$\bar{x}_1$	$\bar{x}_2$			

资料来源：参考刘起运、廖明球等[59, 175]，作者编制整理。

表中，x_{ij}——第 j 生产部门生产过程中消耗第 i 生产部门产品价值量；

$\quad\quad e_{ij}$——第 j 个污染治理部门在消除污染过程中所消耗的第 i 部门产品价值量；

$\quad\quad k_{ij}$——第 j 生产部门生产过程中需要第 i 污染治理部门投入的污染治理运行费；

$\quad\quad h_{ij}$——第 j 污染治理部门在消除污染过程中需要第 i 污染治理部门投入的污染治理运行费；

$\quad\quad r_i$——第 i 生产部门生产的最终产品用于减排投资的产品价值量；

$\quad\quad z_i$——第 i 污染治理部门的最终产品用于减排投资的价值量；

$\quad\quad w_i$——第 i 生产部门的最终产品用于其他最终需求的价值量；

$\quad\quad \bar{w}_i$——第 i 污染治理部门的最终产品用于其他最终需求的价值量；

v_j、$\overline{v}_j$——第 j 生产部门和第 j 污染治理部门劳动报酬项；

p_j、$\overline{p}_j$——第 j 生产部门和第 j 污染治理部门生产税净额项；

d_j、$\overline{d}_j$——第 j 生产部门和第 j 污染治理部门固定资产折旧项；

m_j、$\overline{m}_j$——第 j 生产部门和第 j 污染治理部门营业盈余项；

n_j、$\overline{n}_j$——第 j 生产部门和第 j 污染治理部门增加值项；

x_j——第 j 生产部门总产出项；

$\overline{x}_j$——第 i 污染治理部门污染治理运行费总量。

从表 4-1 的水平方向来看，有两组平衡方程，一组是生产部门产品的生产与消耗的平衡方程，其中包括污染减排运行费在中间流量矩阵中对生产部门的中间产品消耗以及污染减排投资在最终产品中对生产部门最终产品的消耗需求；另一组是污染减排运行费的形成方程，其中包括污染治理部门对生产部门的运行费投入以及对最终产品领域运行费的投入。即：

$$\sum_j x_{ij} + \sum_j e_{ij} + \sum_j r_{ij} + w_i = x_i \qquad i = 1, 2, \cdots, n \qquad (4\text{-}3)$$

$$\sum_j k_{ij} + \sum_j h_{ij} + \sum_j z_{ij} + \overline{w}_i = \overline{x}_i \qquad i = 1, 2 \qquad (4\text{-}4)$$

式（4-3）说明各生产部门生产的产品除用于其他生产部门中间使用以及其他最终使用外，还要用于污染治理部门的中间消耗以及污染减排投资使用。式（4-4）说明各污染治理部门治理污染的运行费用投入主要用于生产部门的污染治理以及最终需求领域的污染治理。

从表 4-1 的垂直方向来看，同样也有两组平衡方程，一组是生产部门产品的生产与投入的平衡方程；另一组环境治理部门消除污染以及对其他部门产品消耗的平衡方程。即：

$$\sum_i x_{ij} + \sum_i k_{ij} + n_j = x_j \qquad i = 1, 2, \cdots, n \qquad (4\text{-}5)$$

$$\sum_i e_{ij} + \sum_i h_{ij} + \overline{n}_j = \overline{x}_j \qquad i = 1, 2 \qquad (4\text{-}6)$$

式（4-5）说明各生产部门生产产品除需要其他生产部门为其提供中间原料以及初始投入为其投入劳动报酬、税收、固定资产折旧等外，还需要污染治理部门为其投入污染治理运行费用于其生产产品过程中产生的污染物。式（4-6）说明各污染治理部门为了完成治理污染的工作任务，不仅需要各生产部门为其提供中间原料，如电力、试剂、专用去污设备等，还需要污染治理部门为其提供运行费用以及最初投入领域为其提供人工、设备维护以及税收等要素。

4.3　污染减排投入贡献度测算模型

4.3.1　污染减排投资贡献度测算模型

根据宏观经济学理论可知，污染减排投资将会引起最终产品需求增加，从而对国民经济产生拉动作用。利用环境经济投入产出模型可以从最终产品产量的变化来测算污染减排投资对国民经济（总产出、GDP、居民收入和就业）的影响。

（1）总产出贡献度基本模型

以 $a_{ij}=x_{ij}/x_j$ 表示生产部门的直接消耗系数，以 $\hat{e}_{ij}=e_{ij}/\bar{x}_j$ 表示污染治理部门的消耗系数；以 $\hat{k}_{ij}=k_{ij}/x_j$ 表示各生产部门污染治理费投入系数；以 $\hat{h}_{ij}=h_{ij}/\bar{x}_j$ 表示各污染治理部门污染治理费投入系数。设定：

$$\overset{e}{a}_{ij}=\begin{pmatrix} a_{28\times28} & \hat{e}_{28\times2} \\ \hat{k}_{2\times28} & \hat{h}_{2\times2} \end{pmatrix}(i,j=1,2,\cdots,24) \tag{4-7}$$

$$\overset{e}{y}_{ij}=\begin{pmatrix} r_{28\times2} \\ z_{2\times2} \end{pmatrix}(i=1,2,\cdots,24;j=1,2) \tag{4-8}$$

$$\overset{e}{x}_i=\begin{pmatrix} x_{28\times1} \\ \bar{x}_{2\times1} \end{pmatrix}=\begin{pmatrix} x_{1\times28} & \bar{x}_{1\times2} \end{pmatrix}^T=\overset{e}{x}_j\ (i,j=1,2,\cdots,24) \tag{4-9}$$

$$\overset{e}{w}_{ij}=\begin{pmatrix} w_{28\times1} \\ \bar{w}_{2\times1} \end{pmatrix}(i=1,2,\cdots,24;j=1) \tag{4-10}$$

在式（4-3）的基础上可以按照行向构建模型：

$$\sum_{j=1}^{28}\overset{e}{a}_{ij}\times\overset{e}{x}_j+\sum_{j=1}^{2}\overset{e}{y}_{ij}=\overset{e}{x}_i\ (i=1,2,\cdots,24) \tag{4-11}$$

可进一步写成矩阵式：

$$\overset{e}{A}\overset{e}{X}+\overset{e}{Y}=\overset{e}{X}\ 以及\ \overset{e}{X}=(I-\overset{e}{A})^{-1}\overset{e}{Y} \tag{4-12}$$

进一步，我们可以得到

$$\Delta\overset{e}{X}=(I-\overset{e}{A})^{-1}\Delta\overset{e}{Y} \tag{4-13}$$

式中，$\Delta\overset{e}{X}$ ——污染减排投资引起总产出变化量；

　　$\overset{e}{A}$ ——加入环境污染治理部门的直接消耗矩阵；

　　$\Delta\overset{e}{Y}$ ——污染减排投资变化量所引起的最终产品的变化量。

式（4-13）表示污染减排投资引起的最终产品的变化量 $\Delta\overset{e}{Y}$ 所引起的国民经济总产出 $\Delta\overset{e}{X}$ 的变化情况。上述模型表明了污染减排投资对国民经济总产出的拉动作用。

（2）增加值（GDP）贡献度基本模型

由于增加值是国民总产出减去中间产出的剩余值，如果假设各产业部门增加值占其总产出的比例保持不变的话，污染减排投资导致总产出的变化同样会引起增加值的变化，这样可以通过总产出间接测算出污染减排投资对增加值的贡献度。在此引入增加值系数为 $N_j=n_j/x_j,j=1,2,\cdots,n$，其中 N_j 为第 j 部门的增加值系数，n_j 为第 j 部门的增加值，x_j 为第 j 部门的总产出。设 $\hat{N}$ 为增加值系数的对角矩阵向量，那么可以得到：

$$\overset{e}{N} = \hat{N}\overset{e}{X} = \hat{N}(I - \overset{e}{A})^{-1}\overset{e}{Y} \qquad (4\text{-}14)$$

式（4-14）揭示了污染减排投资与增加值（GDP）之间的数量关系，其中 $\overset{e}{N}$ 为列向量矩阵，表示由于污染减排投资 $\Delta\overset{e}{Y}$ 引起的各行业部门增加值的变化量 $\Delta\overset{e}{N}$，即污染减排投资对 GDP 变化的贡献度。

（3）居民收入贡献度基本模型

经济部门的生产过程既是对燃料动力、原材料、服务的消耗过程，同样也是对劳动力的消耗过程。对劳动力消耗的多少可以用支付劳动报酬的数量或劳动者的劳动收入来反映。因此，在创造生产需求的同时，也就增加了居民收入。依据增加最终产品→扩大生产规模→增加居民收入的内在逻辑关系，可以定量地计算污染减排中加大污染治理投资对国民经济所产生的收入影响。

在此引入劳动者报酬系数：$V_j = v_j / x_j, j = 1, 2, \cdots, n$，其中 V_j 为第 j 部门的劳动者报酬系数，表明各行业部门劳动报酬占总产出的比重。v_j 为第 j 部门的劳动报酬，x_j 为第 j 部门的总产出。设 $\hat{V}$ 为劳动者报酬系数的对角矩阵向量，那么可以得到：

$$\overset{e}{V} = \hat{V}\overset{e}{X} = \hat{V}(I - \overset{e}{A})^{-1}\overset{e}{Y} \qquad (4\text{-}15)$$

式（4-15）揭示了污染减排投资与居民收入之间的数量关系，其中 $\overset{e}{V}$ 为列向量矩阵，表示由于污染减排投资 $\Delta\overset{e}{Y}$ 引起的各行业部门居民收入的变化量 $\Delta\overset{e}{V}$，即污染减排对居民收入变化的贡献度。

（4）就业贡献度基本模型

污染减排的就业贡献度是从劳动力占用的角度反映增加污染减排措施对国民经济所产生的就业需求变动量。计算就业贡献度的前提假设是：各部门千元总产出占用的劳动力数量在短期内是基本稳定的。那么，由污染减排投资导致最终产品需求变化就会引起全社会总产出的变化，进而引起劳动力数量的相应变化，即增加环保投资→增加最终产品需求→扩大生产规模→增加劳动力需求。

在此引入劳动力投入系数：$L_j = l_j / x_j, j = 1, 2, \cdots, n$，其中 L_j 为第 j 部门的劳动力投入系数，表明各行业部门万元总产出需要投入的劳动力数量[人/（万元·年）]。l_j 为第 j 部门的劳动力数量，x_j 为第 j 部门的总产出。设 $\hat{L}$ 为劳动力投入系数的对角矩阵向量，那么可以得到：

$$\overset{e}{L} = \hat{L}\overset{e}{X} = \hat{L}(I - \overset{e}{A})^{-1}\overset{e}{Y} \qquad (4\text{-}16)$$

式（4-16）揭示了污染减排与劳动力就业之间的数量关系，其中 $\overset{e}{L}$ 为列向量矩阵，表示由于污染减排投资 $\Delta\overset{e}{Y}$ 引起的各行业部门劳动力就业的变化量 $\Delta\overset{e}{L}$，即污染减排投资对劳动力就业的贡献度。

（5）总产出贡献度扩展模型

在基本模型中只考虑了污染减排投资导致的最终产出变化在生产领域内对国民经济各部门直接贡献作用和间接贡献作用，而不包括消费领域中由污染减排投资引起的居民消费变化对生产领域国民经济各生产部门再次的诱发贡献作用。实际上，在我国现阶段，这种由居民消费引起的诱发作用有时是不可忽视，甚至是相当重要的，其对国民经济的影响占有相当的比重，影响的地域范围和行业范围更加广泛，持续时间更长。

因此，本研究将对测算基本模型进行扩展，使其能够反映居民消费的诱发贡献效应。在此，需要引进其他相关系数，并在测算诱发贡献效应时扣除居民消费的经济漏损。一般主要有三种漏损：储蓄、税收和进口[176]。因此，在进行污染减排区域经济贡献效应分析时需要扣除相应的漏损，使分析结果更加科学合理。

在此需要引入以下系数和参数：

①居民直接消费系数——$F_i = \dfrac{f_i}{\sum\limits_i f_i}, i = 1, 2, \cdots, n$

式中，f_i 为环境投入产出表中第 i 部门居民消费。表明居民对各部门最终产品的消费比重。

②最终产品国内满足率——$h_i = \dfrac{y_i}{x_i}, i = 1, 2, \cdots, n$

式中，h_i 为环境投入产出表中第 i 部门最终产品国内满足率，y_i 和 x_i 分别为第 i 部门最终产品和总产品。利用最终产品国内满足率可以去除进口漏损。

③边际消费倾向——$C = \dfrac{\Delta \text{CSM}}{\Delta \text{ICM}}$

式中，ΔCSM 表示居民消费支出增量；ΔICM 表示居民收入增量。边际消费倾向（C）表示收入增加一个单位时，消费支出增加的数量，也就是消费增量占收入增量的比例。它的数值通常是大于 0 而小于 1 的正数，这表明，消费是随收入增加而相应增加的，但消费增加的幅度低于收入增加的幅度，即边际消费倾向是随着收入的增加而递减的。利用边际消费倾向可以去除储蓄漏损。

④边际税收倾向——$t = \dfrac{\Delta \text{TAX}}{\Delta \text{ICM}}$

式中，t 表示边际税收倾向，或称边际税率，它是指收入增量 ΔICM 与其引致的税收增量 ΔTAX 的比率，利用边际税收倾向可以去除税收漏损。

在式（4-13）的基础上，可以获得污染减排（投资、淘汰落后产能）与各部门的劳动报酬关系。

$$\mathring{V} = C(1-t)\hat{V}\mathring{X} \tag{4-17}$$

式中，$\hat{V}$ 表示劳动报酬系数的对角矩阵，C 表示边际消费倾向，t 表示边际税收倾向。那么 $\mathring{V}$ 则表示剔除了储蓄和税收漏损后各行业部门可用于消费的劳动报酬向量。该行向量中的每个元素各自表示在存在闲置生产能力的条件下，假定劳动者报酬系数不变，污染减排对最终产品的变化经过生产部门内部的反馈，可能引起的该行业部门用于最终消费的居民收入增量。然后，引入最终产品国内满足率和居民直接消费系数，则得到公式（4-18）：

$$\overset{e}{Y_c} = C(1-t)\hat{h}Fi'\hat{V}\overset{e}{X} \tag{4-18}$$

式中，$\hat{h}$ 表示最终产品国内满足率对角矩阵，用于扣除进口漏损，$i' = (1,1,\cdots,1)$ 表示单位行向量，F 表示居民直接消费系数列向量，$\overset{e}{Y_c}$ 表示污染减排措施引起的居民最终消费变化量列向量。

消费、投资和出口是拉动经济增长的三驾马车。居民消费的变化同样会对国民经济增长具有较大影响作用，其同样适用于（4-13）。因此可以进一步获得最终消费的变化对经济（总产出）的影响作用。

$$\overset{e}{X}' = (I - \overset{e}{A})^{-1}\overset{e}{Y_c} = C(1-t)(I - \overset{e}{A})^{-1}\hat{h}Fi'\hat{V}\overset{e}{X} \tag{4-19}$$

式中，$\overset{e}{X}'$ 表示污染减排措施引起的第一轮国民总产出变化量引起的居民收入变化量转变为消费增量后，对国内生产体系形成反馈，所带动的总产出的新增加，即居民消费部门的诱发作用下的第二轮总产出增加。第二轮总产出增加同样会带来第二轮劳动报酬的增加，通过居民消费部门的诱发作用引起总产出的第三轮增长，从而带动居民收入新的一轮增加，生产（供给）与消费（需求）就这样互为条件，互相促进，这种生产—消费—生产的循环将继续进行下去，直至经济系统重新达到平衡[176]。可以继续用公式进行推导：

$$\overset{e}{\overline{X}} = \overset{e}{X} + \overset{e}{X}' + \overset{e}{X}'' + \cdots + \overset{e}{X}^n \tag{4-20}$$

式中，$\overset{e}{\overline{X}}$ 代表污染减排投资对总产出的总的贡献效应，$\overset{e}{X}$、$\overset{e}{X}'$、$\overset{e}{X}''$、$\overset{e}{X}^n$ 分别代表在消费诱发作用下污染减排投资对总产出的第 1、2、3 和 n 轮贡献效应。进一步可以得到

$$\overset{e}{\overline{X}} = (I - \overset{e}{A})^{-1}(\overset{e}{Y} + \overset{e}{Y_c} + \overset{e}{Y'_c} + \overset{e}{Y''_c} + \cdots + \overset{e}{Y^n_c}) \tag{4-21}$$

$$\overset{e}{\overline{X}} = (I - \overset{e}{A})^{-1}\{\overset{e}{Y} + C(1-t)\hat{h}Fi'\hat{V}(I - \overset{e}{A})^{-1}\overset{e}{Y} +$$

$$C(1-t)\hat{h}Fi'\hat{V}(I - \overset{e}{A})^{-1}C(1-t)\hat{h}Fi'\hat{V}(I - \overset{e}{A})^{-1}\overset{e}{Y} + \cdots\} \tag{4-22}$$

设定 $\overline{A} = (I - \overset{e}{A})^{-1}$，$\overline{B} = C(1-t)\hat{h}Fi'\hat{V}$，$\overline{K} = \overline{BA}$，则式（4-22）可以写为

$$\overset{e}{\overline{X}} = \overline{A}(I + \overline{K} + \overline{K}^2 + \cdots + \overline{K}^n)\overset{e}{Y} \tag{4-23}$$

式中，$(I + \overline{K} + \overline{K}^2 + \cdots + \overline{K}^n) = (I - \overline{K})(I + \overline{K} + \overline{K}^2 + \cdots + \overline{K}^n)(I - \overline{K})^{-1} = (I - \overline{K})^{-1}(I - \overline{K}^{n+1})$。

由于 $\overline{K}$ 中的元素均大于 0 小于 1，则随着 n 趋向于无限大，$\overline{K}^{n+1}$ 将趋向于 0，那么将得到 $(I + \overline{K} + \overline{K}^2 + \cdots + \overline{K}^n) = (I - \overline{K})^{-1}$，那么由公式（4-23）可以进一步推导出：

$$\overset{e}{\overline{X}} = \overline{A}(I - \overline{K})^{-1}\overset{e}{Y} \tag{4-24}$$

将 $\overline{A}$ 和 $\overline{K}$ 代入上式可得,

$$\overset{e}{X} = (I-\overset{e}{A})^{-1}(I-C(1-t)\hat{h}Fi'\hat{V}(I-\overset{e}{A})^{-1})^{-1}\overset{e}{Y} \qquad (4\text{-}25)$$

式（4-25）中就是考虑了居民消费的诱发贡献效应以及扣除经济漏损情况下污染减排投资 $\overset{e}{Y}$ 与国民经济总产出 $\overset{e}{X}$ 之间的相互作用关系的总产出贡献度扩展模型。这样可以测算出由于污染减排投资对最终需求的影响变化量（$\Delta\overset{e}{Y}$）而引起的国民经济总产出的变化量 $\Delta\overset{e}{X}$，也就是考虑消费诱发的污染减排对国民经济发展的贡献度。

（6）增加值、居民收入、就业贡献度扩展模型

与基本模型原理相同,增加值等贡献度扩展模型同样可以通过增加值系数、劳动者报酬系数以及劳动力投入系数等与总产出计算求得:

$$\overset{e}{N} = \hat{N}\overset{e}{X} = \hat{N}\overline{A}(I-\overline{B}\overline{A})^{-1}\overset{e}{Y} \qquad (4\text{-}26)$$

$$\overset{e}{V} = \hat{V}\overset{e}{X} = \hat{V}\overline{A}(I-\overline{B}\overline{A})^{-1}\overset{e}{Y} \qquad (4\text{-}27)$$

$$\overset{e}{L} = \hat{L}\overset{e}{X} = \hat{L}\overline{A}(I-\overline{B}\overline{A})^{-1}\overset{e}{Y} \qquad (4\text{-}28)$$

式中, $\overline{A}=(I-\overset{e}{A})^{-1}$, $\overline{B}=C(1-t)\hat{h}Fi'\hat{V}$。式（4-26）、式（4-27）、式（4-28）分别是考虑了居民消费的诱发贡献效应以及扣除经济漏损情况下污染减排投资 $\overset{e}{Y}$ 与增加值 $\overset{e}{N}$、居民收入 $\overset{e}{V}$ 和就业 $\overset{e}{L}$ 之间的相互作用关系的贡献度扩展模型。

4.3.2 污染减排运行费贡献度测算模型

污染减排运行费与污染减排投资对经济的贡献原理不同,污染减排投资主要是由于增加了最终需求从而引起经济总量及其他各方面的连锁反应,而污染减排运行费是指由于污染减排的需要,将部分最初投入（增加值）用于消耗电力、化学试剂以及其他材料等方面,加大了产品生产的中间消耗。这一方面将直接导致增加值以及居民收入的减少,对国民经济产生一定的负面影响;但另一方面又促进了电力、化学试剂等行业的生产,扩大了内需,从而间接地对国民经济产生正面影响。因此,在测算污染减排运行费的经济贡献度时,需综合考虑其正、负面影响,同时在测算正面影响时也应考虑正面影响的消费诱发贡献,最终基于本研究构建的环境-经济投入产出表,科学合理地测算污染减排运行费对经济的总贡献度。

污染减排运行费主要包括设备折旧、能源消耗、设备维修、人员工资、管理费、药剂费等几项内容,其中设备折旧、人员工资属增加值的内容,分别对应于投入产出表最初投入中劳动报酬和固定资产折旧等子项;而能源消耗（电力）、管理费以及设备维修则属于中间投入领域,分别对应于电力生产、环境管理以及通用、专用设备制造等行业,可以认为是将这些行业本属于最终使用领域的产品用于了中间消耗领域。

（1）直接贡献

从国民经济总产出来看,污染减排运行费就是将最终使用领域的产品用于了中间投入,从投入产出横向平衡关系来看,总产出保持不变。从增加值（GDP）来看,污染减

排运行费将本属于增加值的价值用于中间消耗领域，从而对增加值来说是减少的，减少量等于污染治理部门对各生产部门的消耗量，即环境投入产出表中的 e_{ij}。

设定 θ_{ij} 表示第 i 污染治理部门投入到第 j 生产部门的中间投入（能源消耗、管理费以及设备维修）占污染治理费总量的比重；其中 i 主要表示废水、废气环境治理部门。

$$\overset{e}{\dot{N}}_j = -\sum_{i=1}^{2} \theta_{ij} \times k_{ij} \quad j = 1, 2, \cdots, 28 \tag{4-29}$$

式中，$\overset{e}{\dot{N}}_j$ 表示第 j 生产部门污染减排运行费的投入对 GDP 的直接贡献度。

设定 $\hat{V}$ 代表第 j 生产部门劳动报酬占增加值的比重对角矩阵，$\hat{L}$ 表示第 j 生产部门平均劳动报酬向量，则

$$\overset{e}{\dot{V}} = \overset{e}{\dot{N}}\hat{V} , \quad \overset{e}{\dot{L}} = \overset{e}{\dot{V}}/\hat{L} \tag{4-30}$$

式中，$\overset{e}{\dot{V}}$、$\overset{e}{\dot{L}}$ 分别表示污染减排运行费投入对各生产部门居民收入和劳动就业的直接贡献。

（2）间接贡献

污染减排运行费的中间消耗部分用于购买电力、化学试剂、环境管理和设备维修等产品和服务，从而带动了相关行业部门的生产，对部门总产出具有促进带动作用，我们将这部分带动影响作为污染减排运行费的间接贡献。对这种间接贡献的测算与污染减排投资的贡献度测算类似，需要做一些修改。

根据 4.1 节中构建的环境-经济投入产出表，以 $a_{ij} = x_{ij}/x_j$ 表示生产部门的直接消耗系数；e_{i1}、e_{i2} 分别表示废水、废气治理部门在消除污染过程中所消耗的第 i 部门产品价值量。那么设定 A 表示生产部门直接消耗系数矩阵，E_1、E_2 表示废水、废气治理部门对生产部门消耗价值量列向量，可得

$$\overset{e}{\underset{\sim}{X}} = (I - A)^{-1}(E_1 + E_2) \tag{4-31}$$

式中，$\overset{e}{\underset{\sim}{X}}$ 表示污染减排治理费用对总产出的间接贡献，此处的间接贡献为正值。那么可以获得污染减排治理费用对增加值、居民收入、就业的间接贡献分别为：

$$\overset{e}{\underset{\sim}{N}} = \hat{N}\overset{e}{\underset{\sim}{X}} , \quad \overset{e}{\underset{\sim}{V}} = \hat{V}\overset{e}{\underset{\sim}{X}} , \quad \overset{e}{\underset{\sim}{L}} = \hat{L}\overset{e}{\underset{\sim}{X}} \tag{4-32}$$

（3）诱发贡献

进一步可以测算出考虑居民消费和经济漏损扣除下的污染减排治理费用对总产出的诱发贡献，

$$\overset{e}{\underset{\approx}{X}} = (I - A)^{-1}\left(I - C(1-t)\hat{h}Fi'\hat{V}(I - A)^{-1}\right)^{-1}(E_1 + E_2) \tag{4-33}$$

此处的总产出诱发贡献已包括了间接贡献，同样也为正值。

$$\overset{e}{N} = \hat{N}\overset{e}{X}, \quad \overset{e}{V} = \hat{V}\overset{e}{X}, \quad \overset{e}{L} = \hat{L}\overset{e}{X} \tag{4-34}$$

4.3.3　污染减排投入贡献度测算乘数

设定 $\overset{e1}{Y}$、$\overset{e2}{Y}$、$\overset{e3}{Y}$、$\overset{e4}{Y}$ 分别是废水治理、废气治理、固废、生态绿化投资的单位列向量，表示一个单位（例如 1 000 万元）的废水、废气、固废以及生态绿化环保治理投资对国民经济各生产部门产品的需求价值量。假设 $\overset{e1}{Y}$、$\overset{e2}{Y}$、$\overset{e3}{Y}$、$\overset{e4}{Y}$ 对各产业部门产品需求结构在"十一五"期间保持不变，那么分别将四类环保投资列向量代入公式（4-24）可得

$$\overset{ei}{X} = \bar{A}(I - \bar{K})^{-1}\overset{ei}{Y} \quad (i = 1, 2, 3, 4) \tag{4-35}$$

其中，$\overset{ei}{X}$ 分别是单位废水、废气、固废以及生态绿化环保治理投资对各生产部门总产出的贡献效应列向量，也就是环保投资总产出乘数，分别表明对四类环保治理投资增加一个单位（1 000 万）的投资额，各生产部门总产出将相应增加的价值量。同样可以获得四类环保投资的增加值、居民收入、税收和就业贡献乘数 $\overset{e}{N}$、$\overset{e}{V}$、$\overset{e}{P}$、$\overset{e}{L}$，详细计算公式在此不再赘述。附表 1、附表 2、附表 3、附表 4 分别是单位废水、废气、固废以及生态绿化环保投资的贡献度乘数。

同样，污染减排运行费贡献度乘数主要包括废水运行费和废气运行费贡献度乘数两类，计算环保运行费贡献度乘数首先需要将各行业废水、废气环保运行费进行归一化处理，即计算出 1 个单位（1 000 万元）废水、废气运行费各行业的治理价值投入量；其次，获得单位废水、废气治理运行费投入中用于对各生产行业产品的最终需求量；最后，按照环保运行费测算模型测算出对废水和废气各投入 1 000 万元治理运行费将对国民经济总产出、增加值、居民收入、税收以及就业的贡献效应，即废水和废气环保运行费贡献度乘数（详见附表 5、附表 6）。

4.4　结构减排贡献度测算模型

产业结构调整是污染减排的一项重要措施。本研究主要考虑淘汰落后产能对经济的效应分析。产业结构调整（淘汰落后产能）对国民经济的作用机理与污染减排投资相似，不同在于污染减排投资将会引起最终产品需求增加，从而对国民经济产生拉动作用；而淘汰落后产能将会引起最终产品需求减少，从而将对国民经济产生负面阻碍作用[①]。

我们设定 $\overset{e}{T}$ 为各行业淘汰落后产能列向量，则按照污染减排投资测算方法思路，淘

---

① 淘汰落后产能是减少了生产最终产品能力，即减少了商品的供给，本研究中假设这种供给的减少将完全转换为商品需求的减少，即淘汰落后产能量为最终产品需求的减少量。

汰落后产能对国民经济各行业总产出的贡献为：

$$\overset{e}{\hat{X}}{}' = (I - \overset{e}{A})^{-1} (I - C(1-t)\hat{h}Fi'\hat{V}(I - \overset{e}{A})^{-1})^{-1} \overset{e}{T}$$ （4-36）

公式（4-36）中就是淘汰落后产能 $\overset{e}{T}$ 与国民经济总产出 $\overset{e}{\hat{X}}{}'$ 之间的相互作用关系的总产出贡献度扩展模型。这样可以测算出由于淘汰落后产能对最终需求的影响变化量（$\overset{e}{T}$）引起的国民经济总产出的变化量（$\overset{e}{\hat{X}}{}'$），也就是考虑消费诱发的淘汰落后产能对国民经济发展的贡献度。

同样可以测算出淘汰落后产能对增加值、居民收入和就业的影响贡献。

$$\overset{e}{\hat{N}}{}' = \hat{N} \overset{e}{\hat{X}}{}' = \hat{N}\overline{A}(I - \overline{B}\overline{A})^{-1} \overset{e}{T}$$ （4-37）

$$\overset{e}{\hat{V}}{}' = \hat{V} \overset{e}{\hat{X}}{}' = \hat{V}\overline{A}(I - \overline{B}\overline{A})^{-1} \overset{e}{T}$$ （4-38）

$$\overset{e}{\hat{L}}{}' = \hat{L} \overset{e}{\hat{X}}{}' = \hat{L}\overline{A}(I - \overline{B}\overline{A})^{-1} \overset{e}{T}$$ （4-39）

式中，$\overline{A} = (I - \overset{e}{A})^{-1}$，$\overline{B} = C(1-t)\hat{h}Fi'\hat{V}$。

4.5　产业结构优化贡献测算模型

由于污染减排（投资、运行费、淘汰落后）措施对国民经济的贡献作用可以分解到各国民经济行业中。因此，可以通过各行业增加值变动量来测算污染减排措施引起的产业结构变化情况，称之为产业结构优化贡献测算模型，包括两个优化系数：三次产业结构优化系数和重点工业行业优化系数。

4.5.1　三次产业结构优化系数

三次产业结构系数可以反映污染减排对区域三次产业结构调整优化的贡献效应，即污染减排措施引起的区域农业、工业和服务业所占比重的变动量，具体公式如下：

$$\lambda_i = \sum_t \left(\frac{X_i^t}{X^t} - \frac{X_i^t - K_i^t}{X^t - K^t} \right) \quad (t = 2006, 2007, 2008, 2009, 2010)$$ （4-40）

式中，λ_i 为三次产业结构优化系数；X_i^t 和 X^t 分别表示实施污染减排措施后第 t 年的第 i 产业的增加值和第 t 年国内生产总值（GDP）；K_i^t 和 K^t 分别表示实施污染减排措施后第 t 年的第 i 产业增加值的贡献量和国内生产总值（GDP）的贡献量。

4.5.2　重点工业行业结构优化系数

重点工业结构优化系数可以反映污染减排对各区域"两高一资"重点工业行业产业结构优化效果，具体公式如下：

$$\mu_i = \sum_t \frac{x_i^t}{x^t} - \frac{x_i^t - k_i^t}{x^t - k^t} \quad (t = 2006, 2007, 2008, 2009, 2010) \quad\quad (4\text{-}41)$$

式中，μ_i 为 i 部门的重点工业结构优化系数；x_i^t 和 x^t 分别表示实施污染减排措施后第 t 年第 i 工业行业增加值和 t 年国内生产总值（GDP）；k_i^t 和 k^t 分别表示实施污染减排措施对第 t 年的第 i 工业行业增加值的贡献量和国内生产总值（GDP）的贡献量。

需要指出的是，本书所构建的产业结构优化贡献测算模型中两类系数实际上是反映了 2006—2010 年 5 年期间历年污染减排引起的行业经济增长（减少）对该行业所占经济比重的变动量的相加值。由于行业所占经济比重是以当年经济总量（GDP）为分母，所以理论上"十一五"期间各年份该行业比重变动量是不可相加的。考虑到"十一五"历年 GDP 变动并非十分显著，而且反映到行业比重时其误差在可接受范围内，因此，模型中的系数将历年产业结构变动量进行相加，从而更好反映"十一五"期间污染减排对经济结构的整体效应。

第5章 国家污染减排的经济效应分析

本章以污染减排投入①对经济贡献效应为研究对象，并将研究范围扩大到国家"十一五"期间环保投入，除了污染减排直接投入外，还包括城市基础设施投资、绿化设施建设等投入，从要素、行业、地区等不同角度测算分析了"十一五"期间我国环保投入对总产出、GDP、税收、居民收入以及就业等方面的贡献影响，并提出了相关建议。

5.1 研究背景

根据发达国家的经验，一个国家在经济高速增长时期，环保投入要在一定时间内持续稳定达到国民生产总值的 1%～1.5%，才能有效地控制住污染；达到 3.0%才能使环境质量得到明显改善。自 2001 年开始，我国环境保护投入总量在不断上升，从 2001 年的 1 439 亿元增长到 2010 年的 8 552 亿元，年均增长率达 20%。同时环境保护投入占同期 GDP 的比重也处于不断增长的趋势，从 2001 年的 1.31%增长到 2010 年的 2.12%（图 5-1）。"十一五"期间，我国环境保护投入（包括环保投资和运行费用）总量更是增加迅速，2006—2010 年环保投入已达 28 521 亿元（当年价），年均增长率为 20%，占同期 GDP 的比重呈不断增长趋势，从 2006 年的 1.63%增长到 2010 年的 2.12%。其中，2006—2010 年环保投资为 21 620 亿元（当年价），年均增长率为 21%，占同期 GDP 的比重从 2006 年的 1.19%增长到 2010 年的 1.65%；环保运行费为 6 901 亿元（当年价），年均增长率为 14.5%。环境保护投入的逐年增加为强化污染治理、促进环境质量改善或减缓污染趋势提供了重要的物质保障。

随着我国污染减排工作从初见成效到不断推进，未来我国环境保护投入将不断提高，其占我国 GDP 的比重也将更大。环保投入作为以政府为主导、以企业为主体的财政投入将发挥极大的基础保障作用，为我国环保事业作出了巨大的贡献。然而，目前环保投入所带来的环境效应已经得到广泛认可，但其经济社会溢出效应却往往被忽视。如此巨大的环保投入究竟对经济社会的发展产生什么样的贡献效应？是正面贡献还是负面贡献？对经济社会各方面的贡献分别是多少？因此，我们不仅要分析评价环保投入的环境效益，同时要将环保投入对经济社会发展的贡献效应纳入国民经济大系统当中进行研究分析，科学地衡量环保投入对经济社会增长的贡献，定量地测算环保投入对 GDP、税收、居民收入以及社会就业的贡献度，合理地评价环保投入对地区经济社会发展的带动作用。这是提高我国企业和地方政府大力环保投入积极性的需要，是环境保护工作得

---

① 本章中"十一五"减排投入用的数据为全口径环保投入，包括环保投资和运行费，数据来源于中国环境统计年报。

以健康持续发展的保证。

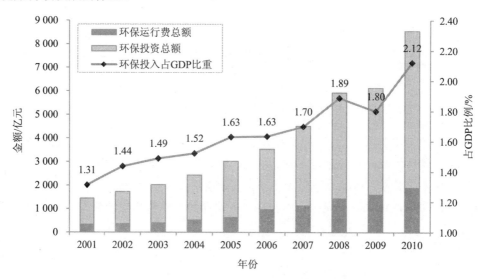

图 5-1　我国历年环境保护投入总额及占 GDP 比重

注：环保投入主要包括环保运行费和环保投资两种，数据来源于 2001—2010 年《中国环境统计年报》。

　　根据国内外研究经验来看，环境保护投入对国家和地区经济社会将起到正面积极的贡献效应。尤其是作为我国最主要的固定资产投资和财政支出之一的环保投资，其与水利、交通以及体育设施建设投资一样具有带动国民经济发展，促进居民收入和消费提高，吸纳更多就业等经济社会贡献效应；同样，以企业为主体的环保运行费投入虽然在短期内会对经济社会产生一定的负面贡献，但从长远来看，其正面效应将逐渐凸显。从国外的环境保护实践看，经济发达国家大多将环保投入，尤其是环境保护基础设施建设投资放在优先发展的地位。政府对环境保护基础设施的大量直接投资有效弥补了市场机制的缺陷，尤其在经济增长趋缓、需求不足的情况下多将环境保护基础设施建设作为经济增长的拉动力来刺激经济启动。例如 20 世纪 70 年代初德国政府为了解决消费品国内市场饱和、利润下降、投资乏力的经济发展困境，实施"以供给为导向"的政策，扩大国家投资，重点用于城市整治、环境保护等领域，有效刺激了经济复兴。

　　因此，从理论和实践的角度来说，增加环境保护投入、加大环保投资基础设施建设投资不仅不会阻碍经济发展，相反会刺激经济启动和拉动经济增长。环境保护基础设施投资对经济增长的拉动主要表现在引领市场化经济发展、优化结构、吸纳更多就业（尤其是农业就业人口）增加居民收入、拉动内需等方面。尤其在经济萧条时，可直接刺激偏淡的市场、扩张偏冷的需求、产生"立竿见影"的效果[175]。

　　然而，目前国内对环保投入的经济社会贡献效应研究仅限于定性分析，或采用统计学方法分析环保投入与国民经济的相互关系，而对环保投入对经济社会的贡献作用机理和定量化贡献度测算方法模型的深入研究较少[176-179]。基于此，本研究以环境保护投入产出模型为基础，分别建立环保投资和环保运行费经济社会贡献测算模型，深入揭示环保投入与国民经济各类指标（如 GDP、总产出、税收、就业等）之间的定量关系，并测算"十一五"期间（2006—2010 年）环保投入对我国经济社会发展的贡献度。

5.2　研究思路及框架

图 5-2 是环保投入贡献度测算思路示意图，测算研究主要分为如下三个步骤。

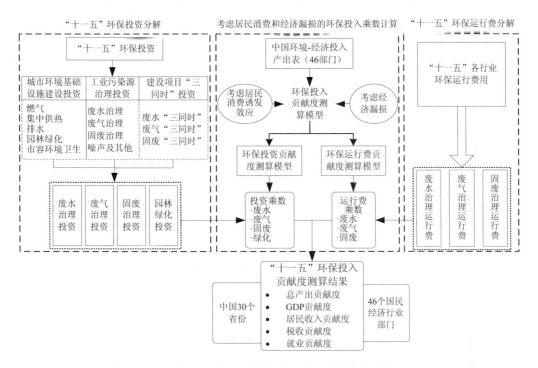

图 5-2　环保投入经济社会贡献度测算构建思路

第一，对"十一五"环保投入拆分与合并。主要包括环保投资和环保运行费用两大类。环保投资需将 2006—2010 年《环境统计年报》中相关数据按照废水类、废气类、固废类等子项分解合并。其中，城市环境基础设施建设投资中的燃气和集中供热归并到废气类，排水归并到废水类，市容环境卫生归并到固废类，由于园林绿化较为特殊，将其单独列出来。工业污染源治理投资中的废水、废气以及固废治理相应归并到废水类、废气类、固废三个子类中，噪声及其他由于与以上三类差异较大，且投资量较少，暂不考虑。建设项目"三同时"可以按照"十五"期间"三同时"中废水、废气、固废、生态投资比例分解为废水"三同时"、废气"三同时"、固废"三同时"、生态"三同时"，并归并到相应的子类中。至此，我们得到废水类、废气类、固废类以及园林绿化类环保投资数据。环保投资数据为总量数据，且不分行业。而"十一五"环保运行费用则直接采用 2006—2010 年《环境统计年报》中各工业行业废水、废气、固废运行费数据。

第二，构架环境经济投入产出表和贡献度测算模型，计算环保投资和运行费贡献度乘数。在中国 2007 年投入产出表（42 部门）基础上编制中国 2007 年环境经济投入产出表，将水利、环境和公共设施管理业拆分为环境管理业与水利、公共设施管理业，并拆分废水、废气、固废治理部门。其中环境管理业和水利公共设施管理业数据是将中国 2007 年投入产出表（144 部门）中两部门数据基础上进行相应合并，而废水、废气以及固废治理部门数据则分别来源于 2007 年《环境统计年报》中污染治理运行费。基于环境经济投入产出表，并充分考虑居民消费诱发贡献作用和经济漏损扣除的情况下，分别构建环保投入贡献度测算模型和环保运行费贡献度测算模型，并进一步测算废水、废气、固废等环保投资和环保运行费乘数（例如 1 000 万元的废水环保投资对各生产部门总产出、GDP、就业的经济贡献）。

第三，根据环保投入乘数以及"十一五"环保投入相关数据，计算"十一五"我国环境保护投资和运行费对我国经济社会增长的贡献效应，主要包括总产出、GDP、居民收入、税收和就业 5 个方面。可以将上述 5 类贡献效应按照省份和行业进一步细分下去。

5.3 数据来源及相关参数

5.3.1 "十一五"环保投资数据

"十一五"以来，我国经济快速增长，财政收入稳步增长，环境污染治理投资总量也逐年增加。2006—2010 年环境污染治理投资已达 21 618 亿元，为了便于测算"十一五"环保投资的社会经济贡献度，将 2006—2010 年各项环保投资统一转换为 2007 年不变价，并对五年环保投资汇总，如表 5-1 所示。

表 5-1　我国"十一五"期间环境污染治理投资情况（2007 年不变价）　　单位：亿元

类型 \ 年份		2006	2007	2008	2009	2010	"十一五"合计
工业污染源污染治理投资	废水治理	162.6	195.3	180.6	139.6	113.3	791.4
	废气治理	251.1	274.7	246.6	217.2	164.4	1 153.9
	固体废物治理	19.7	18.2	18.3	20.5	12.4	89.1
	噪声治理	3.2	1.8	2.6	1.3	1.3	10.2
	其　他	84.3	59.1	55.5	34.8	54.1	287.9
	小　计	521.0	549.1	503.5	413.4	345.5	2 332.5
城市环境基础设施建设投资	燃　气	166.8	160.1	151.8	170.1	253.1	902.0
	集中供热	240.7	230.0	250.3	344.3	377.1	1 442.3
	排　水	356.8	410.0	460.2	681.5	784.9	2 693.4
	园林绿化	461.8	525.6	603.0	854.4	1 999.6	4 444.3
	市容环境卫生	189.2	141.8	206.0	295.6	262.5	1 095.2
	小　计	1 415.3	1 467.5	1 671.3	2 345.9	3 677.3	10 577.3
建设项目"三同时"环保投资		825.6	1 367.1	1 991.6	1 466.4	1 769.4	7 420.2
总　计		2 761.9	3 383.7	4 166.4	4 225.7	5 792.2	20 330.0

数据来源：2006—2010 年《中国环境统计年报》。

按照第 4 章中贡献测算思路,将"十一五"环保治理投资按照、废水、废气、固废以及生态绿化进行分解与合并汇总(其中,建设项目"三同时"环保投资按"十五"时期的废水、废气、固体废物治理投资比例进行分解),如图 5-3 所示。

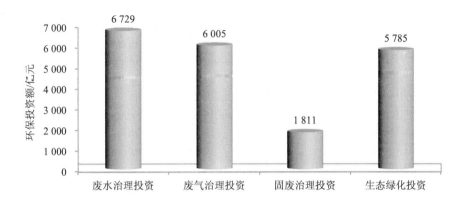

图 5-3　"十一五"期间各类环保投资额

注:图表中投资额均转换为 2007 年不变价。

5.3.2 "十一五"环保运行费数据

我国"十一五"工业各行业废水、废气污染治理运行费可以从《2006—2010 年环保统计年报》获得,由于缺乏各行业固废治理运行费,因此本研究暂且只测算废水和废气运行费的经济社会贡献度。将《中国环境统计年报》中收集的各工业行业废水、废气治理运行费按照本报告中的行业范围进行合并后,按照等比价转换为 2007 年不变价,具体如表 5-2 所示。

生活污水运行费同样来源于《中国环境统计年报》,2006—2010 年分别为 109.4 亿元、129.6 亿元、165.7 亿元、204.9 亿元、225.4 亿元,"十一五"共计为 834.9 亿元。

表 5-2　我国"十一五"工业污染治理运行费合计(2007 年不变价)　　　单位:亿元

行　　业	工业废水	工业废气	运行费合计
煤炭开采和洗选业	54.93	21.80	76.73
石油和天然气开采业	88.93	5.06	93.99
金属矿采选业	80.61	17.32	97.93
非金属矿及其他矿采选业	7.54	3.88	11.42
食品制造及烟草加工业	167.59	52.69	220.28
纺织业	173.16	100.97	274.14
纺织服装鞋帽皮革羽绒及其制品业	38.56	32.18	70.75
木材加工及家具制造业	4.06	9.65	13.72
造纸印刷及文教体育用品制造业	226.69	49.95	276.64
石油加工、炼焦及核燃料加工业	161.52	160.78	322.30
化学工业	405.27	236.54	641.82

行 业	工业废水	工业废气	运行费合计
非金属矿物制品业	32.72	409.44	442.16
金属冶炼及压延加工业	397.05	939.73	1 336.78
金属制品业	82.20	12.67	94.86
通用、专用设备制造业	18.31	19.45	37.76
交通运输设备制造业	32.18	19.79	51.96
电气机械及器材制造业	10.62	5.98	16.60
通信计算机及其他电子设备制造业	60.48	31.04	91.51
仪器仪表及文化办公用机械制造业	10.37	3.36	13.73
工艺品及其他制造业	2.75	1.19	3.94
废弃资源和废弃旧材料回收加工业	1.12	0.57	1.69
电力、热力的生产和供应业	95.11	1 334.43	1 429.54
燃气生产和供应业	3.18	2.15	5.33
水的生产和供应业	16.39	0.21	16.60
合 计	2 171.33	3 470.82	5 642.16

注：由于难以分解到具体行业，《中国环境统计年报》中的"其他行业"废水、废气污染治理运行费在本研究中被剔除，不参与计算。

5.3.3　投入产出表数据

投入产出数据主要采用中国 2007 年 42 部门投入产出表，并在此基础上拆分废水治理和废气治理两个虚拟环境部门，从而构建中国环境经济投入产出表，为污染减排环保投资和运行费的贡献度测算提供基础数据和方法模型。环境经济投入产出表的编制方法详见第 4 章，具体编制的环境经济投入产出表限于篇幅，从略。

5.3.4　相关参数和系数

本研究在 2007 年中国投入产出表（42 部门价值型）的基础上构建中国 2007 年环境-经济投入产出表（46 部门价值型）。在此基础上计算增加值系数、劳动者报酬系数、税收系数以及最终产品国内满足率、居民直接消费系数等。由于暂且缺少全国分行业劳动就业数据，因此，采用投入产出表中各行业劳动报酬总量除以各行业年平均工资求得2007 年分行业劳动就业人数，进而除以各行业总产出可求得劳动力占用系数。

边际消费倾向采用 2007 年居民消费较上一年增加额除以 2007 年居民总收入较上一年增加额计算求得。其中居民总收入可通过农村、城镇家庭人均收入分别乘以农村、城镇人口总数，然后相加求得，数据主要来源为《2008 年中国统计年鉴》。边际税收倾向由于相关数据较难收集，因此在漏损扣除计算中将不考虑税收漏损部分。

在对环保投入贡献度进行省份分配时，各省份各行业部门总产出、增加值、劳动报酬以及税收数据主要通过各省份投入产出表获得。其中就业数据较难收集，暂采用劳动报酬数据代替。

5.4 测算结果分析

5.4.1 环保投入总贡献度测算结果

通过测算得出，我国"十一五"期间环保总投入共计 26 807 亿元，环保投入对中国国民经济总产出贡献效应为 102 043 亿元，占"十一五"全国总产出的 2.27%，贡献投入比值为 3.8，表明我国环保投入每增加 1 元钱将带动国民经济总产出增加 3.8 元；环保投入对中国 GDP 贡献效应为 29 457 亿元，占"十一五"全国 GDP 的 2.02%，贡献投入比为 1.1，表明我国环保投入每增加 1 元钱将带动 GDP 增加 1.1 元；环保投入对中国居民收入贡献效应为 12 563 亿元，占"十一五"全国居民总收入的 1.92%，贡献投入比为 0.5，表明我国环保投入每增加 1 元钱将带动居民收入增加 0.5 元；环保投入对中国税收贡献效应为 3 957 亿元，占"十一五"全国税收总收入的 1.48%，贡献投入比为 0.15，表明我国环保投入每增加 1 元钱将带动税收增加 0.15 元；环保投入对中国就业贡献效应为 7 553 万就业人次[①]，贡献投入比为 0.28×10^{-4}（表 5-3），表明我国环保投入每增加 3 万元左右将增加一个就业机会。

表 5-3 "十一五"环保投入经济社会贡献度测算结果

贡献度指标	净增贡献量/ （亿元或万人次）	占总贡献比重/%	贡献投入比
总产出	102 043	2.27	3.81
GDP	29 457	2.02	1.10
居民收入	12 563	1.92	0.47
税收	3 957	1.48	0.15
就业	7 553	—	0.28×10^{-4}

5.4.2 环保投资贡献度测算结果

"十一五"期间，我国环保投资总计 20 330 亿元，占环保总投入的 76%。通过测算得出，"十一五"环保投资对我国总产出贡献效应为 88 311 亿元，占总产出总贡献的 87%，贡献投入比为 4.34；对中国 GDP 贡献效应为 28 742 亿元，占 GDP 总贡献的 98%，贡献投入比为 1.41；对中国居民收入贡献效应为 12 092 亿元，占居民总收入总贡献的 96%，贡献投入比为 0.59；对中国税收贡献效应为 4 064 亿元，占税收总贡献的 103%，贡献投入比为 0.20；对中国就业贡献效应为 7 242 万就业人次（表 5-4）。整体来看，"十一五"环保投入对经济社会贡献以环保投资为主。

[①] 本书中"就业"指满足一个从业者工作一年的就业机会，单位为每人每年，与我国社会经济统计中所使用的"就业人口"有较大差别。

表 5-4 "十一五"环保投资经济社会贡献度测算结果

贡献度指标	净增贡献量/ (亿元或万人次)	占总贡献比重/%	贡献投入比
总产出	88 311	87	4.34
GDP	28 742	98	1.41
居民收入	12 092	96	0.59
税收	4 064	103	0.20
就业	7 242	96	—

5.4.3　环保运行费贡献度测算结果

"十一五"期间我国环保运行费总计 6 477 亿元,占环保总投入的 24%。通过测算可知,"十一五"环保运行费对我国总产出贡献效应为 13 732 亿元,占总产出总贡献的 13%,贡献投入比为 2.12;对中国 GDP 贡献效应为 714 亿元,占 GDP 总贡献的 2%,贡献投入比为 0.11;对中国居民收入贡献效应为 471 亿元,占居民总收入总贡献的 4%,贡献投入比为 0.07;对中国税收贡献效应为−107 亿元,占税收总贡献的−3%,贡献投入比为−0.02;对中国就业贡献效应为 311 万就业人次,占总就业贡献的 4%(表 5-5)。整体来看,"十一五"环保运行费对经济社会具有一定的积极贡献,但贡献作用较为有限,其中对税收产生了负面影响。

表 5-5 "十一五"环保运行费经济社会贡献度测算结果

贡献度指标	净增贡献量/ (亿元或万人次)	占总贡献比重/%	贡献投入比
总产出	13 732	13	2.12
GDP	714	2	0.11
居民收入	471	4	0.07
税收	−107	−3	−0.02
就业	311	4	—

5.4.4　各要素环保投入贡献度测算结果

从环境保护投入要素贡献度来看(表 5-6),"十一五"期间,我国废水、废气、固废和生态绿化环保投入分别为 9 735 亿元、9 476 亿元、1 811 亿元、5 785 亿元,分别占环保总投入的 36%、35%、7%、22%,对国民经济总产出贡献效应分别为 36 284 亿元、33 845 亿元、7 991 亿元、23 923 亿元,贡献投入比分别为 3.7、3.6、4.4 和 4.1。各类环保贡献投入比相差不大,其中固废贡献投入比略高,而废气贡献投入比略低,表明环保固废投入对国民经济总产出拉动作用要强于环保废气投入。

从 GDP 贡献效应来看,废水、废气、固废以及生态绿化环保投入的 GDP 贡献分别为 9 721 亿元、8 097 亿元、2 448 亿元、9 191 亿元。其中废水治理和生态绿化贡献作用最大,均高于 9 000 亿元;其次是废气治理投入;固废治理贡献最少。从投入产出效率来看，废水、废气、固废、生态四类 GDP 贡献投入比分别为 1.0、0.9、1.4、1.6，其中废水、废气的 GDP 贡献投入比较小。

从居民收入贡献效应来看，"十一五"期间，生态绿化投入对居民收入贡献度最大，为 4 891 亿元；其次是废水治理投入，为 3 648 亿元；而后是废气和固废治理，分别为 3 107 亿元和 916 亿元。从投入产出效率来看，废水、废气、固废、生态绿化居民收入贡献投入比分别为 0.37、0.33、0.51、0.85，其中废水、废气居民收入投入产出较小，均不超过 0.5 倍，而生态绿化最大，表明对生态绿化环保投入对居民收入贡献效率更加显著。

从税收贡献效应来看，"十一五"期间，废水治理投入对税收贡献度最大，为 1 413 亿元；其次是废气治理投入，为 1 195 亿元；生态绿化及固废治理税收贡献度分别为 969 亿元和 380 亿元。从投入产出效率来看，废水、废气、固废、生态绿化税收贡献投入比分别为 0.16、0.13、0.23、0.18，其中废水、废气、生态绿化税收贡献投入比较小，均不超过 0.2 倍，而固废最大，表明固废治理环保投入对税收贡献效率更加显著。

从就业贡献效应来看，"十一五"期间，生态绿化投入对就业贡献最大，为 3 499 万人次；其次是废水治理贡献度，为 1 913 万人次；废气及固废治理就业贡献度分别为 1 659 万人和 482 万人。从环保投入对就业的贡献度看，废水、废气、固废、生态的就业贡献度分别为 0.20、0.18、0.27、0.60，其中废水、废气就业贡献投入比较小，增加 1 个就业机会需要投入 5 万元左右。而生态绿化最大，增加 1 个就业机会仅需投入 1.6 万元。

表 5-6　各要素环保投入贡献量及贡献投入比

投入要素		废水治理	废气治理	固废治理	生态绿化
贡献量 （亿元）	总产出	36 284	33 845	7 991	23 923
	GDP	9 721	8 097	2 448	9 191
	居民收入	3 648	3 107	916	4 891
	税收	1 413	1 195	380	969
	就业	1 913	1 659	482	3 499
贡献投入比	总产出	3.7	3.6	4.4	4.1
	GDP	1.0	0.9	1.4	1.6
	居民收入	0.4	0.3	0.5	0.8
	税收	0.1	0.1	0.2	0.2
	就业	——	——	——	——

5.4.5　环保投入行业贡献度测算结果

"十一五"环保投入对我国各行业部门社会经济增长带动作用较为明显，但各行业部门所受影响程度不同（表 5-7）。其中总产出贡献受益最大行业分别为通（专）用设备制造业、金属冶炼及压延加工业、农林牧渔以及化学工业等，分别为 13 126 亿元、9 534 亿元、7 571 亿元、7 374 亿元，合计占全部总产出贡献度的 37% 左右；增加值贡献受益最大行业分别为农林牧渔、设备制造、金融、批发零售、建筑、交通运输等，分别为 4 438 亿元、3 005 亿元、1 651 亿元、1 606 亿元、1 522 亿元、1 479 亿元；居民收入贡献受

益最大行业分别为农林牧渔、通（专）用设备制造、环境管理业以及建筑业等，分别为
4 209 亿元、1 107 亿元、862 亿元、776 亿元，均超过了 500 亿元，其中农林牧渔业所
受影响最大，几乎占总居民收入贡献的 34%，可以看出，"十一五"环保投入对带动农
业经济发展，提供农民收入，解决"三农"问题等方面具有较大的积极贡献；税收贡献
受益最大行业分别是通（专）用设备制造、批发零售、食品烟草制造、石油天然气开采、
金属冶炼等，分别为 611 亿元、389 亿元、272 亿元、270 亿元、238 亿元；就业贡献受
益最大行业分别为农林牧渔、环境管理、通（专）用设备制造、建筑等，分别为 3 880
万人次、552 万人次、491 万人次、420 万人次，合计占总就业贡献度的 71%，其中仅
农林牧渔就业贡献度就占总就业贡献度的 52%之多。

综上所述，环保投入贡献效应受益行业存在较为明显集中化现象，从各方面来看，
农林牧渔业、通（专）用设备制造业、金属冶炼、金融、批发零售、建筑、交通运输、
环境管理、石油天然气等行业受环保投入的贡献作用较大，其中以通（专）用设备制造
业和农林牧渔业两个行业所受影响最大。

表 5-7 "十一五"环保投入社会经济贡献量的行业分布

指标 行业	总产出/ 亿元	增加值/ 亿元	居民收入/ 亿元	税收/ 亿元	就业/ 万人次
农林牧渔业	7 571	4 438	4 209	7	3 880
煤炭开采和洗选业	1 875	818	393	136	144
石油和天然气开采业	2 311	1 308	300	270	78
金属矿采选业	1 627	509	192	84	86
非金属矿及其他矿采选业	494	187	76	31	45
食品制造及烟草加工业	4 246	854	259	272	101
纺织业	1 094	51	19	11	14
纺织服装鞋帽皮革羽绒及其制品业	1 169	220	103	45	62
木材加工及家具制造业	684	155	62	32	41
造纸印刷及文教体育用品制造业	1 237	107	38	24	21
石油加工、炼焦及核燃料加工业	3 203	327	96	93	30
化学工业	7 374	983	295	189	147
非金属矿物制品业	2 490	479	168	104	107
金属冶炼及压延加工业	9 534	901	237	238	86
金属制品业	1 974	327	111	66	59
通用、专用设备制造业	13 126	3 005	1 107	611	491
交通运输设备制造业	2 023	360	142	91	53
电气机械及器材制造业	2 736	453	134	94	63
通信设备、计算机电子设备制造业	2 741	371	128	70	48
仪器仪表及文化办公用机械制造业	672	128	50	25	21
工艺品及其他制造业	482	118	52	25	32
废品废料	872	704	10	5	6
电力、热力的生产和供应业	6 091	797	191	104	53
燃气生产和供应业	142	25	10	2	4

指标 行业	总产出/ 亿元	增加值/ 亿元	居民收入/ 亿元	税收/ 亿元	就业/ 万人次
水的生产和供应业	151	65	29	9	13
建筑业	6 575	1 522	776	189	420
交通运输及仓储业	3 207	1 479	383	140	112
邮政业	66	33	25	3	10
信息传输、计算机服务和软件业	927	557	105	32	22
批发和零售业	2 671	1 606	388	389	184
住宿和餐饮业	1 519	571	158	63	92
金融业	2 395	1 651	429	186	97
房地产业	1 222	1 019	111	157	42
租赁和商务服务业	1 095	354	122	37	44
研究与试验发展业	172	75	45	2	12
综合技术服务业	457	246	128	22	33
环境管理业	3 118	1 451	862	36	552
水利和公共设施管理业	67	36	16	2	8
居民服务和其他服务业	989	454	129	30	63
教育	576	322	253	8	98
卫生、社会保障和社会福利业	670	230	154	8	55
文化、体育和娱乐业	269	116	53	13	17
公共管理和社会组织	17	9	8	0	3
废水治理部门	45	14	4	0	1
废气治理部门	66	22	3	0	1

5.4.6　环保投入地区贡献度测算结果

　　"十一五"期间，我国环保投入受益最大的省份主要集中于广东、山东、江苏、河北、辽宁等，大多位于东部沿海及中部发展较好地区，而贡献较小的省份大多位于西部及边远地区。

　　从环保投入对各省市总产出贡献度来看（表 5-8），"十一五"环保投入总产出贡献度大于 7 000 亿元的省份是广东、江苏、山东、浙江，分别为 10 981 亿元、10 357 亿元、9 567 亿元、7 684 亿元，占总贡献比重总共达到 37.8%，主要集中于东部沿海地区。总产出贡献度大于 5 000 亿元的省份为河北、辽宁、上海、河南，分别为 5 571 亿元、5 449亿元、5 176 亿元、5 064 亿元，占总贡献比重总共达到 20.8%，主要集中于东、中部地区；总产出贡献度小于 1 000 亿元的省份是贵州、宁夏、海南、青海，分别为 914 亿元、334 亿元、329 亿元、263 亿元，占总贡献比重总共仅为 1.8%。综上所述，"十一五"期间我国环保投入对国民经济总产出贡献存在较大地域分布差异性，东、中部省份受益较大，西部，尤其是西北部省份受益相对较小。

表 5-8　环保投入对总产出贡献的区域分布状况

省 份	总产出贡献/亿元	占全国比重/%	省 份	总产出贡献/亿元	占全国比重/%
北 京	2 910	2.9	河 南	5 064	5.0
天 津	2 034	2.0	湖 北	3 767	3.7
河 北	5 571	5.5	湖 南	3 267	3.2
山 西	1 850	1.8	广 东	10 981	10.8
内蒙古	1 370	1.3	广 西	1 664	1.6
辽 宁	5 449	5.3	海 南	329	0.3
吉 林	1 593	1.6	重 庆	1 585	1.6
黑龙江	3 040	3.0	四 川	3 602	3.5
上 海	5 176	5.1	贵 州	914	0.9
江 苏	10 357	10.1	云 南	1 450	1.4
浙 江	7 684	7.5	陕 西	1 596	1.6
安 徽	2 695	2.6	甘 肃	1 052	1.0
福 建	3 899	3.8	青 海	263	0.3
江 西	1 720	1.7	宁 夏	334	0.3
山 东	9 567	9.4	新 疆	1 262	1.2

　　从环保投入对各省市 GDP 贡献度来看（表 5-9），"十一五"环保投入 GDP 贡献度大于 2 000 亿元的省份是广东、山东、江苏，分别为 2 946 亿元、2 574 亿元、2 422 亿元，占总贡献比重总共达到 27%，同样主要集中于东部沿海地区；GDP 贡献度大于 1 000 亿元的省份为浙江、河北、河南等 10 个省份，主要位于中东部地区；GDP 贡献度小于 300 亿元的省份是贵州、海南、宁夏、青海，分别为 281 亿元、140 亿元、89 亿元、78 亿元，占总贡献比重总共仅为 2%。综上所述，"十一五"期间我国环保投入对 GDP 贡献影响较大区域仍然位于中、东部省份，而西部省份受益相对较小。

表 5-9　环保投入对 GDP 贡献的区域分布状况

省 份	GDP 贡献/亿元	占全国比重/%	省 份	GDP 贡献/亿元	占全国比重/%
北 京	916	3.1	河 南	1 603	5.4
天 津	526	1.8	湖 北	1 161	3.9
河 北	1 629	5.5	湖 南	1 027	3.5
山 西	574	1.9	广 东	2 946	10.0
内蒙古	462	1.6	广 西	568	1.9
辽 宁	1 496	5.1	海 南	140	0.5
吉 林	513	1.7	重 庆	459	1.6
黑龙江	1 169	4.0	四 川	1 252	4.3
上 海	1 286	4.4	贵 州	281	1.0
江 苏	2 422	8.2	云 南	498	1.7
浙 江	1 835	6.2	陕 西	525	1.8
安 徽	857	2.9	甘 肃	319	1.1
福 建	1 205	4.1	青 海	78	0.3
江 西	596	2.0	宁 夏	89	0.3
山 东	2 574	8.7	新 疆	453	1.5

从环保投入对各省市居民收入贡献度来看（表 5-10），"十一五"环保投入居民收入贡献效应影响最大的是山东、广东、江苏 3 省份，分别为 1 123 亿元、1 108 亿元、1 032 亿元，均超过 1 000 亿元，占总贡献比重总共达到 26%；居民收入贡献度大于 500 亿元的为河南、四川、浙江、辽宁、河北、湖北、湖南等省份；居民收入贡献度小于 100 亿元的省份是海南、宁夏、广西、内蒙古、青海等，占总贡献比重总共仅为 2.2%。其中青海所受贡献效应影响最小，居民收入仅增加了 39 亿元。综上所述，"十一五"期间我国环保投入对居民收入贡献影响较大区域主要集中于中、东部省份，而西部省份中除四川外其他省份受影响较小。

表 5-10　环保投入对居民收入贡献的区域分布状况

省　份	居民收入贡献/亿元	占全国比重/%	省　份	居民收入贡献/亿元	占全国比重/%
北　京	315	2.5	河　南	850	6.8
天　津	162	1.3	湖　北	600	4.8
河　北	644	5.1	湖　南	563	4.5
山　西	252	2.0	广　东	1 108	8.8
内蒙古	45	0.4	广　西	53	0.4
辽　宁	655	5.2	海　南	84	0.7
吉　林	306	2.4	重　庆	282	2.2
黑龙江	414	3.3	四　川	686	5.5
上　海	330	2.6	贵　州	153	1.2
江　苏	1 032	8.2	云　南	224	1.8
浙　江	664	5.3	陕　西	275	2.2
安　徽	473	3.8	甘　肃	181	1.4
福　建	480	3.8	青　海	39	0.3
江　西	332	2.6	宁　夏	55	0.4
山　东	1 123	8.9	新　疆	183	1.5

从环保投入对各省市税收贡献度来看（表 5-11），"十一五"环保投入税收贡献效应影响最大的是广东、山东、江苏等省份，分别为 401 亿元、383 亿元、331 亿元，占总贡献比重总共达到 28.2%，均超过 300 亿元；税收贡献度大于 200 亿元的省份为浙江、河北、辽宁、河南、上海，分别为 269 亿元、223 亿元、215 亿元、209 亿元、200 亿元，占总贡献比重总共达到 28.2%；税收贡献度小于 40 亿元的省份是甘肃、贵州、宁夏、海南、青海等，占总贡献比重总共仅为 2.6%，其中青海所受贡献效应影响最小，税收仅增加了 10 亿元。综上所述，"十一五"期间我国环保投入对税收贡献影响较大区域主要集中于中、东部省份，而西部省份税收增加较少。

表 5-11　环保投入对税收贡献的区域分布状况

省 份	税收贡献/亿元	占全国比重/%	省 份	税收贡献/亿元	占全国比重/%
北 京	115	2.9	河 南	209	5.3
天 津	78	2.0	湖 北	158	4.0
河 北	223	5.6	湖 南	131	3.3
山 西	87	2.2	广 东	401	10.1
内蒙古	46	1.2	广 西	65	1.6
辽 宁	215	5.4	海 南	11	0.3
吉 林	63	1.6	重 庆	57	1.5
黑龙江	183	4.6	四 川	135	3.4
上 海	200	5.1	贵 州	33	0.8
江 苏	331	8.4	云 南	61	1.6
浙 江	269	6.8	陕 西	70	1.8
安 徽	98	2.5	甘 肃	38	0.9
福 建	154	3.9	青 海	10	0.3
江 西	62	1.6	宁 夏	11	0.3
山 东	383	9.7	新 疆	59	1.5

从环保投入对各省市就业贡献度来看（表 5-12），"十一五"环保投入就业贡献效应影响最大的是山东、广东、江苏、河南省，分别为 673 万人次、663 万人次、621 万人次、556 万人次，占总贡献比重总共达到 33.3%，均超过 500 万人次；就业贡献度大于 300 万人次的省份为四川等 8 省份，主要分布于中部地区；就业贡献度小于 50 万人次的省份是宁夏、广西、青海、内蒙古等省份，占总贡献比重总共仅为 1.3%。其中内蒙古所受贡献效应影响最小，仅增加了 21 万个就业机会。综上所述，"十一五"期间我国环保投入对就业贡献影响较大区域主要集中于中、东部省份，而西部省份就业贡献度影响较小。

表 5-12　环保投入对就业贡献的区域分布状况

省 份	就业贡献/亿元	占全国比重/%	省 份	就业贡献/亿元	占全国比重/%
北 京	136	1.8	河 南	556	7.4
天 津	77	1.0	湖 北	363	4.8
河 北	370	4.9	湖 南	357	4.7
山 西	129	1.7	广 东	663	8.8
内蒙古	21	0.3	广 西	25	0.3
辽 宁	362	4.8	海 南	65	0.9
吉 林	198	2.6	重 庆	168	2.2
黑龙江	239	3.2	四 川	457	6.0
上 海	154	2.0	贵 州	98	1.3
江 苏	621	8.2	云 南	159	2.1
浙 江	391	5.2	陕 西	154	2.0
安 徽	313	4.1	甘 肃	108	1.4
福 建	309	4.1	青 海	22	0.3
江 西	226	3.0	宁 夏	33	0.4
山 东	673	8.9	新 疆	107	1.4

综上所述，"十一五"期间我国环保投入对 GDP 贡献影响较大区域仍然位于中、东部省份，而西部省份受益相对较小。测算结果表明环保投入国民经济贡献作用与省份产业结构和经济总量具有直接密切联系。那些经济总量大，产业结构较为合理，且具有环保投入密切相关的设备制造、建筑、化工、电力等行业的省份所受贡献效应也相对较大，反之亦然。

5.5　结论与建议

5.5.1　主要结论

5.5.1.1　环保投入对经济社会发展的贡献作用较为显著

从环保投入总贡献看，"十一五"期间，我国环保投入共计 26 807 亿元（2007 年不变价，当年价为 28 521 亿元），占 GDP 总量的 1.8%，其产生的 GDP 贡献为 29 457 亿元，占"十一五"全国 GDP 的 2.02%，贡献投入比为 1.1。对国民经济总产出的贡献效应为 102 043 亿元，占"十一五"全国总产出的 2.27%，贡献投入比为 3.8。对居民收入贡献效应为 12 563 亿元，占居民总收入的 1.92%，贡献投入比为 0.5。对税收贡献效应为 3 957 亿元，占"十一五"全国税收总收入的 1.48%，贡献投入比为 0.15。对就业贡献效应为 7 553 万就业人次，贡献投入比为 0.28×10^{-4}，表明我国环保投入每增加 3 万元左右将增加一个就业机会。

从环保投资的贡献看，"十一五"期间，我国环保投资总计 20 330 亿元（2007 年不变价，当年价为 21 620 亿元），占同期 GDP 的比例为 1.4%。测算表明，"十一五"环保投资对我国总产出贡献效应为 88 311 亿元，占同期总产出的 2%，贡献投入比为 4.34。对 GDP 贡献效应为 28 742 亿元，占同期 GDP 的 2.1%，贡献投入比为 1.41。对居民收入贡献效应为 12 092 亿元，占同期居民收入的 1.8%，贡献投入比为 0.59。对税收贡献效应为 4 064 亿元，占同期税收 1.5%，贡献投入比为 0.20。对就业贡献效应为 7 242 万就业人次。

从环保运行费的贡献看，"十一五"期间，我国环保运行费共计 6 477 亿元（2007 年不变价，当年价为 6 902 亿元），占同期 GDP 的比例为 0.47%。测算表明，"十一五"环保运行费对我国总产出贡献效应为 13 732 亿元，占同期总产出的 0.31%，贡献投入比为 2.12。对 GDP 贡献效应为 714 亿元，占同期 GDP 的 0.05%，贡献投入比为 0.11。对居民收入贡献效应为 471 亿元，占同期居民收入的 0.07%，贡献投入比为 0.07。对税收贡献效应为 -107 亿元，贡献投入比为 -0.02。对就业贡献效应为 311 万就业人次。

由此可见，"十一五"环保投入对经济社会发展的贡献效应是较为显著的，其中主要以环保投资的贡献为主。加大环保投入不但可以使污染物排放减少，环境质量改善，增加绿色 GDP，同时有助于创造增加 GDP 份额和增加就业，实现环境效益、经济效益和社会效益"三赢"。

5.5.1.2 不同要素环保投入对经济社会的贡献作用差别较大

"十一五"期间，我国废水、废气、固废和生态绿化环保投入分别为 9 735 亿元、9 476 亿元、1 811 亿元、5 785 亿元，对国民经济总产出贡献效应分别为 36 284 亿元、33 845 亿元、7 991 亿元、23 923 亿元，贡献投入比分别为 3.7、3.6、4.4 和 4.1。对 GDP 贡献效应分别为 9 721 亿元、8 097 亿元、2 448 亿元、9 191 亿元，贡献投入比分别为 1.0、0.9、1.4、1.6。对居民收入贡献效应分别为 3 648 亿元、3 107 亿元、916 亿元、4 891 亿元，贡献投入比分别为 0.37、0.33、0.51、0.85。对税收贡献效应分别为 1 413 亿元、1 195 亿元、380 亿元、969 亿元，贡献投入比分别为 0.16、0.13、0.23、0.18 倍。对就业贡献效应分别为 1 913 万人次、1 659 万人次、482 万人次、3 499 万人次。总体来看，废水、废气、固废和生态各要素环保投入对经济社会的贡献效应存在一定差异。废水、废气的绝对贡献份额较大，而固废和生态绿化的贡献投入比更为明显。

5.5.1.3 环保投入对行业经济社会贡献作用较为集中

测算结果表明，环保投入对总产出贡献较大的行业分别为通（专）用设备制造业、金属冶炼及压延加工业、农业及化学工业等，为 13 126 亿元、9 534 亿元、7 571 亿元、7 374 亿元，占全部总产出贡献度的 37%。对增加值贡献较大的行业分别为农林牧渔业、设备制造、金融、批发零售、建筑、交通运输等，分别为 4 438 亿元、3 005 亿元、1 651 亿元、1 606 亿元、1 522 亿元、1 479 亿元。对居民收入贡献最大的行业分别农林牧渔业、通（专）用设备制造、建筑业，分别为 4 209 亿元、1 107 亿元、862 亿元。对税收贡献较大的行业分别是设备制造、批发零售、食品制造、石油开采、金属冶炼，分别为 611 亿元、389 亿元、272 亿元、270 亿元、238 亿元。对就业贡献较大的行业分别农林牧渔、环境管理、设备制造、建筑业，分别为 3 880 万人次、552 万人次、491 万人次、420 万人次。由此可见，环保投入对农林牧渔业、通（专）用设备制造业、建筑等行业的贡献作用较大，但对一些"两高一资"行业的贡献效益较小，这表明，目前，我国主要的"两高一资"行业尽管治理投入加大，但需要提高投入产出效果，特别是在运行费用方面的投入产出效果。

5.5.1.4 环保投入对区域经济社会贡献作用分布不均

测算结果表明，环保投入对不同省份经济社会贡献作用差别较大。贡献较大的省份主要集中于东、中部地区的广东、山东、江苏、河南、河北、辽宁等省，大多位于东部沿海经济较发达地区，而贡献较小的省份大多位于西部边远地区。以环保投入对 GDP 区域贡献为例，贡献大于 2 000 亿元的省份是广东、山东、江苏，分别为 2 946 亿元、2 574 亿元、2 422 亿元，贡献大于 1 000 亿元的省份为浙江、河北等 10 个省份，均位于东部发达地区，而贡献小于 300 亿元的省份主要包括青海、宁夏、海南、贵州等西部地区。由此表明，环保投入对国民经济贡献作用与各省产业结构和经济总量具有密切关系，那些经济总量大，产业结构较为合理、产业发展方式转变较快，且具有与环保投入密切相关的设备制造、建筑、化工、电力等行业的省份所受贡献效应相对较大，反之亦然。

5.5.2　政策建议

5.5.2.1　进一步加大环保投入，提高环保投入占 GDP 比重

在"十二五"期间，应进一步加大环保投入力度，在发挥环保投入污染减排、改善环境等环境效应同时，进一步刺激经济启动和拉动经济增长，充分发挥环保投入引领市场化经济发展、优化结构、吸纳更多就业（尤其是农业就业人口）、增加居民收入、拉动内需等方面的经济贡献效应，逐步实现环境、社会、经济的可持续发展。

5.5.2.2　优化环保投入的结构和方向，促进技术进步和节能减排

根据当前环境形势和环境保护的重点任务，加大水污染防治和大气污染治理投入，加大环境监管、监测能力建设投入，加大"两高一资"行业的环保投入，加大城市污水处理厂和垃圾处理厂建设的投入等重点方向的投入，在保证主要污染物减排目标实现的同时，通过环保投入优化经济结构和区域结构，以此带动环境质量改善。

5.5.2.3　进一步优化地区发展，不断缩小地区经济差异

经济发展水平和产业结构合理性是是否能够受益于环保投入贡献的最基本条件。因此，针对西部落后地区，在加大环保投入的基础上，不断提高第三产业所占比重，大力发展现代农业、现代服务业、节能环保战略产业等新兴产业，完善产业结构布局，提高环保产业与其他产业之间的经济关联密切程度，从而不断扩大环保投入的间接贡献效应和诱发贡献效应。同时，加大东、中、西大区域经济社会联系，完善小区域内部分工与协作，加大区域经济溢出效应，实现区域经济一体化可持续发展。

5.5.2.4　积极引导技术创新，推动环保投入从规模型向效益型转变

科学技术落后是我国环境污染严重的重要原因，也是环境保护投入贡献度较低的重要原因。第一，要努力加大环境保护工业技术研发的投入，尤其是新技术、新材料、新工艺、新设备、新药剂等的研发投入，对一些带有方向性的行之有效的先进治理技术，应安排一定数量的导向性投资，建立示范工程项目。第二，要大力推行污染防治的最佳适用技术和关键性、共性技术，加大投入力度，尽快提高环境保护设施的整体水平。第三，要努力加大环境保护设施的标准化、系列化产品的投入，加速某些先进环境保护设施的国产化进程。通过技术创新效应，推动环保投入从规模型向效益型转变。

5.5.2.5　积极开展环保投入国民经济贡献度测算和评价研究

将经济贡献评价纳入环保基础设施建设、污染治理项目投资评估体系，构建环保项目的环境风险评价、社会效应评价、经济贡献评价三大评价体系，突出环保投入，尤其是环保基础设施建设、环保污染源治理投资以及"三同时"项目投资在拉动经济增长、增加税收、优化经济结构、增加居民收入、吸纳就业等方面的贡献作用，加强公众及各级政府对环保投入社会经济贡献效应的认识，有利于环保战略产业的发展，以及政府、

企业以及公众对环保投入的认可和支持，实现环境保护事业与国民经济的协调发展。

5.5.2.6 完善环保投入经济社会贡献度测算模型方法

在未来需加大环保投入经济社会贡献度测算模型方法体系研究，进一步完善环保投入经济社会贡献度测算模型，针对投入产出模型线性变量、价格不变、不考虑机会成本和规模效益以及计算结果较为乐观等方面缺陷，可考虑在投入产出模型的基础上构建环境-经济可计量一般均衡模型（E-CGE），进一步完善测算模型。同时，可借鉴欧美等发达国家经验，以软件开发方式实现环保投入贡献度测算模型部分复杂和繁琐计算功能，从而简化资料收集的规模，降低数量分析的复杂性，缩短贡献度的测算周期，降低多数环保工作者进行环保投入贡献度测算的门槛。

改革开放以来，我国相继做出了多项区域经济协调发展的重大决策和部署。继鼓励东部地区率先发展、实施西部大开发战略之后，又制定了振兴东北老工业基地、促进中部地区崛起等重大战略决策，初步形成了区域经济协调发展的大格局。由于处于不同的经济发展阶段，东、中、西部地区在产业结构、生产布局以及资源禀赋等方面具有较大差异，这种差异将对污染减排工作提出不同的要求。因此，有必要从大区域尺度分析评价污染减排对经济发展和结构调整的贡献作用，总结不同区域污染减排与区域经济发展的特征规律，为各区域污染减排工作推进提供有益参考。

第 6 章　三大区域污染减排的经济效应分析

——以东、中、西部为例

改革开放以来，我国相继做出了多项区域经济协调发展的重大决策和部署。继鼓励东部地区率先发展、实施西部大开发战略之后，又制定了振兴东北老工业基地、促进中部地区崛起等重大战略决策，初步形成了区域经济协调发展的大格局。由于处于不同的经济发展阶段，东、中、西部三大地区在产业结构、生产布局以及资源禀赋等方面具有较大差异，这种差异将对污染减排工作提出不同的要求。因此，有必要从大区域尺度分析评价污染减排对经济发展和结构调整的贡献作用，总结不同区域污染减排与区域经济发展的特征规律，为各区域污染减排工作推进提供有益参考。

6.1　研究背景

"十一五"正处于我国工业化后期、城市化加速发展的特殊阶段，为了达到污染减排、保护环境的目标，我国加大了污染减排的力度，通过淘汰落后产能、加大减排投入等措施和强化污染排放标准、法规，从工程减排、监管减排和结构减排三大方面入手，不断加大污染减排的水平，切实提高污染减排能力。可以看到，"十一五"期间我国 COD 和 SO_2 等主要污染物排放量均超额完成了"十一五"规定的减排目标，污染减排措施对减少污染物排放、改善生态环境质量起到了较为明显的、积极的作用。然而，在关注污染减排措施巨大的环境改善效应同时，同样需要关注污染减排对经济发展以及结构调整优化的作用。具体到东、中、西三大区域来看，在三大区域现阶段经济发展情况下，污染减排对三大区域经济发展和结构调整分别起到什么样的作用，三大区域之间是否存在特定的特征。

本章通过对东部、中部和西部这三类不同经济发展程度的区域进行宏观对比实证分析，基于三大区域最新环境投入产出表，构建污染减排对经济发展和结构调整的贡献作用模型，以"十一五"期间三大区域淘汰落后产能、减排投入为数据基础，定量化测算分析"十一五"期间三大区域的污染减排措施（主要是淘汰落后产能、减排投入等）对区域经济发展、产业结构调整的贡献作用，总结不同区域污染减排与区域经济发展的特征规律，对比分析不同区域的污染减排措施对经济发展、产业结构调整的贡献效应，并提出相关政策建议。

根据国家统计局以及其他研究的划分标准和定义，本章将中国 31 个省市（不包含港澳台地区）按照地理区位和经济发展程度，划分为东部地区、中部地区、西部地区。其中东部地区主要包括北京、天津、河北、山东、辽宁、江苏、上海、浙江、福建、广东、海南 11 个省市；中部地区主要包括黑龙江、吉林、山西、河南、安徽、湖北、湖南、江西 8 个省份；西部地区主要包括新疆、甘肃、内蒙古、宁夏、青海、陕西、四川、重庆、贵州、广西、云南、西藏 12 个省市、自治区。

6.2 数据来源及相关参数

6.2.1 淘汰落后产能数据

通过国家发改委和工信部网站收集到我国"十一五"期间[①]淘汰落后产能名单，并按照省份和行业进行汇总，将汇总表按照东、中、西三大区域合并可得到三大区域各行业"十一五"期间落后产能淘汰量（见表 6-1 至表 6-3）。

表 6-1 东部"十一五"期间各行业落后产能淘汰量

行业 \ 年份	2007	2008	2009	2010	"十一五"合计
炼铁/万 t	0.0	0.0	1 212.0	1 890.0	3 102.0
炼钢/万 t	8 689.6	0.0	1 197.0	570.8	10 457.4
焦炭/万 t	293.0	377.0	382.0	367.5	1 419.5
铁合金/万 t	0.1	1.6	2.9	35.4	40.0
电石/万 t	2.4	0.0	0.0	7.0	9.4
有色金属/万 t	0.0	0.0	6.3	8.3	14.5
水泥/万 t	4 779.0	5 274.0	3 086.0	4 728.2	17 867.2
玻璃/万重量箱	0.0	0.0	600.0	488.5	1 088.5
造纸/万 t	144.1	0.0	12.0	97.4	253.5
酒精/万 t	20.7	0.0	23.0	14.5	58.2
味精/万 t	2.0	0.0	1.9	3.4	7.3
柠檬酸/万 t	0.0	0.0	0.0	0.0	0.0
制革/万标张	0.0	0.0	0.0	1 239.1	1 239.1
印染/万 m	0.0	0.0	0.0	304 841.0	304 841.0
化纤/万 t	0.0	0.0	0.0	50.5	50.5
火电/万 kW	814.8	909.3	1 660.8	614.9	3 999.9

[①] 主要包括 2007—2010 年 4 年，其中 2007 年淘汰落后产能名单资料来源于国家发改委网站：http：//www.sdpc.gov.cn；2008—2010 年淘汰落后产能名单资料来源于工信部网站：http：//www.miit.gov.cn。

表 6-2　中部"十一五"期间各行业落后产能淘汰量

行业＼年份	2007	2008	2009	2010	"十一五"合计
炼铁/万 t	0.0	0.0	246.0	824.5	1 070.5
炼钢/万 t	4 033.8	0.0	258.0	249.4	4 541.2
焦炭/万 t	1 211.0	1 698.0	116.0	837.0	3 862.0
铁合金/万 t	29.6	15.9	41.7	58.7	145.8
电石/万 t	37.4	43.6	33.4	29.7	144.0
有色金属/万 t	0.0	0.0	13.0	37.0	50.0
水泥/万 t	5 940.0	1 629.0	2 250.0	2 941.0	12 760.0
玻璃/万重量箱	0.0	0.0	0.0	409.0	409.0
造纸/万 t	180.9	0.0	16.2	279.4	476.4
酒精/万 t	16.2	0.0	3.5	51.7	71.4
味精/万 t	3.0	0.0	0.0	16.1	19.1
柠檬酸/万 t	0.0	0.0	0.0	1.7	1.7
制革/万标张	0.0	0.0	0.0	153.7	153.7
印染/万 m	0.0	0.0	0.0	63 515.0	63 515.0
化纤/万 t	0.0	0.0	0.0	9.9	9.9
火电/万 kW	587.3	521.5	727.3	247.5	2 083.6

表 6-3　西部"十一五"期间各行业落后产能淘汰量

行业＼年份	2007	2008	2009	2010	"十一五"合计
炼铁/万 t	0.0	0.0	655.0	892.1	1 547.1
炼钢/万 t	4 295.6	0.0	236.0	115.2	4 646.8
焦炭/万 t	1 643.4	1 617.1	1 311.1	1 382.0	5 953.6
铁合金/万 t	99.7	100.2	117.5	77.8	395.2
电石/万 t	39.8	61.2	13.3	37.8	152.0
有色金属/万 t	0.0	0.0	12.1	62.3	74.4
水泥/万 t	2 556.0	1 611.0	2 080.0	3 058.3	9 305.3
玻璃/万重量箱	0.0	0.0	0.0	96.0	96.0
造纸/万 t	124.6	0.0	22.5	88.5	235.6
酒精/万 t	5.2	0.0	9.0	1.8	16.0
味精/万 t	2.2	0.0	1.6	0.0	3.8
柠檬酸/万 t	0.0	0.0	0.8	0.0	0.8
制革/万标张	0.0	0.0	0.0	43.0	43.0
印染/万 m	0.0	0.0	0.0	13 000.0	13 000.0
化纤/万 t	0.0	0.0	0.0	7.0	7.0
火电/万 kW	349.6	238.3	229.1	208.7	1 025.7

可以看出，国家淘汰落后产能是按照行业产品产量进行统计，由于要计算其对经济发展以及结构调整的贡献效应，因此应将其转换为货币表示的价值量，通过收集 2007 年我国相关行业工业总产出（部分行业以工业总产值代替）和工业总产量数据，并采用对应年份工业品出厂价指数进行校正后，获得各行业单位工业总产出（总产值）的产品产量（表 6-4）。结合投入产出行业对应关系（表 6-5），则可以计算出"十一五"期间东、中、西三大区域历年淘汰落后产能所引起总产出的减少量（表 6-6 至表 6-8）。

表 6-4　各工业行业万元产值产品产量

类　别	2007 年	2008 年	2009 年	2010 年
炼铁/（t/万元）	14.65	14.08	13.01	14.08
炼钢/（t/万元）	6.68	6.42	5.93	6.42
焦炭/（t/万元）	10.62	7.98	6.84	9.42
铁合金/（t/万元）	1.05	0.79	0.68	0.93
电石/（t/万元）	2.20	2.38	2.54	2.54
有色金属/（t/万元）	0.22	0.24	0.25	0.25
水泥/（t/万元）	22.74	24.59	26.29	26.24
玻璃/（重量箱/万元）	15.31	15.63	15.42	15.63
造纸/（t/万元）	0.93	0.97	1.09	1.51
酒精/（t/万元）	1.97	2.03	2.11	2.20
味精/（t/万元）	0.80	0.85	0.92	0.96
柠檬酸/（t/万元）	1.53	1.63	1.76	1.85
制革/（标张/万元）	23.14	23.40	23.25	23.21
印染/（m/万元）	3 868.95	3 846.51	3 937.40	4 355.97
化纤/（t/万元）	0.56	0.48	0.45	0.57
火电/（万 kW·h/万元）	1.04	1.08	1.14	1.17

注：2007 年数据根据 2007 年投入产出表中总产出与统计年鉴中对应产品产量相除获得；2008 年、2009 年、2010 年数据采用对应年份工业品出厂价指数进行校正后获得。

表 6-5　淘汰落后产能与投入产出表中的行业对应关系

淘汰落后产能行业	投入产出表对应行业
炼铁	金属冶炼及压延加工业
炼钢	
铁合金	
有色金属	
电石	非金属矿物制品业
水泥	
玻璃	
造纸	造纸印刷及文教用品制造业
焦炭	石油加工、炼焦及核燃料加工业
酒精	食品制造及烟草加工业
味精	
柠檬酸	
制革	服装皮革羽绒及其制品业
印染	
化纤	化学工业

表 6-6 东部"十一五"期间各行业淘汰落后产能量 单位：亿元

行　业	2007 年	2008 年	2009 年	2010 年	"十一五"合计
金属冶炼及压延加工业	933.8	1.1	235.9	225.4	1 396.3
非金属矿物制品业	164.2	161.6	121.5	160.0	607.3
造纸印刷及文教用品制造业	117.1	0.0	7.9	40.6	165.5
石油加工、炼焦及核燃料加工业	18.5	25.3	30.6	28.1	102.5
食品制造及烟草加工业	8.3	0.0	6.2	5.7	20.3
服装皮革羽绒及其制品业	0.0	0.0	0.0	98.7	98.7
化学工业	0.0	0.0	0.0	71.1	71.1
电力、热力的生产和供应业	625.4	672.5	1 170.4	419.8	2 888.1

表 6-7 中部"十一五"期间各行业淘汰落后产能量 单位：亿元

行　业	2007 年	2008 年	2009 年	2010 年	"十一五"合计
金属冶炼及压延加工业	612.6	16.6	164.0	256.2	1 049.4
非金属矿物制品业	227.3	77.6	82.5	131.3	518.7
造纸印刷及文教用品制造业	161.5	0.0	12.9	159.7	334.1
石油加工、炼焦及核燃料加工业	94.8	182.7	27.6	74.2	379.4
食品制造及烟草加工业	11.7	0.0	5.5	35.2	52.4
服装皮革羽绒及其制品业	0.0	0.0	0.0	17.0	17.0
化学工业	0.0	0.0	0.0	13.9	13.9
电力、热力的生产和供应业	450.8	385.7	512.6	168.9	1 518.0

表 6-8 西部"十一五"期间各行业淘汰落后产能量 单位：亿元

行　业	2007 年	2008 年	2009 年	2010 年	"十一五"合计
金属冶炼及压延加工业	590.6	101.7	249.8	330.6	1 272.7
非金属矿物制品业	104.4	73.0	67.5	110.1	354.9
造纸印刷及文教用品制造业	106.8	0.0	16.5	47.1	170.4
石油加工、炼焦及核燃料加工业	123.8	162.1	153.3	117.3	556.5
食品制造及烟草加工业	4.3	0.0	5.2	0.7	10.1
服装皮革羽绒及其制品业	0.0	0.0	0.0	3.9	3.9
化学工业	0.0	0.0	0.0	9.9	9.9
电力、热力的生产和供应业	268.4	176.2	161.4	142.5	748.5

6.2.2 污染减排投入数据

本研究在《中国"十一五"污染减排分析评估》报告初步研究成果基础上，通过比例校正等方式获得"十一五"期间及历年减排投入数据（表 6-9）。结合 2006—2010 年《中国环境统计年报》中环保投资和运行费（主要包含废气和废水）各省市及行业比例，估算出"十一五"期间我国三大区域工程减排投资和运行费（表 6-10）。

表 6-9 "十一五"全国减排投入总额 单位：亿元

类　型	2006 年	2007 年	2008 年	2009 年	2010 年	"十一五"合计
投　资	444	760	910	1 114	1 450	4 678
运行费	556	686	820	941	1 107	4 110
合　计	1 000	1 446	1 730	2 055	2 557	8 788

表 6-10 三大区域"十一五"工程减排治理投入 单位：亿元

地区	类别	2006 年	2007 年	2008 年	2009 年	2010 年	"十一五"合计
东部	投资	225.4	360.4	440.3	506.2	693.4	2 225.7
	运行费	343.8	401.6	486.1	556.2	614.5	2 402.2
	投入	569.2	762	926.4	1 062.4	1 307.9	4 627.9
中部	投资	126.9	233.5	237.6	311.9	345	1 254.9
	运行费	115.8	152.9	187.2	206.8	261.6	924.3
	投入	242.7	386.4	424.8	518.7	606.6	2 179.2
西部	投资	91.4	165.6	232.5	296.2	412.1	1 197.8
	运行费	95.9	131.4	146.6	178.1	231.4	783.4
	投入	187.3	297	379.1	474.3	643.5	1 981.2

注：实际测算时采用的是各地区分行业运行费数据，限于篇幅从略。

6.2.3 投入产出表数据

投入产出数据主要通过搜集全国 30 个省、直辖市、自治区（西藏地区尚未编制）2007 年 42 部门投入产出表，合并获得我国东、中、西三大区域投入产出表。并在此基础上拆分废水治理和废气治理两个虚拟环境部门，从而构建出中国东、中、西三大区域环境经济投入产出表，为污染减排环保投资和运行费的贡献度测算提供基础数据和方法模型。环境经济投入产出表的编制方法详见第 4 章，具体编制的环境经济投入产出表限于篇幅从略。

6.3 测算结果分析

6.3.1 东部地区污染减排贡献

6.3.1.1 经济发展贡献效应

"十一五"污染减排对东部地区经济发展起到了较为显著的积极贡献效应，增加国民总产出 9 896.1 亿元，拉动 GDP 增长约 1 804.1 亿元，增加居民收入 680.6 亿元，新增 210.3 万个就业机会。这其中，减排投入对东部地区国民经济产生较为积极的贡献作用，拉动总产出和增加值分别增加了 14 885.6 亿元和 3 330 亿元；淘汰落后产能对东部地区经济具有明显的负面阻碍作用，减少总产出、增加值、居民收入分别为 4 989.5 亿元、1 525.9 亿元和 413.8 亿元，约直接、间接减少 126.8 万个就业机会。从整体情况来看，污染减排措施在大幅削减污染物排放的同时,仍然起到了一定促进经济发展的积极贡献作用,其中增加值贡献占东部地区国内生产总值的 0.16% 左右 (表 6-11)。

表 6-11 "十一五"污染减排对东部地区经济社会贡献效应

影响指标 类型	总产出/ 亿元	增加值/ 亿元	居民收入/ 亿元	就业/ 万人次
减排投入	14 885.6	3 330.0	1 094.5	337.2
其中:污染减排投资	8 853	2 678	866	273
污染减排运行费	6033	652	228	64
淘汰落后产能	−4 989.5	−1 525.9	−413.8	−126.8
合计	9 896.1	1 804.1	680.6	210.3
占东部地区的比例	—	0.16%	—	—

从各行业总产出来看,"十一五"污染减排措施对东部地区各行业贡献作用具有较大差别,受污染减排影响最大的行业分别是通(专)用设备制造业、服务业、电力生产业、化学工业、建筑业、仪器设备制造业以及金属冶炼行业,总产出分别增加了 1 858.83 亿元、1 640.65 亿元、1 281.20 亿元、1 094.94 亿元、857.05 亿元、606.08 亿元、578.93 亿元。其中服务业、电力热力生产业、金属冶炼业以及非金属矿物制品业等行业总产出受淘汰落后产能负面贡献较为明显。

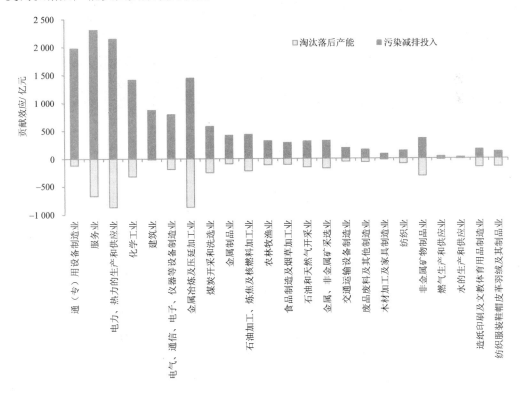

图 6-1 "十一五"污染减排对东部地区各行业总产出贡献效应

从各行业增加值来看，"十一五"污染减排措施对东部地区相关行业增加值贡献作用较为明显，其中受污染减排正面影响最大的行业分别是服务业、通（专）用设备制造业、建筑业、电力生产业、农业，分别增加了868.36亿元、435.52亿元、216.65亿元、137.36亿元、117.26亿元。而服务业、电力生产业、金属冶炼业、非金属矿物制品业等行业所受负面影响较为明显。从"十一五"期间各行业污染减排贡献占行业增加值比重情况来看，煤炭开采业、通（专）用设备制造业贡献份额最大，均高于1%，分别为1.25%和1.06%；而石油加工和造纸业GDP负面贡献份额最大，分别为–0.64%和–0.54%。

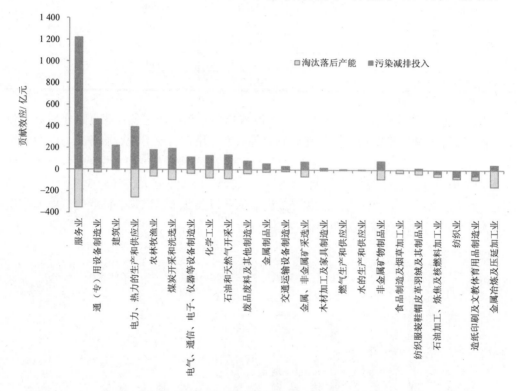

图6-2 "十一五"污染减排对东部地区各行业增加值贡献效应

6.3.1.2 产业结构调整效果

表6-12是"十一五"污染减排对东部地区三次产业结构调整的贡献效应。"十一五"初期（2005年），东部地区三次产业结构基本上为8.1∶51.4∶40.5。从总体来看，"十一五"期间污染减排措施的实施将使第二产业所占比重减少0.05%，其中工业部门所占比重减少0.11%，而建筑业比重增加0.06%；第三产业比重增加0.06%，第一产业比重变动不大。从不同措施类型来看，污染减排对三次产业结构调整以淘汰落后产能为主。整体来看，污染减排对东部地区三次产业结构优化起到了积极的贡献作用，但贡献作用较为有限。

表 6-12　"十一五"污染减排对东部地区三次产业结构调整贡献效应　　单位：%

产业结构 ＼ 贡献效应	2005 年产业结构现状	污染减排引起行业所占比重变动量		
		减排投入	淘汰落后产能	合计
第一产业	8.1	−0.03	0.03	−0.007
第二产业	51.4	0.12	−0.17	−0.05
其中：工业	46.3	0.09	−0.21	−0.11
建筑业	5.1	0.02	0.04	0.06
第三产业	40.5	−0.09	0.14	0.00

　　表 6-13 是"十一五"污染减排对东部地区污染重点工业行业结构优化的贡献作用。可以看出，"十一五"期间，东部地区重点工业行业增加值占东部经济的比重大约为 21.88%。实施污染减排措施后，重点工业行业所占比重共下降 0.28%，除电力生产业提高外，所有重点行业所占比重均呈下降趋势，其中金属冶炼业下降最多，为 0.09%，纺织业和造纸业均下降 0.06%，石油加工业下降 0.04%，电力生产业提高 0.05%。从减排措施来看，减排投入使重点行业比重降低了 0.10%，其中纺织业和造纸业下降幅度最大。电力行业呈提高趋势；淘汰落后产能使电力生产、金属冶炼、非金属等行业所占比重下降幅度明显。整体来看，污染减排对东部地区工业结构优化具有一定的积极贡献，但贡献作用较为有限。

表 6-13　"十一五"污染减排对东部地区工业结构调整贡献效应　　单位：%

行　业	2005 年产业结构现状	污染减排引起行业所占比重变动量		
		减排投入	淘汰落后产能	合计
纺织业	2.41	−0.07	0.01	−0.06
纺织服装鞋帽皮革羽绒制品业	2.30	−0.03	0.00	−0.03
造纸印刷及文教体育用品制造业	1.52	−0.05	−0.01	−0.06
石油加工、炼焦及核燃料加工业	0.83	−0.03	−0.01	−0.04
化学工业	6.17	−0.04	0.01	−0.03
非金属矿物制品业	2.17	0.00	−0.03	−0.02
金属冶炼及压延加工业	3.69	−0.04	−0.05	−0.09
电力、热力的生产和供应业	2.78	0.16	−0.11	0.05
合　计	21.88	−0.10	−0.18	−0.28

6.3.2　中部地区污染减排贡献

6.3.2.1　经济发展贡献效应

　　"十一五"污染减排对中部地区经济发展贡献效应有限，与东部地区相比差距较大。其中，国民总产出增加约 1 241 亿元，GDP 减少 64.5 亿元，居民收入增加约 123 亿元，新增就业人员约 60.5 万人次。这其中淘汰落后产能对中部地区国民经济负面阻碍贡献作用十分明显，其中总产出减少约 5 260.2 亿元，GDP 减少 1 880.0 亿元，居民收入减少约 476.9 亿元，就业机会减少 186.3 万人次，基本与减排投入所带来的积极贡献作用相抵消（表 6-14）。整体来看，在两种污染减排措施相叠加的情况下，污染减排在起到削减污染物排放环境效应的同时，对中部地区经济贡献作用较为有限，其中对总产出、居民收入、就业三方面有一定的促进作用，对增加值增长起到一定的负面作用。其中增加值贡献占中部地区国内生产总值的–0.02%，影响十分微弱。

表6-14 "十一五"污染减排对中部地区经济社会贡献效应

影响指标 类型	总产出/亿元	增加值/亿元	居民收入/亿元	就业/万人次
减排投入	6 501.2	1 815.6	599.9	246.8
其中：污染减排投资	4 401	1 567	533	218
污染减排运行费	2 100	249	67	29
淘汰落后产能	–5 260.2	–1 880.0	–476.9	–186.3
合计	1 241.0	–64.5	123.0	60.5
占中部地区的比重	—	–0.02%	—	—

从各行业总产出来看，"十一五"污染减排措施对中部地区各行业贡献作用同样具有较大差别，部分行业（如服务业、电力、金属冶炼等）同时受污染减排投资和淘汰落后产能双重影响。其中受污染减排影响最大的行业分别是通（专）用设备制造业、建筑业、服务业、化学工业、电力生产业，总产出影响分别为859.47亿元、460.21亿元、405.97亿元、260.41亿元、174.58亿元。其中金属冶炼业、石油炼焦业、造纸业、矿采选业、石油天然气开采业以及非金属矿物制品业以淘汰落后产能的负面贡献效应为主，其总贡献效应也均为负值。

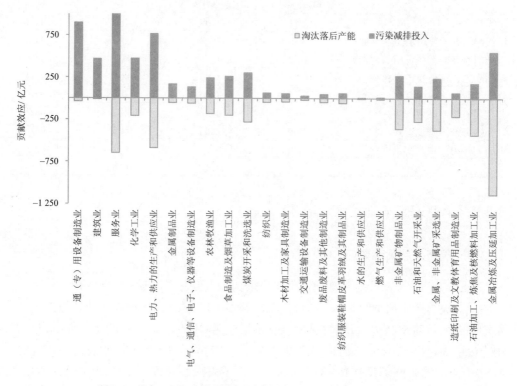

图6-3 "十一五"污染减排对中部地区各行业总产出贡献效应

从各行业增加值来看，"十一五"污染减排措施对中部地区相关行业增加值贡献作用同样具有较大差别，其中受污染减排正面贡献效应最大的行业分别是通（专）用设备制造业、服务业、建筑业、农林牧渔业以及金属制品业，分别增加了 234.4 亿元、228.08 亿元、135.23 亿元、36.5 亿元、15.9 亿元。而金属冶炼行业、石油开采业、造纸业、石油加工业、矿采选业等主要以负面阻碍贡献效应为主，分别为-232.69 亿元、-116.84 亿元、-80.22 亿元、-76.93 亿元、-67.46 亿元。其中服务业、电力生产业、农业、煤炭开采业、石油开采业、金属冶炼及压延加工业以及矿采选业等行业受淘汰落后产能的负面贡献效应较大。从"十一五"期间各行业污染减排贡献占行业增加值比重情况来看，通（专）用设备制造业贡献份额最大，高于 1%，达 2.25%；而石油加工、造纸、金属冶炼、矿采选业等行业 GDP 负面贡献份额最大，分别为-2.65%、-2.02%、-1.66%、-1.05%。

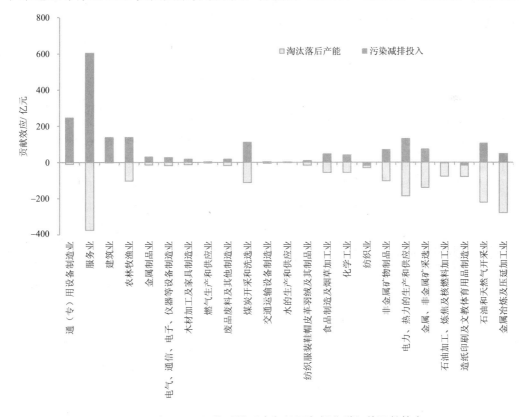

图 6-4　"十一五"污染减排对中部地区各行业增加值贡献效应

6.3.2.2　产业结构调整效果

表 6-15 是"十一五"污染减排对中部地区三次产业结构调整的贡献效应，可以看出，"十一五"期间，中部地区三次产业结构基本上为 16.2∶47.4∶36.4。从总体来看，污染减排措施将使第二产业所占比重减少 0.52%，其中工业部门所占比重减少 0.75%。而第一产业和第三产业比重将分别增加 0.09% 和 0.43%。从不同措施类型来看，减排投入一定程度上增加了第二产业比重，而使第一产业比重下降明显；淘汰落后产能对经济

结构调整作用与减排投入相反，其使第二产业，尤其是工业所占比重呈大幅度下降趋势，而使第一、第三产业比重增长明显。总而言之，中部地区污染减排措施对三次产业调整优化作用较为明显，这其中淘汰落后产能发挥了关键作用。

表 6-15 "十一五" 污染减排对中部地区三次产业结构调整贡献效应   单位：%

贡献效应 产业结构	2005 年产业 结构现状	污染减排引起行业所占比重变动量		
		减排投入	淘汰落后产能	合计
第一产业	16.2	−0.20	0.28	0.09
第二产业	47.4	0.27	−0.78	−0.52
其中：工业	40.9	0.24	−0.98	−0.75
建筑业	6.5	0.03	0.20	0.23
第三产业	36.4	−0.07	0.50	0.43

表 6-16 是 "十一五" 污染减排对中部地区重点工业行业结构优化的贡献效应，可以看出，"十一五" 期间，中部地区重点工业行业占中部国民经济比重大约为 16.88%。实施污染减排措施后，重点工业所占比重共计下降了 0.87%，所有重点行业所占比重均呈现一定程度下降，其中造纸、石油加工、金属冶炼等行业所占比重分别下降了 0.13%、0.13%、0.40%，优化作用明显，其中以金属冶炼下降幅度最大。从减排措施来看，减排投入使重点行业比重下降了 0.11%，其中纺织业、造纸、石油加工、化工、金属冶炼等行业的产业比重呈现不同程度的下降，但电力行业的比重具有一定的提高。淘汰落后产能使重点行业比重降低了 0.76%，其中以金属冶炼、电力生产和石油加工三个行业降低幅度最大。整体来看，污染减排对中部地区工业结构具有较为明显的优化贡献，降低了高污染、高耗能行业份额，促使设备制造等现代装备制造业的发展，一定程度上为中部地区的工业结构优化作出了贡献。

表 6-16 "十一五" 污染减排对中部地区工业结构调整贡献效应   单位：%

行　业	2005 年产业 结构现状	污染减排引起行业所占比重变动量		
		减排投入	淘汰落后产能	合计
纺织业	1.15	−0.07	0.02	−0.05
纺织服装鞋帽皮革羽绒制品业	0.83	−0.01	0.00	−0.01
造纸印刷及文教体育用品制造业	1.09	−0.06	−0.07	−0.13
石油加工、炼焦及核燃料加工业	0.79	−0.03	−0.10	−0.13
化学工业	3.49	−0.05	0.02	−0.02
非金属矿物制品业	3.20	0.01	−0.06	−0.05
金属冶炼及压延加工业	3.83	−0.05	−0.35	−0.40
电力、热力的生产和供应业	2.51	0.14	−0.22	−0.08
合　计	16.88	−0.11	−0.76	−0.87

6.3.3　西部地区污染减排贡献

6.3.3.1　经济发展贡献效应

"十一五" 污染减排对西部地区经济发展效应同样有限，远低于东部和中部地区。

其中，国民总产出增加约 822.5 亿元，GDP 减少 82.9 亿元，居民收入增加约 106 亿元，就业增加约 68.7 万人次。这其中淘汰落后产能对西部地区国民经济负面阻碍作用较为明显，其中总产出减少约 4 622.3 亿元，GDP 减少 1 781.6 亿元，居民收入减少约 602.2 亿元，就业减少约 269.1 万人次。而减排投入对经济社会呈明显的促进作用，从整体情况来看，污染减排措施在大幅削减污染物排放的同时，对西部经济发展存在一定的负面作用，但从分析结果看，负面作用也同样有限。其中增加值贡献占西部地区国内生产总值的比重为 0.03%，同样十分微小（表 6 17）。

表 6-17 "十一五"污染减排对西部地区经济社会贡献效应

影响指标 类型	总产出/ 亿元	增加值/ 亿元	居民收入/ 亿元	就业/ 万人次
减排投入	5 444.8	1 584.0	686.1	320.9
其中：污染减排投资	3 947	1 484	607	294
污染减排运行费	1 498	215	101	43
淘汰落后产能	− 4 622.3	− 1 781.6	− 602.2	− 269.1
合计	822.5	− 82.9	106.0	68.7
占西部地区的比重	—	− 0.03%	—	—

从各行业总产出来看，"十一五"污染减排措施对西部地区各行业贡献作用与东、中部地区较为相似，部分行业同时受减排投入和淘汰落后产能较大影响。其中受污染减排正面贡献效应最大的行业分别是通（专）用设备制造业、建筑业、服务业、电力生产业以及化学工业，总产出贡献分别为 854.9 亿元、440.9 亿元、277.3 亿元、242.6 亿元、135.7 亿元；受污染减排负面贡献效应最大的行业分别是金属冶炼业、石油炼焦业、金属及非金属矿采选业、石油天然气开采业、造纸业、煤炭开采业等，总产出影响分别为 −652.6 亿元、−318.2 亿元、−125.7 亿元、−105.2 亿元、−101.7 亿元、−94.3 亿元、−34.0 亿元，这些行业同样也是受淘汰落后产能负面贡献效应影响较大的行业。

从各行业增加值来看，"十一五"污染减排措施对西部地区相关行业增加值贡献效应同样具有较大差别，其中受污染减排正面影响最大的行业分别是通（专）用设备制造业、服务业、建筑业、农业等，分别增加了 244.3 亿元、175.1 亿元、109.8 亿元、21.4 亿元。而金属冶炼行业、石油焦炭加工业、矿采选业、造纸业等行业主要以负面阻碍贡献为主，分别为 −243.6 亿元、−84.9 亿元、−80.7 亿元、−73.3 亿元。其中服务业、金属冶炼行业、电力生产业、煤炭开采业、石油焦炭业、（非）金属矿采选业等受淘汰落后产能负面贡献效应影响较大。从"十一五"期间各行业污染减排贡献占行业增加值比重情况来看，通（专）用设备制造业和金属制品业贡献份额最大，均高于 1%，分别为 4.09% 和 1.26%；而造纸、金属冶炼、纺织业、石油加工、矿采选业、非金属制品业等行业 GDP 负面贡献份额最大，分别为 −2.99%、−1.97%、−1.68%、−1.56%、−1.45% 和 −1.18%。

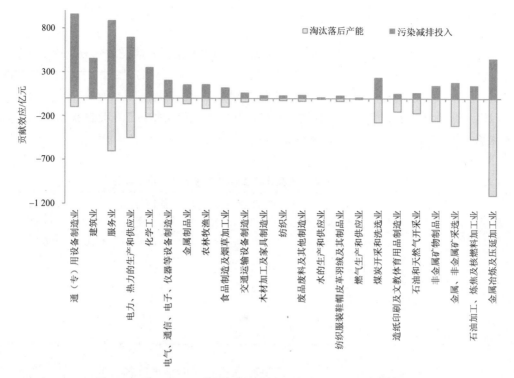

图6-5 "十一五"污染减排对西部地区各行业总产出贡献效应

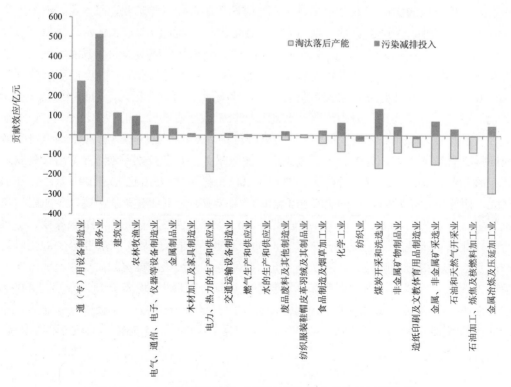

图6-6 "十一五"污染减排对西部地区各行业增加值贡献效应

6.3.3.2　产业结构调整效果

表 6-18 是"十一五"污染减排对西部地区三次产业结构调整的贡献效应，可以看出，"十一五"初期（2005），西部地区三次产业结构基本上为 17.7：42.8：39.5。从总体来看，污染减排措施使第二产业所占比重减少 0.46%，其中工业部门所占比重减少 0.66%。而第一产业和第三产业比重将分别增加 0.08% 和 0.38%。从不同措施类型来看，减排投入提高了第二产业比重，而使第一、三产业比重呈下降趋势，淘汰落后产能使第二产业，尤其是工业所占比重呈大幅度下降趋势，降低了 1.18%，而使第一、三产业比重增长明显。总而言之，西部地区污染减排措施对三次产业调整优化作用尤为明显，淘汰落后产能同样发挥了关键作用。

表 6-18　"十一五"污染减排对西部地区三次产业结构调整贡献效应　　单位：%

贡献效应 产业结构	2005 年产业结构现状	污染减排引起行业所占比重变动量		
		减排投入	淘汰落后产能	合计
第一产业	17.7	−0.27	0.35	0.08
第二产业	42.8	0.50	−0.95	−0.46
其中：工业	35.3	0.53	−1.18	−0.66
建筑业	7.4	−0.03	0.23	0.20
第三产业	39.5	−0.23	0.61	0.38

表 6-19 是"十一五"污染减排对西部地区重点工业行业结构优化的贡献效应。可以看出，"十一五"期间，西部地区重点工业行业占西部国民经济比重大约为 13.72%。实施污染减排措施后，重点工业所占比重共计下降了 0.83%，其中金属冶炼、石油加工、造纸业、非金属加工等行业所占比重分别下降了 0.44%、0.15%、0.10%、0.08%，优化作用较为明显。从减排措施来看，减排投入使重点行业比重提高了 0.09%，其中电力生产业提高幅度最大，达 0.24%，非金属矿制品业略微提高，而纺织、造纸、石油加工、金属冶炼等行业比重呈现一定程度的下降。淘汰落后产能使重点行业比重降低了 0.91%，其中以金属冶炼、电力生产和非金属加工三个行业降低幅度最大。整体来看，污染减排对西部地区工业结构优化具有十分明显的积极贡献，较大程度上达到了工业结构优化的调整目标。

表 6-19　"十一五"污染减排对西部地区工业结构调整贡献效应　　单位：%

行　业	2005 年产业结构现状	污染减排引起行业所占比重变动量		
		减排投入	淘汰落后产能	合计
纺织业	0.44	−0.05	0.00	−0.05
纺织服装鞋帽皮革羽绒制品业	0.17	0.00	−0.01	−0.01
造纸印刷及文教体育用品制造业	0.55	−0.04	−0.06	−0.10
石油加工、炼焦及核燃料加工业	1.57	−0.06	−0.09	−0.15
化学工业	3.27	0.00	−0.03	−0.02
非金属矿物制品业	1.07	0.04	−0.12	−0.08
金属冶炼及压延加工业	3.57	−0.04	−0.39	−0.44
电力、热力的生产和供应业	3.08	0.24	−0.22	0.01
合　计	13.72	0.09	−0.91	−0.83

6.3.4　三大区域污染减排贡献的综合对比分析

6.3.4.1　经济发展贡献效应比较

（1）总产出贡献比较

对比污染减排对三大区域总产出贡献效应（表6-20），"十一五"时期，减排投入对东部总产出贡献为14 886亿元，贡献作用在三个区域中最为显著；对中、西部总产出贡献分别为6 501亿元和5 445亿元，相对较少，仅为东部的43.7%和36.6%。其中减排投资在三个地区均占主要份额，分别占减排投入的59.5%、67.7%、72.5%，可以看出西部所占比重最大，其次是中部和东部，这与其发展程度呈反向关系，一定程度表明中、西部地区污染治理设施配套水平仍然较低，因此现阶段仍属于大量建设阶段；而东部地区由于污染治理设施配套水平已经相对较高，因此现阶段设施建设与设施运行同步进行。从淘汰落后产能来看，三大区域对总产出贡献基本相当，其中中部地区略为明显，引起总产出减少5 260亿元，东部和西部总产出分别减少4 990亿元和4 622亿元。随着东部地区产业结构升级，原本重化工业较为集中的中部地区在承接东部地区部分产业转移后，重化工业比重更加突出，因此，淘汰落后产能也对其影响更加明显。通过减排投入和淘汰落后产能正、负向贡献叠加，"十一五"污染减排对三大区域总产出总贡献分别为9 896亿元、1 241亿元、823亿元。这其中仍然以东部地区受益最大，分别是中部、西部地区的8倍和12倍。

表6-20　"十一五"污染减排对三大区域总产出贡献效应比较　　　　单位：亿元

类　型	东部	中部	西部
减排投入	14 886	6 501	5 445
其中：投资	8 853	4 401	3 947
运行费	6 033	2 100	1 498
淘汰落后产能	−4 990	−5 260	−4 622
合计	9 896	1 241	823

（2）增加值（GDP）贡献比较

对比污染减排对三大区域GDP贡献效应（表6-21），"十一五"时期，减排投入对东部GDP贡献为3 330亿元，贡献作用在三个区域中同样最为显著；对中、西部GDP贡献分别为1 816亿元和1 584亿元，分别为东部的54.5%和47.6%，与东部地区差距并不十分显著。减排投资同样在东、中、西地区减排投入贡献中所占份额较高，分别为80.4%、86.3%、93.7%，都处于主导地位。从淘汰落后产能对GDP贡献来看，三大区域基本相当，其中中部地区同样略为明显，引起GDP减少量1 880亿元，东部和西部GDP分别减少1 526亿元和1 782亿元。淘汰落后产能均在不同程度上引起三大区域GDP的减少，这是我国经济结构转型不可避免的"阵痛"。通过减排投入和淘汰落后产能正、负向贡献叠加，"十一五"污染减排对三大区域GDP总贡献分别为1 804亿元、−65亿元、−83亿元。污染减排在一定程度上拉动了东部地区GDP的增长，但同样不可避免地引起中、西部地区 GDP 减少。可以认为这是我国污染治理和结构转型所必须付出的经济代价，但东部地区与中、西部地区所表现的差异一定程度上是三大区域在产业结构上的差异所造成的。

表 6-21　"十一五"污染减排对三大区域增加值贡献效应比较　　　　单位：亿元

类　型	东部	中部	西部
减排投入	3 330	1 816	1 584
其中：投资	2 678	1 567	1 484
运行费	652	249	215
淘汰落后产能	−1 526	−1 880	−1 782
合计	1 804	−65	−83

（3）居民收入贡献比较

对比污染减排对三大区域居民收入贡献效应（表 6-22），"十一五"时期，减排投入对东部居民收入贡献为 1 095 亿元，贡献作用在三个区域中同样最为显著；对中、西部居民收入贡献为 600 亿元和 686 亿元，分别为东部的 54.8%和 62.7%。减排投资贡献同样在东、中、西地区减排投入贡献中所占份额较高，均接近 80%左右。从淘汰落后产能对居民收入贡献来看，西部地区较为明显，淘汰落后产能造成西部居民收入减少 602 亿元，中部和东部则分别减少 477 亿元和 414 亿元。通过减排投入和淘汰落后产能正、负向贡献叠加，"十一五"污染减排对三大区域居民收入总贡献分别为 681 亿元、123 亿元、106 亿元，均表现为正向贡献，一定程度上表明了污染减排将不同程度为各地区居民收入增加作出贡献。

表 6-22　"十一五"污染减排对三大区域居民收入贡献效应比较　　　　单位：亿元

类　型	东部	中部	西部
减排投入	1 095	600	686
其中：投资	866	533	607
运行费	228	67	101
淘汰落后产能	−414	−477	−602
合计	681	123	106

（4）就业贡献比较

对比污染减排对三大区域就业贡献效应（表 6-23），"十一五"时期，减排投入对东、中、西部就业贡献分别为 337 万人次、247 万人次、321 万人次，虽然东部地区就业贡献要略为显著，但考虑到三个地区在总产出和 GDP 贡献中的巨大差距，污染减排对三大区域就业的贡献差距并不十分明显，这主要由于中西部地区工资水平要整体低于东部地区。减排投资贡献同样在东、中、西部地区减排投入贡献中所占份额较高，均高于 80%。从淘汰落后产能对就业贡献来看，西部地区最为明显，淘汰落后产能造成西部就业减少 269 万人次，中部和东部则分别减少 186 万人次和 127 万人次。通过减排投入和淘汰落后产能正、负向贡献叠加，"十一五"污染减排对三大区域就业总贡献分别为 210 万人次、61 万人次、69 万人次，均表现为正向贡献，一定程度上表明了污染减排将不同程度为各地区就业增加作出贡献。

表 6-23 "十一五"污染减排对三大区域就业贡献效应比较　　　　单位：万人次

类　　型	东部	中部	西部
减排投入	337	247	321
其中：投资	273	218	294
运行费	64	29	43
淘汰落后产能	−127	−186	−269
合计	210	61	69

6.3.4.2　产业结构调整效果比较

（1）减排投入对产业结构的影响比较

对比减排投入对三大区域三次产业结构调整的影响（表 6-24）可以看出，"十一五"减排投入使得东、中、西部第一产业比重分别降低了 0.03%、0.2%、0.27%；第二产业比重分别提高了 0.12%、0.27%、0.5%，其中工业比重分别提高了 0.09%、0.24%、0.53%；第三产业比重分别降低了 0.09%、0.07%、0.23%。整体来看，"十一五"减排投入不同程度上提高三大区域第二产业比重，降低第一、第三产业比重。这其中对西部和中部地区的影响较大。

表 6-24 "十一五"减排投入对三次产业结构调整影响的区域比较　　　　单位：%

行　　业	东部	中部	西部
第一产业	−0.03	−0.2	−0.27
第二产业	0.12	0.27	0.5
其中：工业	0.09	0.24	0.53
建筑业	0.03	0.03	−0.03
第三产业	−0.09	−0.07	−0.23

对比减排投入对三大区域重点工业行业结构调整的影响（表 6-25）可以看出，由于减排投入，东、中、西部多数重点工业行业比重基本都存在不同程度的下降，包括纺织业、服装业、造纸印刷业、石油炼焦业、化学工业和金属冶炼业六大行业；三大区域非金属矿物制品业和电力生产业存在不同程度的提高。但三个区域之间存在明显差别，西部的服装业、化学工业比重没有变动，同时西部非金属矿物制品业和电力生产业比重提高幅度要高于东部和中部。总体来说，对八大行业结构调整效果合并，可以看出东部和中部重点工业行业结构整体分别下降了 0.10%和 0.11%，而西部则提高了 0.09%，表明"十一五"减排投入对东、中部重点行业结构优化效果要明显好于西部。

表 6-25　"十一五"减排投入对重点工业行业结构调整贡献区域比较　　　单位：%

行　业	东部	中部	西部
纺织业	−0.07	−0.07	−0.05
纺织服装鞋帽皮革羽绒制品业	−0.03	−0.01	0.00
造纸印刷及文教体育用品制造业	−0.05	−0.06	−0.04
石油加工、炼焦及核燃料加工业	−0.03	−0.03	−0.06
化学工业	−0.04	−0.05	0.00
非金属矿物制品业	0.00	0.01	0.04
金属冶炼及压延加工业	−0.04	−0.05	−0.04
电力、热力的生产和供应业	0.16	0.14	0.24
合　计	−0.10	−0.11	0.09

（2）结构调整的贡献比较

对比淘汰落后产能对三大区域三次产业结构调整的影响（表 6-26）可以看出，"十一五"淘汰落后产能使得东、中、西部第一产业比重分别增加了 0.03%、0.28%、0.35%；第二产业比重分别降低了 0.17%、0.78%、0.95%，其中工业比重分别降低了 0.21%、0.98%、1.18%；第三产业比重分别提高了 0.14%、0.50%、0.61%。整体来看，"十一五"淘汰落后产能从不同程度上提高三大区域第一、第三产业比重，降低第二产业比重，对三大区域三次产业结构调整优化效果十分显著。对比三个区域可以发现，对西部地区三次产业结构优化效果最为突出，其中工业比重整体下降了 1 个多百分点，而东部工业比重下降幅度要远低于中部和西部地区。

表 6-26　"十一五"结构调整对三次产业结构调整影响的区域比较　　　单位：%

行　业	东部	中部	西部
第一产业	0.03	0.28	0.35
第二产业	−0.17	−0.78	−0.95
其中：工业	−0.21	−0.98	−1.18
建筑业	0.04	0.2	0.23
第三产业	0.14	0.5	0.61

对比淘汰落后产能对三大区域重点工业行业结构调整的影响（表 6-27）可以看出，淘汰落后产能对中、西部地区重点工业行业优化效果要好于东部地区，如在服装业、造纸印刷业、石油炼焦业、非金属制品业、金属冶炼业以及电力生产业等比重均呈现明显下降的行业，中部和西部地区下降幅度要高于东部地区；在纺织业和化学工业等行业中，西部地区比重呈下降或不变，中部和东部地区则表现为提高。整体来看，淘汰落后产能使得东、中、西部八大重点工业行业比重分别下降了 0.18%、0.76%、0.91%，对西部和中部地区结构调整优化效果要好于东部地区。

表 6-27 "十一五"结构调整对重点工业行业结构调整贡献区域比较　　单位：%

行　业	东部	中部	西部
纺织业	0.01	0.02	0
纺织服装鞋帽皮革羽绒制品业	0	0	−0.01
造纸印刷及文教体育用品制造业	−0.01	−0.07	−0.06
石油加工、炼焦及核燃料加工业	−0.01	−0.10	−0.09
化学工业	0.01	0.02	−0.03
非金属矿物制品业	−0.03	−0.06	−0.12
金属冶炼及压延加工业	−0.05	−0.35	−0.39
电力、热力的生产和供应业	−0.11	−0.22	−0.22
合　计	−0.18	−0.76	−0.91

（3）污染减排总贡献比较

从总体来看，"十一五"污染减排使得东、中、西部第二产业比重分别降低了0.05%、0.51%、0.46%，其中工业比重分别降低了0.11%、0.75%、0.66%。同时第三产业比重分别提高了 0.06%、0.43%、0.38%。整体来看，"十一五"污染减排对中、西部地区三次产业结构优化效果最为突出，而东部三次产业结构调整效果并不十分明显（表6-28）。

表 6-28 "十一五"污染减排对三次产业结构调整影响的区域比较　　单位：%

行　业	东部	中部	西部
第一产业	−0.007	0.09	0.08
第二产业	−0.05	−0.51	−0.46
其中：工业	−0.11	−0.75	−0.66
建筑业	0.06	0.23	0.2
第三产业	0.06	0.43	0.38

针对重点工业行业结构整体调整效果来看（表6-29），"十一五"污染减排使得东、中、西三大区域的重点工业比重整体分别下降了0.28%、0.87%、0.83%，可以看出中、西部重点工业行业优化仍然最为明显，而东部优化效果并不十分显著。

表 6-29 "十一五"污染减排对重点工业行业结构调整贡献区域比较　　单位：%

行　业	东部	中部	西部
纺织业	−0.06	−0.05	−0.05
纺织服装鞋帽皮革羽绒制品业	−0.03	−0.01	−0.01
造纸印刷及文教体育用品制造业	−0.06	−0.13	−0.1
石油加工、炼焦及核燃料加工业	−0.04	−0.13	−0.15
化学工业	−0.03	−0.02	−0.02
非金属矿物制品业	−0.02	−0.05	−0.08
金属冶炼及压延加工业	−0.09	−0.4	−0.44
电力、热力的生产和供应业	0.05	−0.08	0.01
合　计	−0.28	−0.87	−0.83

6.4　结论与建议

6.4.1　主要结论

6.4.1.1　污染减排对三大区域经济发展具有显著拉动作用

（1）污染减排对经济贡献明显，减排投入呈正面贡献，淘汰落后产能呈负面贡献。从测算结果可以看出，"十一五"污染减排措施将不同程度地对东、中、西部经济社会发展产生贡献效应。污染减排将对东部地区经济发展作出了较为显著的贡献作用，增加国民总产出 9 896.1 亿元；拉动 GDP 增长约 1 804.1 亿元，占东部地区"十一五"总 GDP 的 0.16%；增加居民收入 680.6 亿元，新增 210.3 万个就业机会。污染减排将对中部地区经济发展贡献作用同样较为明显，国民总产出增加约 1 241.0 亿元；GDP 减少 64.5 亿元，占中部地区"十一五"总 GDP 的-0.02%；居民收入增加约 123 亿元；新增就业人员约 60.5 万人次。污染减排将对西部地区经济发展存在一定的促进作用，但不及东、中部地区。其中国民总产出增加约 822.5 亿元，GDP 减少 82.9 亿元，占西部地区"十一五" GDP 总量的-0.03%；居民收入增加约 106 亿元，就业增加约 68.7 万人次。从不同措施类型来看，减排投入对三大区域国民经济均产生较为积极的贡献作用，约占总贡献效应的 80%左右，淘汰落后产能对三大地区经济起到显著的负面阻碍作用，甚至导致中、西部地区 GDP 贡献略呈负值。但综合来看，污染减排措施在大幅削减污染物排放的同时，对三大区域总产出、GDP、居民收入和劳动就业等方面均起到不同程度的促进作用，经济溢出效应较为明显。

（2）不同行业受污染减排贡献差异较大，通（专）用设备制造业、服务业、电力、化工等主要受正面贡献，金属冶炼、石油加工、造纸等主要受负面贡献。对总产出和增加值指标进行分析，三大区域污染减排均对通（专）用设备制造、服务业、电力生产、建筑业的发展起到不同程度的促进贡献，而对服装皮革制造、造纸、纺织业以及非金属制品业均起到不同程度的阻碍作用。但针对金属冶炼、煤炭开采以及石油炼焦业等行业，三大区域呈现较大差异，东部地区污染减排对上述行业起到一定的促进作用，而中、西部地区则起到了负面阻碍作用，以金属冶炼业最为明显。其原因在于中、西部地区对上述行业，尤其是钢铁行业淘汰的落后产能量要大于东部地区。

6.4.1.2　污染减排对三大区域经济结构优化作用较为明显

（1）污染减排对三次产业结构优化效果不同，中、西部地区最为明显。污染减排对三大地区的三次产业结构都具有较为明显的优化调整作用，其中对中、西部地区三次产业结构调整贡献效果相对更为明显，中部地区工业所占比重减少 0.75%，西部地区减少 0.66%，而东部地区仅减少了 0.11%。原因在于中、西部地区发展程度落后于东部地区，存在工业比重大、生产技术相对落后等问题。"十一五"期间，以淘汰落后产能为主的结构减排措施一方面不断提高污染排放标准，促使大量落后产能退出和淘汰；另一方面引导工业向现代服务业、环保产业、设备制造业等新型行业发展。

（2）污染减排对三大区域重点行业结构优化效果明显，重点行业比重均呈不同程度下降。污染减排对东、中、西部地区重点工业产业结构调整贡献效果同样较为显著，其中东、中、西部重点工业行业占地区经济比重分别减少了 0.28%、0.87% 和 0.83%，东部地区下降幅度明显低于中、西部地区，进一步证明了污染减排对中、西部经济结构调整效果要优于东部地区。其原因在于中、西部地区重点行业结构存在比重较大、不合理等特点，因此污染减排对其结构优化潜力大于东部地区。从具体工业行业来看，三大区域结构比重降低幅度较大的均为金属冶炼加工业、造纸业、石油加工业及非金属矿物制品业等行业；纺织服装业结构调整均不太明显；电力生产业所占比重均有不同程度的小幅增加，这主要由于污染减排运行费和投资对电力本身以及其他行业产品的生产均需消耗大量电力，在其他行业比重下降的同时无形中提高了电力行业比重。对比三大区域可以发现，东部地区重点工业行业所占比重降低幅度较小，产业结构优化调整作用有限；中部地区作为重化工业聚集区，污染减排措施对产业结构优化作用十分明显，尤其以金属冶炼、石化等行业比重下降明显；西部地区发展较晚，由于短时间内吸纳了东、中部地区大量落后产业，同样是淘汰落后产能的重点区域，因此金属冶炼、非金属制品、石油加工等高耗能、高污染行业比重下降也十分明显，产业结构优化贡献作用也较为突出。

6.4.1.3　三大区域贡献不同，东部经济促进作用更大，中、西部结构优化作用更明显

我国"十一五"污染减排措施对产业结构调整也发挥了一定积极作用。从三个地区来看，污染减排对东部地区不但产生了较好的环境效应，同时由于经济溢出效应对我国经济发展和产区经济发展也发挥了较大的贡献作用，但对东部地区经济结构调整作用不太明显；相反，污染减排对中、西部地区的经济发展作用不是十分突出，但对中、西部地区的产业结构发挥了较为明显的优化贡献作用。

对三大区域污染减排贡献作用的差异原因进行分析，可以发现这与东、中、西部三大区域现有的经济发展阶段有较大关系。目前我国东部地区已经发展到经济和产业结构优化转变的阶段，工业结构已经从传统工业逐步向现代制造业、现代服务业等方向转变。因此，减排投入以及相关行业的再生产所需大量机械设备和材料对东部地区经济发展起到一定的促进作用；同时由于产业结构已经处于转变阶段，部分高耗能、重污染的落后产业已经逐步向中、东部地区转移，因此，污染减排对东部地区贡献作用呈现对经济发展促进大，对结构优化作用小的特点。而中、西部地区正好相反，由于减排投入所需现代设备及相关行业发展程度不高，因此对中、西部减排投入均由于区域溢出效应而对本地区经济促进作用不够明显；同时落后产业比重较大，淘汰落后产能对经济结构优化贡献作用较为明显，因此污染减排对中、西部贡献作用呈现经济发展促进小，结构优化作用大的特点。

6.4.2　政策建议

6.4.2.1　继续加大污染减排力度，发挥优化经济结构的积极贡献

通过实际测算表明，污染减排措施均对三大区域经济发展和产业结构优化贡献明显。因此，"十二五"期间，三大区域应继续加大污染减排力度，在不断提高减排投入的同时，应继续实施落后产能淘汰工作，使高污染、高耗能行业向集中化、大型化方向发展，最大化发挥污染减排优化经济发展的积极贡献。一方面，进一步提高减排投入力度，"十一五"测算表明，减排投入对区域经济的发展具有较为明显的溢出效应，因此，"十二五"期间，应进一步提高减排投入，充分发挥减排投入经济拉动作用；另一方面，继续淘汰落后产能，深入做好小钢铁、小造纸、小有色金属等"五小"企业淘汰工作，防止落后产能经济环境变好后重新抬头，做好监管审批工作，避免落后产能向中、西部地区转移。

6.4.2.2　实施差别化区域产业发展战略，探索绿色经济发展方式

因地制宜，从宏观战略层面，立足区域整体，深入分析我国东、中、西三大区域的经济与环境发展形势，针对三大区域社会、经济、环境发展特点，需实施差别化产业发展战略和政策。因此，在产业发展方面，东部地区应加快转变经济增长方式，不断提升经济结构层次。大力促进产业转移和升级，主动引导劳动密集型和一般低附加值产业向中西部地区转移，大力发展新型产业和现代服务业。逐步增强区域整体竞争力和自主创新力，不断推进环境经济政策、体制的改革和创新步伐，在自我发展的同时帮助和扶持中、西部落后地区加快发展步伐。发挥产业配套好和技术水平高的优势，优先发展以电子信息、生物医药、新材料等为代表的高新技术产业，具有比较优势的先进制造业，都市型、城郊型现代农业以及现代服务业。着力发展精深加工产品和高端服务，全面提升外向型经济水平。把利用外资的重点转向引进国外先进技术和管理经验上，注重提高外资利用的质量和效益，提升在全球产业分工中的层次和地位，增强国际竞争力。

中部地区应积极参与到泛长三角、泛珠三角的产业分工与合作中，实现与东部沿海地区的产业转移对接，加强与西部毗邻地区的资源、技术合作。应大力进行产业结构调整，一方面加快推进钢铁、有色金属、石化、建材等优势产业的结构调整和精深加工，控制总量、淘汰落后，加快重组、提升水平。积极发展新能源发电设备、电力控制保护、汽车制造等现代装备制造业和电子信息产业；另一方面，在承接东部地区产业时，应严格制定环境准入机制，优选特色新产业，着力发展生态农业、精细化种植业以及文化旅游业等劳动力密集型产业。应抓住农业资源优势，以中部崛起为契机，大力发展生态农业和精细种植业以及农产品深加工业。

西部地区需转变传统的经济发展模式，以环境容量确定产业布局，以资源优势优化产业结构，利用资源优势，积极发展循环经济。完善环境立法和监督，制定最为严格的环境准入制度，防止高污染、高能耗产业的迁入；针对西部区域丰富的矿产和能源资源，西部地区应做好统筹部署，支持生态环境条件允许的区域进行有规模地、合理地开发利

用。加大对西部节能、节水、综合利用的循环经济试点工作力度，积极发展风能、太阳能、水能等清洁能源。积极推进特色农牧业及加工、特色旅游及文化产业等特色优势产业的培育壮大，大力发展绿色经济。

6.4.2.3　严格环境准入标准，压缩产能过剩和高污染、高耗能行业

严格环境准入标准，在各地区主体功能区划和环境功能区划的基础上，按照允许开发、限制开发和禁止开发的要求，优化投资方向和结构，优化新项目的生产力布局，推进产业结构转变，使新项目的选址布局与东、中、西部各地区环境容量、资源要素、基础设施等相匹配。防止在生态脆弱和环境敏感的西部，尤其是水资源严重缺乏的西北省份，对高耗能、高排放、高污染的建设项目严格把关。防止企业为降低生产成本等因素，形成向中西部地区、不发达地区、农村转移的现象，避免造成"污染转移"。通过强化督察，避免西部省份借扩大内需的名义片面强调加快审批速度引发的环境问题。

第 7 章　重点行业污染减排的经济效应分析
——以"两高一资"重点行业为例

"十一五"期间，我国把具有高污染、高耗能、资源型特征的工业行业称为"两高一资"重点行业，主要以钢铁、水泥、造纸、石化、化工、食品制造、纺织、火电等行业为主。"两高一资"行业以重化工业为主，是我国工业的重要组成部分，主要的能源消耗和污染物排放的行业，同样也是"十一五"污染减排的主要对象。因此，有必要对"十一五"重点工业污染减排的经济效应进行分析，定量化测算分析"十一五"期间重点行业的污染减排措施（主要是淘汰落后产能、污染减排投入等措施）对重点工业行业经济发展、产业结构调整的贡献作用。

7.1　研究背景

我国"十一五"期间经济发展势头良好，国民生产总值由 2006 年的 21.63 万亿元增长到 2010 年的 40.12 万亿元，增加了接近 1 倍。在经济快速发展的同时，我国经济结构以及经济发展方式仍存在诸多不合理。其中工业比重，尤其是高污染、高耗能、资源型行业比重仍过高。据统计，2010 年我国第二产业比重仍高达 46.75%；我国"两高一资"重点工业行业总产值占工业总产值比重虽有所降低，但仍高达 41.7%。重点工业行业因为大多为高污染、高耗能行业，所以同样也是我国污染物排放的最主要行业。"十一五"期间，我国重点工业行业 SO_2 和 COD 排放量分别达 8 645 万 t 和 1 415 万 t，占所有工业行业排放的 93.4% 和 66.3%。因此重点工业行业所占比重偏重将是我国污染减排工作面临的较大挑战之一。

以高污染、高耗能、资源型的"两高一资"行业为主的重点工业行业是我国"十一五"污染减排的重点所在，也是我国工程、监管和结构三大减排措施主要实施对象。据统计，"十一五"期间，我国重点行业污染减排工程投资共计 4 550 亿元，运行费共计 3 610 万元；钢铁、水泥、化工、造纸、火电等行业淘汰落后产能分别为 25 365 万 t、39 933 万 t、67 万 t、966 万 t、7 109 万 kW，并呈逐年增长的趋势。通过淘汰落后产能、加大污染减排投入等措施，切实提高了重点行业污染减排能力，带来了较为显著的环境效益。"十一五"期间，重点行业在增加值和总产值较快增长的同时，COD 和 SO_2 等主要污染物排放量均呈一定的下降趋势，其中工业 COD 排放量由 2005 年的 493 万 t 下降到 2010 年的 434 万 t；SO_2 排放量由 2005 年的 1 980 万 t 下降到 2010 年的 1 705 万 t。可见污染减排措施对减少污染物排放、改善生态环境质量起到了较为明显的、积极的作用。

然而，在关注对重点工业行业污染减排措施的环境改善效应同时，同样需要关注重点工业行业污染减排带来的结构调整优化的作用以及经济溢出效应，验证污染减排倒逼重点工业行业经济结构调整理论的正确性。由于污染减排措施具有较大的经济属性和经济耦合特征，因此，我们需要深入了解污染减排对经济发展以及经济结构调整优化的贡献机理，通过构建数学模型，定量化测算污染减排对重点工业结构优化的贡献作用。

本章以"两高一资"为主的重点工业行业作为测算对象，在编制环境经济投入产出表的基础上，构建污染减排对经济发展和结构调整的贡献作用模型，收集"十一五"期间重点行业淘汰落后产能、污染减排投入等数据，定量化测算分析"十一五"期间重点行业的污染减排措施（主要是淘汰落后产能、污染减排投入等）对重点工业行业经济发展、产业结构调整的贡献作用。

本章中重点工业行业主要指具有高污染、高耗能、资源型特点的工业行业，简称"两高一资"行业，根据国家文件相关定义以及实际数据表现，本书中重点工业行业主要包括：金属冶炼及压延加工业、非金属矿物制品业、造纸印刷及文教用品制造业、石油加工、炼焦及核燃料加工业、食品制造及烟草加工业、服装皮革羽绒及其制品业、化学工业、电力、热力的生产和供应业等 8 个重点工业行业。

7.2   数据来源及相关参数

7.2.1   淘汰落后产能数据

本研究通过国家发改委和工信部网站收集到我国"十一五"期间[①]"两高一资"等高污染、高耗能行业淘汰落后产能名单，并按照行业进行汇总（表 7-1）。

表 7-1   中国"十一五"期间重点工业行业淘汰落后产能数量

行业＼年份	2007	2008	2009	2010	"十一五"合计
炼铁/万 t	0.0	0.0	2 113.0	3 606.6	5 719.6
炼钢/万 t	17 019.0	0.0	1 691.0	935.4	19 645.4
焦炭/万 t	3 147.4	3 692.1	1 809.1	2 586.5	11 235.1
铁合金/万 t	129.4	117.7	162.1	171.9	581.1
电石/万 t	79.6	104.8	46.7	74.5	305.5
有色金属/万 t	0.0	0.0	31.4	107.5	138.9
水泥/万 t	13 275.0	8 514.0	7 416.0	10 727.5	39 932.5
玻璃/万重量箱	0.0	0.0	600.0	993.5	1 593.5
造纸/万 t	449.6	0.0	50.7	465.3	965.6
酒精/万 t	42.1	0.0	35.5	68.0	145.6
味精/万 t	7.2	0.0	3.5	19.5	30.2
柠檬酸/万 t	0.0	0.0	0.8	1.7	2.5
制革/万标张	0.0	0.0	0.0	1 435.8	1 435.8
印染/万 m	0.0	0.0	0.0	381 356.0	381 356.0
化纤/万 t	0.0	0.0	0.0	67.4	67.4
火电/万 kW	1 751.8	1 669.1	2 617.2	1 071.1	7 109.2

[①] 主要包括 2007—2010 年 4 年，其中 2007 年淘汰落后产能名单资料来源于国家发改委网站：http://www.sdpc.gov.cn/；2008—2010 年淘汰落后产能名单资料来源于工信部网站：http://www.miit.gov.cn.

可以看出，国家淘汰落后产能是按照行业产品产量进行统计，由于要计算其对经济发展以及结构调整的贡献效应，因此应将其转换为货币表示的价值量，通过收集 2007 年我国重点工业行业总产出（部分行业以工业总产值代替）和工业总产量数据，并采用对应年份工业品出厂价指数进行校正后，获得重点工业行业单位工业总产出（总产值）的产品产量（表 6-4）。结合投入产出行业对应关系（表 6-5），则可以计算出"十一五"期间重点工业行业历年淘汰落后产能所引起总产出的减少量（表 7-2）。

表 7-2　"十一五"期间重点行业淘汰落后产能价值量　　　　单位：亿元

行　业	2007 年	2008 年	2009 年	2010 年	"十一五"合计
金属冶炼及压延加工业	2 137.0	119.4	649.7	812.2	3 718.3
非金属矿物制品业	495.9	312.2	271.5	401.4	1 481.0
造纸印刷及文教用品制造业	385.4	0.0	37.3	247.4	670.1
石油加工、炼焦及核燃料加工业	237.1	370.1	211.5	219.6	1 038.3
食品制造及烟草加工业	24.3	0.0	16.9	41.6	82.8
服装皮革羽绒及其制品业	0.0	0.0	0.0	119.6	119.6
化学工业	0.0	0.0	0.0	94.9	94.9
电力、热力的生产和供应业	1 344.6	1 234.4	1 844.4	731.2	5 154.6

7.2.2　污染减排投入数据

本研究在《中国"十一五"污染减排分析评估》报告研究成果基础上，通过比例校正等方式获得"十一五"期间及历年污染减排投入数据，结合 2006—2010 年《中国环境统计年报》中环保投资和运行费（主要指废气和废水）行业比例，估算出"十一五"期间我国重点工业行业工程减排投资和运行费（表 7-3）。

表 7-3　"十一五"重点行业污染减排投入总额　　　　单位：亿元

类型		2006 年	2007 年	2008 年	2009 年	2010 年	"十一五"合计
投资	废水治理	315	585	705	855	1 154	3 614
	废气治理	129	174	205	259	297	1 064
	合计	444	760	910	1 114	1 450	4 678
运行费	废水	490	558	631	698	832	3 209
	废气	65	128	189	243	275	900
	合计	555	686	820	941	1 107	4 109
污染减排投入		999	1 445	1 730	2 056	2 558	8 788

7.2.3　投入产出表数据

投入产出数据主要采用中国 2007 年 42 部门投入产出表，并在此基础上拆分废水治理和废气治理两个虚拟环境部门，从而构建中国环境经济投入产出表，为污染减排环保投资和运行费的贡献度测算提供基础数据和方法模型。环境经济投入产出表的编制方法详见第 4 章，具体编制的环境经济投入产出表限于篇幅，本章不再罗列。

7.3 测算结果分析

7.3.1 经济发展贡献效应

7.3.1.1 总贡献

"十一五"重点工业行业污染减排对经济发展起到了较为显著的贡献作用（表7-4），增加国民总产出17 760亿元，拉动GDP增长约3 170亿元，增加居民收入1 327亿元，新增727万个就业机会。这其中污染减排投入对国民经济产生较为积极的贡献作用，约为总贡献效应的1.7倍；淘汰落后产能对经济发展具有显著的负面阻碍作用，总产出、增加值、居民收入分别减少13 760亿元、4 318亿元和1 445亿元，约直接、间接减少719万个就业机会。从整体情况来看，污染减排措施在大幅削减污染物排放的同时，仍然起到了促进经济发展的积极的贡献作用，且作用较为明显。其中增加值贡献占国内生产总值的0.21%左右。总体来看，"十一五"期间污染减排措施在一定程度上遏制了"两高一资"重点工业行业的无序发展，通过上大压小、产能置换、扶优汰劣等方式倒逼重点工业行业产业结构升级，同时对第三产业以及装备制造业等新型工业起到了较为显著的促进作用，可以认为，污染减排对我国经济发展方式转变和工业结构调整优化起到了较为显著的积极作用。

表7-4 "十一五"重点工业行业污染减排对我国经济社会贡献效应

影响指标 类型	总产出/ 亿元	增加值/ 亿元	居民收入/ 亿元	就业/ 万人次
污染减排投入	31 519.9	7 488.4	2 772.3	1 446.6
其中：污染减排投资	20 095.1	6 106.3	2 242.0	1 172.4
污染减排运行费	11 424.8	1 382.1	530.3	274.2
淘汰落后产能	−13 760.3	−4 318.3	−1 445.0	−719.2
合 计	17 759.7	3 170.1	1 327.3	727.4
占"十一五"期间全国比重	—	0.21%	—	—

7.3.1.2 总产出贡献

从对各行业总产出贡献来看（图7-1），"十一五"重点工业行业污染减排措施对国民经济各行业贡献作用具有较大差别，多数行业受到污染减排投入正面贡献和淘汰落后产能负面贡献的双重影响。综合两种贡献效应，可以看出受污染减排影响较大的行业分别是通（专）用设备制造业、服务业、电力热力生产业、化学工业、建筑业、仪器设备制造业以及金属冶炼行业，其总产出分别增加了4 059亿元、3 050亿元、2 207亿元、1 907亿元、1 765亿元、1 275亿元。其中服务业、电力热力生产业、金属冶炼业、非金属矿物制品业以及石油化工等行业总产出受淘汰落后产能负面贡献较为明显，以金属冶炼业最为明显。表明直接实施淘汰落后产能的行业如电力、建材、石油化工以及钢铁等，其总产出将首先受到较为直接、显著的负面影响;而与上述行业相关性较大的服务业、煤炭和石油开采、机械制造等行业也将一定程度上受到间接性负面影响。

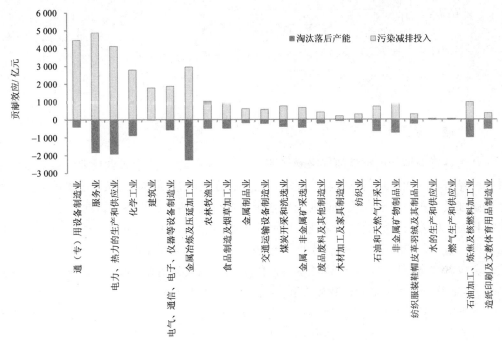

图7-1 "十一五"重点工业行业污染减排对国民经济各行业总产出贡献效应

从各重点工业自身总产出贡献来看(表 7-5),"十一五"两种污染减排措施对重点工业行业总产出同样分别具有正、负双重贡献。污染减排投入将使得重点工业行业总产出增加 13 540 亿元,分别占工业和全行业贡献的 56.8%和 43%,其中电力、金属冶炼、化工、石油炼焦、食品制造等行业所受正面贡献较大。淘汰落后产能使总产出减少了 8 224 亿元,分别占工业和全行业贡献的 71.9%和 59.8%,所有重点工业行业均受到不同程度的负面贡献,其中以电力、金属冶炼、非金属矿物制品业、化学工业等行业所受负面贡献较为明显。综合来看,污染减排措施使重点工业行业总产出增加 5 316 亿元,在一定程度上起到了较为积极的贡献作用。其中电力、化工、金属冶炼所受正面贡献较为明显,造纸行业和石油炼焦行业受到一些的负面影响。

表7-5 "十一五"污染减排对各重点工业行业总产出经济贡献

贡献类型 行业	总产出贡献		
	污染减排投入	淘汰落后产能	合计
食品制造及烟草加工业/亿元	949.5	−484.0	465.5
纺织业/亿元	289.5	−189.0	100.5
纺织服装鞋帽皮革羽绒及其制品业/亿元	294.1	−243.9	50.3
造纸印刷及文教体育用品制造业/亿元	352.8	−517.5	−164.7
石油加工、炼焦及核燃料加工业/亿元	979.2	−998.3	−19.1
化学工业/亿元	2 796.4	−889.4	1 907.0
非金属矿物制品业/亿元	807.1	−744.0	63.1

贡献类型 行业	总产出贡献		
	污染减排投入	淘汰落后产能	合计
金属冶炼及压延加工业/亿元	2 949.9	−2 243.5	706.4
电力、热力的生产和供应业/亿元	4 121.1	−1 914.4	2 206.7
重点工业行业贡献合计/亿元	13 540	−8 224	5 316
对全部工业贡献合计/亿元	23 831	−11 440	12 391
对国民经济贡献合计/亿元	31 520	−13 760	17 760
重点工业占工业贡献比重/%	56.8	71.9	42.9
重点工业占全行业贡献比重/%	43.0	59.8	29.9

7.3.1.3 增加值贡献

从对各行业增加值贡献情况来看（图 7-2），"十一五"重点工业行业污染减排措施对国民经济各行业增加值影响较为显著，同样存在两种措施的正、负双重影响。其中受污染减排投入正面影响最大的行业分别是服务业、通（专）用设备制造业、电力生产业、农林牧渔业以及石油天然气开采业，增加值分别增加了 2 590 亿元、1 014 亿元、702 亿元、607 亿元、375 亿元。而服务业、电力生产业、金属冶炼业、石油采掘、农林牧渔业、金属、非金属矿制品业受淘汰落后产能负面影响较为明显，增加值分别减少了 976 亿元、536 亿元、438 亿元、385 亿元、282 亿元、204 亿元。两类影响进行综合叠加分析，重点工业行业污染减排对服务业、通（专）用设备制造业、建筑业、农业、电力生产业等行业具有一定的带动贡献作用，增加值分别增加了 1 615 亿元、921 亿元、408 亿元、325 亿元、166 亿元。

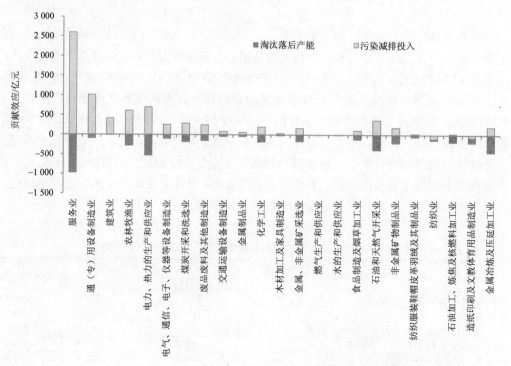

图 7-2 "十一五"重点工业行业污染减排对国民经济各行业增加值贡献效应

从各重点工业自身增加值贡献来看（表 7-6），污染减排投入将使得重点工业行业增加值增加 1 301 亿元，分别占工业和全行业贡献的 33.5%和 17.4%，其中电力、化工、金属冶炼、非金属矿物制品行业所受正面贡献较大，行业增加值分别增加了 701.7 亿元、205.2 亿元、200.6 亿元、188.4 亿元；纺织业和造纸业将受到一定程度的负面贡献，行业增加值分别减少了 96.8 亿元、71.9 亿元。淘汰落后产能使重点工业行业增加值整体减少 1 869 亿元，分别占工业和全行业的 61.2%和 43.3%。所有重点工业行业均受到不同程度的负面贡献，其中以电力、金属冶炼、非金属矿物制品业、化学工业、石油炼焦业所受负面贡献较为明显，行业增加值分别减少了 535.7 亿元、438.0 亿元、204.4 亿元、180.7 亿元、177.7 亿元。综合来看，"十一五"污染减排促使重点工业行业增加值总体减少 568 亿元，其中金属冶炼压延业、造纸印刷业、石油加工炼焦工业以及纺织业所受负面贡献较为明显，电力行业受到一定的正面贡献。但从国家整个工业和国民经济情况来看，污染减排对工业和国民经济增加值的贡献分别为 823 亿元和 3 170 亿元，表明污染减排在对重点工业行业起到抑制的同时，拉动了其他类型工业（机械设备、电子通信等）以及服务业经济的增长，可以认为是对工业内部结构以及三次产业结构合理调整的内在表现。

表 7-6　污染减排对各重点工业行业增加值经济贡献

贡献类型 行业	增加值贡献		
	污染减排投入	淘汰落后产能	合计
食品制造及烟草加工业/亿元	113.4	−117.9	−4.5
纺织业/亿元	−96.8	−36.9	−133.6
纺织服装鞋帽皮革羽绒及其制品业/亿元	32.4	−54.4	−22.0
造纸印刷及文教体育用品制造业/亿元	−71.9	−123.3	−195.2
石油加工、炼焦及核燃料加工业/亿元	27.5	−177.7	−150.2
化学工业/亿元	205.2	−180.7	24.5
非金属矿物制品业/亿元	188.4	−204.4	−16.0
金属冶炼及压延加工业/亿元	200.6	−438.0	−237.4
电力、热力的生产和供应业/亿元	701.7	−535.7	166.1
重点工业行业贡献合计/亿元	1 301	−1 869	−568
对全部工业贡献合计/亿元	3 878	−3 055	823
对国民经济贡献合计/亿元	7 488	−4 318	3 170
重点工业占工业贡献比重/%	33.5	61.2	—
重点工业占全行业贡献比重/%	17.4	43.3	—

7.3.1.4　居民收入贡献

从对各行业居民收入贡献来看（图 7-3），"十一五"重点工业行业污染减排对国民经济各行业居民收入影响较为明显。其中受污染减排投入正面影响最大的行业分别是服务业、农林牧渔业、通（专）用设备制造业、建筑业、煤炭开采业、电力生产业，居民收入分别增加了 793.02 亿元、575.43 亿元、373.49 亿元、210.99 亿元、141.79 亿元、

167.12 亿元。而服务业、农林牧渔业、电力生产业、金属冶炼业、煤炭开采业、石油开采业受淘汰落后产能负面影响较为明显，居民收入分别减少了 279.87 亿元、267.65 亿元、127.57 亿元、114.63 亿元、88.61 亿元、88.27 亿元。整体来看，重点工业行业污染减排对服务业、通（专）用设备制造业、农林牧渔业、建筑业等行业具有一定的带动贡献作用，居民收入分别增加了 513.2 亿元、339.3 亿元、307.8 亿元、208.4 亿元；对造纸印刷业、金属冶炼加工业、纺织业、石油炼焦业等行业的居民收入具有一定负面影响，居民收入分别减少了 68.10 亿元、62.13 亿元、50.19 亿元、43.86 亿元。但影响效果在可接受范围。

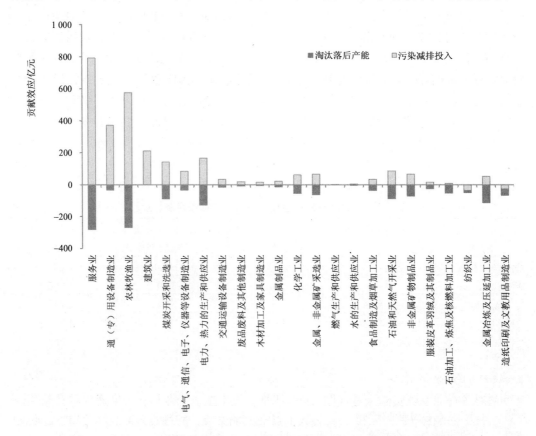

图 7-3 "十一五"重点工业行业污染减排对国民经济各行业居民收入贡献效应

从各重点工业自身居民收入贡献情况来看（表 7-7），"十一五"污染减排一定程度上使得重点工业行业居民收入减少 194.7 亿元，其中造纸业、金属冶炼业、纺织业、石油炼焦业、纺织服装业等行业受负面影响程度最为严重，分别减少了 68.1 亿元、62.1 亿元、50.2 亿元、43.9 亿元、10.3 亿元。电力和化工两个行业居民收入呈小幅增加，分别增加了 39.6 亿元、7.4 亿元。

污染减排投入总体来说拉动了重点行业居民收入 343.5 亿元，分别占工业和国民经济贡献比重分别为 28.8%、12.4%；对电力行业居民收入拉动最为明显，为 167.1 亿元；非金属制品业、化学工业以及金属冶炼业居民收入也成明显增长，分别增加了 66.0 亿元、61.6 亿元、52.5 亿元；减排投入对纺织业和造纸业居民收入造成负面影响，分别减少了

36.3 亿元、25.1 亿元。

淘汰落后产能一定程度上对各重点工业行业居民收入造成负面影响，整体减少 538.2 亿元，分别占淘汰落后产能对工业和国民经济负面影响的 60.1%、37.2%；电力行业和金属冶炼业同样是受负面影响最大的行业，居民收入减少 127.6 亿元和 114.6 亿元。

表 7-7　污染减排对各重点工业行业居民收入经济贡献

贡献类型	居民收入贡献		
行业	污染减排投入	淘汰落后产能	合计
食品制造及烟草加工业/亿元	34.4	−35.8	−1.4
纺织业/亿元	−36.3	−13.8	−50.2
纺织服装鞋帽皮革羽绒及其制品业/亿元	15.2	−25.6	−10.3
造纸印刷及文教体育用品制造业/亿元	−25.1	−43.0	−68.1
石油加工、炼焦及核燃料加工业/亿元	8.0	−51.9	−43.9
化学工业/亿元	61.6	−54.2	7.4
非金属矿物制品业/亿元	66.0	−71.6	−5.6
金属冶炼及压延加工业/亿元	52.5	−114.6	−62.1
电力、热力的生产和供应业/亿元	167.1	−127.6	39.6
重点工业行业贡献合计/亿元	343.5	−538.2	−194.7
对全部工业贡献合计/亿元	1 192.8	−894.8	298.0
对国民经济贡献合计/亿元	2 772.3	−1 445.0	1 327.3
重点工业占工业贡献比重/%	28.8	60.1	−65.3
重点工业占全行业贡献比重/%	12.4	37.2	−14.7

7.3.1.5　就业贡献

从对各行业就业贡献来看（图 7-4），"十一五"重点工业行业污染减排对国民经济各行业就业影响较为明显。从减排投入的就业影响来看，减排投入对农林牧渔业、服务业、通（专）用设备制造业、建筑业就业影响最大，分别增加了 530.5 万人次、320.9 万人次、165.7 万人次、114.2 万人次。从淘汰落后产能的就业影响来看，淘汰落后对农林牧渔业、服务业、非金属制品业以及金属冶炼业的负面影响最为深刻，分别减少了 246.8 万人次、102.0 万人次、45.6 万人次、41.8 万人次。整体来看，农林牧渔业、服务业、通（专）用设备制造业、建筑业等行业就业分别呈较大增长，分别增加了 283.7 万人次、218.9 万人次、150.5 万人次、112.7 万人次；造纸印刷业、纺织业、金属冶炼业和石油炼焦业等行业就业受到一定负面影响，"十一五"期间就业分别减少了 38.8 万人次、35.9 万人次、22.7 万人次、13.9 万人次。

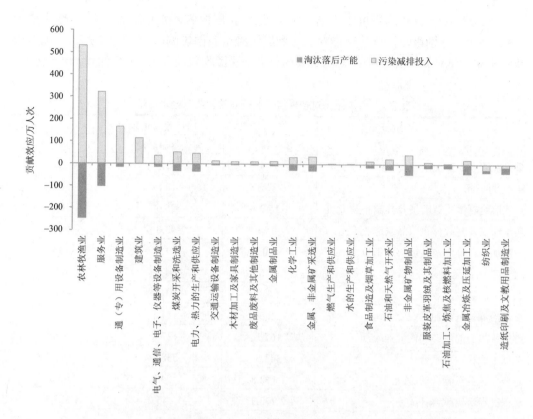

图7-4 "十一五"重点工业行业污染减排对国民经济各行业就业贡献效应

从各重点工业自身就业贡献情况来看（表 7-8），"十一五"污染减排使得重点工业行业就业总共减少 107 万人次，其中造纸业、纺织业、金属冶炼业、石油炼焦业受负面影响程度最为严重，就业分别减少了 38.8 万人次、35.9 万人次、22.7 万人次、13.9 万人次。电力和化工两个行业就业呈小幅增加，分别增加了 10.9 万人次和 3.7 万人次。

污染减排投入总体来说为重点行业增加就业 122.7 万人次，分别占工业和国民经济贡献比重分别为 25.5%、8.5%。污染减排投入对电力和非金属行业就业增长促进最为明显，分别为 46.0 万人次和 42.0 万人次；化学工业以及金属冶炼业就业也呈明显增长，分别增加了 30.7 万人次、19.1 万人次；减排投入对纺织业和造纸业就业造成一定负面影响，分别减少了 26.0 万人次和 14.3 万人次。

淘汰落后产能一定程度上对各重点工业行业就业造成负面影响，就业整体减少 229.7 万人次，分别占淘汰落后产能对工业和国民经济就业负面影响的 62.2%、31.9%；非金属制品业、金属冶炼业和电力行业是受负面影响最大的行业，就业分别减少 45.6 万人次、41.8 万人次和 35.1 万人次。

表 7-8　"十一五"污染减排对各重点工业行业就业贡献

贡献类型 行业	就业贡献		
	污染减排投入	淘汰落后产能	合计
食品制造及烟草加工业/万人次	13.4	−13.9	−0.5
纺织业/万人次	−26.0	−9.9	−35.9
纺织服装鞋帽皮革羽绒及其制品业/万人次	9.2	−15.4	−6.2
造纸印刷及文教体育用品制造业/万人次	−14.3	−24.5	−38.8
石油加工、炼焦及核燃料加工业/万人次	2.5	16.4	13.9
化学工业/万人次	30.7	−27.0	3.7
非金属矿物制品业/万人次	42.0	−45.6	−3.6
金属冶炼及压延加工业/万人次	19.1	−41.8	−22.7
电力、热力的生产和供应业/万人次	46.0	−35.1	10.9
重点工业行业贡献合计/万人次	122.7	−229.7	−107.0
对全部工业贡献合计/万人次	481.0	−369.0	112.0
对国民经济贡献合计/万人次	1 446.6	−719.2	727.4
重点工业占工业贡献比重/%	25.5	62.2	−95.6
重点工业占全行业贡献比重/%	8.5	31.9	−14.7

7.3.2　产业结构调整效果

7.3.2.1　三次产业结构调整效果

"十一五"初期（2005），我国三次产业结构基本上为 11.6∶49∶39.4，其中工业所占比重为 43.2%。污染减排实施后，到"十一五"末期（2010），在仅考虑污染减排对经济影响的情况下，我国三次产业结构将调整为 11.63∶48.88∶39.48。第一产业比重没有变化，第二产业比重较 2005 年下降了 0.12 个百分点，这其中工业所占比重下降为 43%，较 2005 年下降了 0.19 个百分点，建筑业比重提高了 0.07 个百分点，达到 5.88%。第三产业比重提高了 0.11 个百分点，所占国民经济比重接近 40%（表 7-9）。总体来看，污染减排对三次产业结构优化具有一定的促进作用，表现为经济逐步由第二产业，尤其是工业向建筑业和服务业转移，这比较符合发达国家三次产业演化趋势，一定程度上说明了污染减排对三次产业结构调整的优化具有促进作用。

表 7-9　污染减排对三次产业结构调整贡献效应　　　　　　单位：%

行　业	2005 年产业结构	污染减排对结构调整的总贡献	
		2010 年产业结构	结构调整差值
第一产业	11.63	11.63	0
第二产业	49.00	48.88	−0.12
其中：工业	43.19	43.00	−0.19
建筑业	5.81	5.88	0.07
第三产业	39.37	39.48	0.11

注：本表中所列 2010 年产业结构是仅考虑污染减排情况下的产业结构调整效果，并非实际 2010 年产业结构，下同。

仅从减排投入对三次产业结构调整影响来看（表 7-10），减排投入通过增加环保投资和拉动内需，将一定程度上提高第二产业比重。到 2010 年，在仅考虑污染减排投入对经济影响的情况下，我国三次产业结构将调整为 11.59∶49.18∶39.24。第一产业比重将下降 0.04 个百分点；第二产业比重较 2005 年提高了 0.18 个百分点，这其中工业所占比重增长到 43.38%，较 2005 年提高了 0.19 个百分点，建筑业比重降低了 0.01 个百分点，下降了 5.8%。第三产业比重降低了 0.13 个百分点，所占国民经济比重为 39.24%。总体来看，减排投入将在一定程度上促进工业的较快增长，从而提高工业所占比重，而第一、第三产业比重则相应下降。其主要原因在于污染减排投入通过对治污设备、电力、化学药剂等工业产品的需求，拉动部分工业行业经济增长。

表 7-10　减排投入对三次产业结构调整贡献效应　　　　　单位：%

行　　业	2005 年产业结构	减排投入对结构调整的贡献	
		2010 年产业结构	结构调整差值
第一产业	11.63	11.59	−0.04
第二产业	49.00	49.18	0.18
其中：工业	43.19	43.38	0.19
建筑业	5.81	5.80	−0.01
第三产业	39.37	39.24	−0.13

仅从淘汰落后产能对三次产业结构调整影响来看（表 7-11），淘汰落后产能通过关停并转部分重污染行业落后设施，从而达到污染减排的目的，由于减少了落后工业产业生产能力，因此将一定程度上降低第二产业比重。到 2010 年，在仅考虑淘汰落后产能对经济影响的情况下，我国三次产业结构将调整为 11.68∶48.71∶39.61。第一产业比重将略微提高 0.05 个百分点；第二产业比重较 2005 年整体降低了 0.29 个百分点，这其中工业所占比重下降到 42.83%，较 2005 年降低了 0.36 个百分点，建筑业比重提高了 0.08 个百分点，2010 年达到 5.89%。第三产业比重提高了 0.24 个百分点，所占国民经济比重为 39.61%。总体来看，"十一五"淘汰落后产能对我国三次产业结构优化作用可谓十分显著，工业所占比重下降明显，服务业比重也存在大幅度提高。

表 7-11　淘汰落后产能对三次产业结构调整贡献效应　　　　　单位：%

行　　业	2005 年产业结构	淘汰落后产能对结构调整的贡献	
		2010 年产业结构	结构调整差值
第一产业	11.63	11.68	0.05
第二产业	49.00	48.71	−0.29
其中：工业	43.19	42.83	−0.36
建筑业	5.81	5.89	0.08
第三产业	39.37	39.61	0.24

7.3.2.2　重点工业行业内部结构调整效果

"十一五"初期（2005），重点工业行业占国民经济的比重为 20.09%，其中化学工业、非金属制品业、金属冶炼业以及电力行业 4 个行业所占比重最大。污染减排实施后（2010），在仅考虑污染减排对经济影响的情况下，我国重点工业行业所占国民经济比重下降为 19.7%，共计降低了 0.39 个百分点。除电力生产业外，几乎所有重点行业比重均呈不同幅度的下降，其中金属冶炼业下降最为明显，2010 年下降为 3.37%，降低了 0.12 个百分点；造纸业、纺织业以及石油炼焦业比重下降也同样十分显著，2010 年分别下降 0.08%、0.06%、0.06%；电力行业较为特殊，行业比重反而提高 0.02 个百分点。从各重点工业行业比重下降幅度来看，8 大重点工业行业比重整体下降幅度为 1.94%，其中造纸业、石油炼焦业、金属冶炼业、纺织业比重下降幅度最大，分别为 5.52%、4.76%、3.44%、3.35%（表 7-12）。整体来看，污染减排使得重点工业行业所占比重分别呈现不同程度的下降趋势，促使我国工业由"重"向"轻"不断转变，一定程度上与我国发展新型工业化经济的目标相吻合。

表 7-12　"十一五"污染减排对重点工业结构调整贡献效应　　　　　单位：%

行　业	2005 年产业结构	污染减排对结构调整贡献		
		2010 年行业比重	结构调整差值	行业比重下降幅度
纺织业	1.79	1.73	−0.06	3.35
纺织服装鞋帽皮革羽绒制品业	1.65	1.63	−0.02	1.21
造纸印刷及文体用品制造业	1.45	1.37	−0.08	5.52
石油、炼焦及核燃料加工业	1.26	1.2	−0.06	4.76
化学工业	4.76	4.72	−0.04	0.84
非金属矿物制品业	2.31	2.28	−0.03	1.30
金属冶炼及压延加工业	3.49	3.37	−0.12	3.44
电力、热力的生产和供应业	3.39	3.41	0.02	−0.59
合　计	20.09	19.7	−0.39	1.94

仅从减排投入对重点工业行业调整影响来看（表 7-13），2010 年，在仅考虑减排投入对经济影响的情况下，我国重点工业行业所占国民经济比重下降为 19.97%，共计降低了 0.12 个百分点。除电力生产业和非金属制品业外，其他重点行业比重均呈不同幅度的下降，其中纺织业下降最为明显，2010 年比重下降为 1.71%，降低了 0.08 个百分点；造纸业、化学工业比重下降也同样明显，2010 年分别下降 0.06%、0.05%；电力行业较为特殊，行业比重反而提高 0.15 个百分点，其主要原因在于污染减排投入直接或间接增加了电力行业最终产品的需求量。从各重点工业行业比重下降幅度来看，8 大重点工业行业比重整体下降幅度仅为 0.6%，其中纺织业、造纸业比重下降幅度最大，分别为 4.47%、4.14%。整体来看，减排投入使得重点工业行业所占比重分别呈现较小幅度的下降，减排投入对纺织业和造纸业结构调整优化效果略为明显一些。

表 7-13   "十一五"污染减排投入对重点工业结构调整贡献效应   单位：%

行　业	2005 年产业结构	减排投入对结构调整贡献		
		2010 年行业比重	结构调整差值	行业比重下降幅度
纺织业	1.79	1.71	−0.08	4.47
纺织服装鞋帽皮革羽绒制品业	1.65	1.62	−0.03	1.82
造纸印刷及文体用品制造业	1.45	1.39	−0.06	4.14
石油、炼焦及核燃料加工业	1.26	1.24	−0.02	1.59
化学工业	4.76	4.71	−0.05	1.05
非金属矿物制品业	2.31	2.31	0	0.00
金属冶炼及压延加工业	3.49	3.47	−0.02	0.57
电力、热力的生产和供应业	3.39	3.54	0.15	−4.42
合　计	20.09	19.97	−0.12	0.60

　　仅从淘汰落后产能对重点工业行业调整影响来看（表 7-14），2010 年，在仅考虑淘汰落后产能对经济影响的情况下，我国重点工业行业所占国民经济比重下降为 19.82%，共计降低了 0.27 个百分点。其中造纸业、石油炼焦业、非金属制品业、金属冶炼业以及电力生产业 5 个行业比重呈不同程度下降，电力生产业下降最为明显，为 0.12 个百分点，金属冶炼业下降也较为明显，为 0.09 个百分点；纺织业、服装业和化学工业 3 个行业比重均呈小幅提高，均提高了 0.01 个百分点。整体来看，淘汰落后产能使得重点工业行业所占比重分别呈现不同幅度下降，对电力生产业和金属冶炼业结构调整优化效果较为明显。

表 7-14   "十一五"淘汰落后产能对重点工业结构调整贡献效应   单位：%

行　业	2005 年产业结构	淘汰落后产能对结构调整贡献		
		2010 年行业比重	结构调整差值	行业比重下降幅度
纺织业	1.79	1.8	0.01	−0.56
纺织服装鞋帽皮革羽绒制品业	1.65	1.66	0.01	−0.61
造纸印刷及文体用品制造业	1.45	1.43	−0.02	1.38
石油、炼焦及核燃料加工业	1.26	1.22	−0.04	3.17
化学工业	4.76	4.77	0.01	−0.21
非金属矿物制品业	2.31	2.28	−0.03	1.30
金属冶炼及压延加工业	3.49	3.4	−0.09	2.58
电力、热力的生产和供应业	3.39	3.27	−0.12	3.54
合　计	20.09	19.82	−0.27	1.34

7.4　结论与建议

7.4.1　主要结论

7.4.1.1　污染减排对重点工业行业经济拉动作用较为明显

（1）从各重点工业增加值贡献情况来看，污染减排投入将使得重点工业行业增加值增加 1 301 亿元，分别占工业和全行业贡献的 33.5% 和 17.4%，其中电力、化工、金属冶炼、非金属等行业所受正面贡献较大，纺织业和造纸业将受到一定程度的负面贡献。淘汰落后产能使增加值减少了 1 869 亿元，分别占工业和全行业贡献的 61.2% 和 43.3%，所有重点工业行业均受到不同程度的负面贡献，其中以电力、金属冶炼、非金属矿物制品业、化学工业等行业所受负面贡献较为明显。综合来看，污染减排措施使重点工业行业增加值减少 568 亿元，起到了一定的负面贡献作用。其中金属冶炼压延业、造纸印刷业、石油炼焦工业以及纺织业所受负面贡献较为明显，电力行业受到一定的正面贡献。

（2）从各重点工业总产出贡献情况来看，"十一五"两种污染减排措施对重点工业行业总产出同样分别具有正、负双面贡献。污染减排投入将使得重点工业行业总产出增加 13 540 亿元，分别占工业和全行业贡献的 56.8% 和 43%，其中电力、金属冶炼、化工、石油炼焦、食品制造等行业所受正面贡献较大。淘汰落后产能使总产出减少了 8 224 亿元，分别占工业和全行业贡献的 71.9% 和 59.8%，所有重点工业行业均受到不同程度的负面贡献，其中以电力、金属冶炼、非金属矿物制品业、化学工业等行业所受负面贡献较为明显。综合来看，污染减排措施使重点工业行业总产出增加 5 316 亿元，在一定程度上起到了较为积极的贡献作用。其中电力、化工、金属冶炼所受正面贡献较为明显，造纸行业和石油炼焦行业受到一些的负面影响。

（3）从居民收入和就业贡献情况来看，"十一五"污染减排对全国居民收入和就业起到较为显著的促进作用，分别增加居民收入 1 327.3 亿元、就业 727.4 万人次；对工业促进作用有限，分别为 298 亿元和 112 万人次；对重点工业行业起到负面影响，居民收入和就业分别减少 194.7 亿元和 107 万人次，主要集中在造纸印刷、金属冶炼、纺织、石油炼焦等重点工业行业；食品制造、非金属制品业以及纺织服装业所受负面影响较为有限；相反，污染减排对化工和电力行业存在一定的积极贡献。可以看出，污染减排措施实施后，"两高一资"重点工业行业的发展受到一定的负面影响，但其他工业如现代装备制造业、电子电器制造业以及服务业等均受到较为明显的促进作用。

7.4.1.2　污染减排对重点工业行业结构优化作用明显

（1）重点工业行业污染减排对工业结构优化效果显著，促使工业逐渐向"去重化"趋势发展。"十一五"期间，重点工业行业占我国经济的比重大约为 20.09%。对重点工业行业实施污染减排措施后，重点工业行业所占比重共计下降 0.39%，除电力生产业外，所有重点行业所占比重均呈下降趋势，其中金属冶炼业下降最多，为 0.12%，纺织服装业和造纸业均下降 0.08%，石油加工业下降 0.06%，电力生产业呈略微提高 0.02%。从整体来看，重点工业行业污染减排对工业结构优化具有一定的积极作用，均不同程度地降低了"两高一资"行业占经济比重，促使我国工业由"重"向"轻"不断转变，一定程度上与我国发展新型工业化经济的目标相吻合。

（2）从不同减排措施类型对结构优化贡献效果来看，重点工业行业的污染减排投入和淘汰落后产能措施均不同程度降低了重点工业行业所占比重，分别降低 0.12% 和 0.27%，结构优化贡献效应主要以淘汰落后产能为主。淘汰落后产能对电力和金属冶炼行业结构优化效果较为明显，两行业所占比重分别降低了 0.12% 和 0.09%；其他重点工业行业比重也得到一定程度的优化。而污染减排投入对纺织业和造纸业结构优化效果较为明显，其所占比重分别降低了 0.08% 和 0.06%；电力行业所占比重呈较为显著的提高，达 0.15%，其主要原因在于污染减排投入直接或间接增加了电力行业最终产品的需求量。

7.4.2　政策建议

7.4.2.1　持续推进重点工业行业污染减排，进一步深化工业结构调整

实际测算表明，对重点工业行业的污染减排措施在充分发挥减少污染物排放的环境效益同时，对我国经济发展和产业结构调整同样发挥了积极的溢出效应和贡献作用。因此，"十二五"期间，我国应继续不遗余力地推进重点工业行业的污染减排，在不断提高污染减排投资和运行费的同时，应继续实施落后产能淘汰工作，通过"上大压小"、门槛准入、末位淘汰等政策和法规，使高污染、高耗能的重点工业行业逐步向集中化、大型化、清洁化方向发展，最大化发挥污染减排优化经济发展的积极贡献作用。一方面，进一步提高污染减排投入力度，"十一五"测算表明，污染减排投入对区域经济的发展具有较为明显的溢出效应，因此，"十二五"期间，应进一步提高污染减排投入，充分发挥污染减排投入拉动经济的作用；另一方面，继续淘汰落后产能，深入做好小钢铁、小造纸、小有色金属等"五小"企业淘汰工作，防止落后产能经济环境变好后重新抬头，做好监管审批工作，避免落后产能向中、西部地区转移。

7.4.2.2　加大重点工业行业污染减排力度，制定针对性政策和措施

（1）针对电力行业减排，一是积极推进电力结构调整，着力提高可再生能源、清洁能源和新能源在整个电力装机当中所占的比例。继续坚持"上大下小"，加大小火电机组关停工作力度，淘汰污染严重的小火电机组。二是进一步加强火电脱硫、脱硝污染减排力度，进一步加大脱硫、脱硝设施建设强度，提高脱硫、脱硝设施的建设质量和运行效果，要尽快制定并发布火电厂氮氧化物污染防治技术政策。三是进一步完善污染减排机制，通过市场经济手段促进电力行业污染减排，继续落实已有的有利于脱硫减排的价格政策，探索并不断完善发电节能调度电价补偿机制，继续完善脱硫电价补偿机制，加快实施电力企业二氧化硫排污权交易政策。

（2）针对钢铁行业减排，一方面需结合钢铁产量总量调控和结构调整，加快淘汰落后生产能力，继续加大取缔小土焦、小钢铁等小企业，淘汰平炉、倒焰式焙烧炉、小高

炉、小烧结、小转炉、化铁炼钢等落后工艺和装备，大力推动以清洁生产为中心的技术改造。另一方面，逐步调整钢铁工业的地区布局，落实《钢铁产业发展政策》中关于提高产业集中度的目标要求，避免重复建设。把节能降耗、改善环保作为企业生存发展的前提，加大技改资金的投入，研究和开发具有自主知识产权的钢铁节能减排新技术，使我国从"钢铁大国"向"钢铁强国"转变。

（3）针对有色金属行业减排，应继续关停土冶炼，淘汰落后工艺和落后企业。鼓励企业采用新技术装备，进行高技术起点的技术改造和清洁生产，提高工艺废气、废水、废渣综合利用率。除有重点地开发中西部地区有色金属矿资源外，严格限制新上有色金属冶炼和加工项目；东、中部地区大中城市内的有色金属冶炼企业，要按照城市环保要求，大幅度削减污染物排放量。按照布局区域化、发展产业化、生产规模化、经营集约化的要求，推进有色金属产业战略重组、产品结构优化，加快产业结构调整步伐。

（4）针对化工行业减排，需以结构调整和清洁生产为重点，关闭污染严重的小化工企业，逐步淘汰高毒高污染的有机磷农药，淘汰工艺落后、污染严重、附加值低的化工原料品种，整治"多、小、散、乱"的产业结构和格局。积极探索综合运用价格、财税、信贷等的经济手段，推广重点实用污染减排技术。加快技术创新和科技投入，推行清洁生产，优先研究和突破一批制约化工行业污染减排的关键共性技术和前沿技术，积极组织重大污染减排技术在全行业的推广应用。

（5）针对纺织行业减排，进一步加强纺织企业结构和产品结构调整，开发新产品，采用新技术、新工艺，生产出附加值高、资源消耗少、绿色环保的纺织产品。同时要采取多种措施推进纺织行业污染治理。对推行环保纺织产品的企业给予政策上的优惠和资金上的支持，增强企业的技术创新能力，淘汰落后工艺和落后设备，引进先进技术，开发高效低耗的节能环保设备，采取有效措施减少燃煤锅炉的比重。

（6）针对造纸行业减排，提高造纸行业污染物排放标准，坚决淘汰小造纸落后生产能力，"关、停、转、并"中小企业，尤其是技术落后、污染严重的中小型化学草浆企业，进行必要的原料结构调整。大力发展循环经济，提高造纸行业废物利用率，实现资源的可持续利用，提高废纸作为原材料的替代率。实行清洁生产，促进造纸业"经济效益、环境效益、社会效益"的统一。积极实现"林纸一体化"，结合我国森林资源的特征，在充分考虑生态保护的前提下，增加国产木浆的比例，通过资本纽带和经济利益将制浆造纸企业与营造造纸林基地有机结合，建设造纸企业和原料林基地。

（7）针对建材行业减排，要建立好淘汰落后水泥有效机制，促进水泥工业健康发展，加快淘汰机立窑、立波尔窑、中空窑等落后工艺，禁止新建、扩建立窑生产线，鼓励发展新型干法窑外分解大型水泥项目。大力发展循环经济，开展建材行业废弃物资源综合利用，抓紧完善现行资源综合利用政策中有关税收优惠的规定。

第8章　重点流域污染减排的经济效应分析
——以松花江流域为例

　　流域是我国水体污染防治的主要对象，为了减少污染物排放总量、改善流域水质，"十一五"期间我国重点针对松花江、海河、淮河、辽河、巢湖、黄河中上游、长江中下游、滇池等七大流域展开污染减排工作，按照流域开展减排计划。以松花江流域为例，到 2010 年，全流域 COD 排放量较 2005 年削减 12.6%，全面完成"十一五"流域规划设定的总量控制目标；20 个"十一五"规划考核断面中有 19 个断面全部达标，基本完成了水质控制目标。可以认为"十一五"期间松花江流域污染减排工作基本上达到了预期减排目标，对流域水环境质量的改善起到了十分突出的贡献。因此，有必要对"十一五"期间松花江流域污染减排的经济效应也进行定量化分析，测算污染减排措施对松花江流域经济社会发展以及产业结构调整的贡献。

8.1　研究背景

　　"十一五"正处于我国工业化后期、城市化加速发展的特殊阶段，为了达到污染减排、保护环境的目标，我国加大了污染减排的力度，通过淘汰落后产能、加大污染减排投入等措施和强化污染排放标准、法规，从工程减排、监管减排和结构减排三大方面入手，不断加大污染减排的治理水平，切实提高污染减排能力。可以看到，"十一五"期间我国 COD 和 SO_2 等主要污染物排放量均超额完成了"十一五"规定的减排目标，污染减排措施对减少污染物排放、改善生态环境质量起到了较为明显的、积极的作用。从流域角度看，污染减排措施对流域污染物总量控制和水质改善同样起到了较为关键的作用。以松花江流域为例，到 2010 年，全流域 COD 排放量（工业和生活）较 2005 年削减 12.6%，全面完成"十一五"流域规划设定的总量控制目标；20 个"十一五"规划考核断面中有 19 个断面全部达标，基本完成了水质控制目标。可以认为"十一五"期间松花江流域污染减排工作基本上达到了预期减排目标，对流域水环境质量的改善起到了十分突出的贡献。

　　然而，在关注污染减排措施巨大的环境改善效应同时，同样需要关注污染减排对松花江流域经济发展以及结构调整优化的经济溢出效应。由于污染减排措施具有较大的经济属性和经济耦合特征，需对污染减排倒逼经济结构优化的作用机理进行深入、定量化研究。需要定量化测定污染减排的结构优化贡献，从而为松花江流域"十二五"污染减排工作提供科学借鉴意义。本章以松花江流域为实证研究对象，基于松花江流域最新环境投入产出表，构建污染减排对经济发展和结构调整的贡献作用模型，以"十一五"期间松花江流域淘汰落后产能、污染减排投入为数据基础，定量化测算分析"十一五"期间松花江流域的污染减排措施（主要是淘汰落后产能、污染减排投入等）对流域经济发展、产业结构调整的贡献作用，并提出相关政策建议。

8.2　松花江流域环境经济发展状况

8.2.1　流域概况

松花江流域地处我国东北地区的北部，位于东经 119°52′～132°31′、北纬 41°42′～51°38′，东西宽 920 km，南北长 1 070 km。流域西部以大兴安岭为界，东北部以小兴安岭为界，东部与东南部以完达山脉、老爷岭、张广才岭等为界，西南部的丘陵地带是松花江和辽河两流域的分水岭。

松花江有嫩江和第二松花江两个源头，两江在松原市扶余县的三岔河口汇流后形成松花江干流，向东北流入中俄界河黑龙江。主要支流有牡丹江、拉林河、阿什河、呼兰河、甘河、绰尔河、辉发河、伊通河和饮马河等。松花江流域多年平均水资源总量为 960.9 亿 m^3，其中地表水资源量 817.7 亿 m^3，地下水资源量 143.2 亿 m^3。

松花江流域区域范围主要包括黑龙江、吉林两省大部分地区和内蒙古自治区部分地区，共 25 个地（市、州、盟）105 个县（旗、区、市），流域总面积 55.68 万 km^2。

8.2.2　经济社会发展情况

2010 年底，松花江流域总人口约 6 252 万人，其中，城镇人口 3 115 万人，城镇化率 49.8%。GDP 总量约 1.8 万亿元，人均 GDP 约为 2.8 万元，略低于全国平均水平。三产结构比例为 14.4：47.8：37.8（表 8-1）。

表 8-1　2010 年松花江流域社会经济状况

控制区	总人口/万人	城镇人口/万人	城镇化率/%	GDP/亿元	第一产业/亿元	第二产业/亿元	第三产业/亿元
内蒙古	776	412	53.1	1 203	313	493	397
吉　林	2 038	1 076	52.8	6 984	999	3 366	2 619
黑龙江	3 438	1 627	47.3	9 479	1 233	4 584	3 662
总　计	6 252	3 115	49.8	17 666	2 545	8 443	6 678

8.2.3　污染减排工作成效

根据《松花江流域水污染防治规划（2006—2010）》总量控制目标，到 2010 年，全流域 COD 排放量（工业和生活）控制在 68.5 万 t，较 2005 年削减 12.6%。以环统数据统计，截至 2010 年底，松花江流域 COD（工业和生活）排放量 63.1 万 t，较 2005 年削减 19.5%。其中，内蒙古自治区、吉林省和黑龙江省 COD 排放量分别为 3.9 万 t、20.1 万 t 和 39.1 万 t。全流域和各省区均完成总量控制目标。

8.2.4　流域水质改善效果

从水质改善情况来看，松花江流域"十一五"规划考核断面共 20 个，其中，内蒙古自治区 12 个，吉林省 3 个，黑龙江省 5 个。其中，Ⅰ～Ⅲ类水质断面所占比例不断上升，从 2006 年的 24%增长到 2010 年的 47.6%，提高了 23.6 个百分点；Ⅳ类水质断面比例则呈一定下降趋势，从 2006 年的 50%降低到 2010 年的 35.7%，下降了 14.3 个百分点；Ⅴ类水质断面比例呈略微下降趋势，从 2006 年的 5%下降到 2010 年的 4.8%，总体变化不大；劣Ⅴ类水质断面比例下降幅度较大，从 2006 年的 21%下降到 2010 年的 11.9%，下降了将近 9 个百分点。2010 年，Ⅰ～Ⅳ类水质比例总体达到 83.3%，提高近 10 个百分点；而Ⅴ类和劣Ⅴ类水质比例总体降低近 10 个百分点。2010 年，以高锰酸盐指数计，除尼尔基库末断面外，其他 19 个断面全部达标。可以看到，"十一五"期间在污染减排的大力推动下，松花江流域水质得到十分显著的改善。

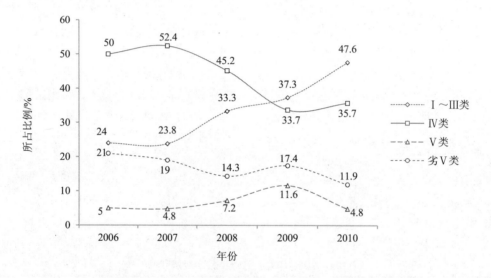

图 8-1　"十一五"期间松花江流域不同等级水质断面比例变化趋势

8.3　数据来源及相关参数

8.3.1　淘汰落后产能数据

通过国家发改委和工信部网站收集到松花江流域（由于数据较难获得，淘汰落后产能数据主要以黑龙江、吉林以及内蒙古兴安盟、呼伦贝尔等省（自治区）市数据为主）"十一五"期间淘汰落后产能名单并行业进行汇总，可得到松花江流域各行业"十一五"期间落后产能淘汰量。

表 8-2　松花江流域"十一五"期间各行业淘汰落后产能数量

年份 行业	2007	2008	2009	2010	"十一五" 合计
炼铁/万 t	0.0	0.0	12.0	43.0	55.0
炼钢/万 t	903.0	0.0	0.0	46.0	949.0
焦炭/万 t	48.0	125.0	120.0	37.0	330.0
铁合金/万 t	0.0	0.5	2.3	2.0	4.8
有色金属/万 t	1.0	0.0	6.3	0.0	7.3
水泥/万 t	193.5	306.0	116.0	373.2	988.7
造纸/万 t	8.5	0.0	1.3	21.0	30.8
酒精/万 t	2.7	0.0	11.0	6.5	20.2
味精/万 t	1.0	0.0	0.0	0.0	1.0
火电/万 kW	138.3	42.5	76.2	34.0	291.1

注：2007 年淘汰落后产能名单资料来源于国家发改委网站：http://www.sdpc.gov.cn；2008—2010 年淘汰落后产能名单资料来源于工信部网站：http://www.miit.gov.cn.

可以看出，淘汰落后产能是按照行业产品产量进行统计，由于要计算其对经济发展以及结构调整的贡献效应，因此应将其转换为以货币表示的价值量，通过收集 2007 年我国相关行业工业总产出（部分行业以工业总产值代替）和工业总产量数据，并采用对应年份工业品出厂价指数进行校正后，获得各行业单位工业总产出（总产值）的产品产量（见表 6-4）。结合投入产出行业对应关系（表 6-5），则可以计算出"十一五"期间松花江流域历年淘汰落后产能所引起总产出的减少量（表 8-3）。

表 8-3　松花江流域"十一五"期间各行业淘汰落后产能量　　　　　单位：亿元

行　业	2007 年	2008 年	2009 年	2010 年	"十一五"合计
金属冶炼及压延加工业	111.8	0.5	21.8	8.6	142.7
非金属矿物制品业	6.8	9.2	3.3	9.9	29.2
造纸印刷及文教用品制造业	7.3	0.0	0.9	9.7	17.9
石油加工、炼焦及核燃料加工业	3.6	11.6	13.1	2.7	31.0
食品制造及烟草加工业	2.1	0.0	3.9	2.1	8.1
电力、热力的生产和供应业	96.7	29.2	50.2	20.2	196.3

8.3.2　污染减排投入数据

本研究在《中国"十一五"污染减排分析评估》报告初步研究成果基础上，抽取松花江流域（包括黑龙江、吉林两省份以及内蒙古两地市）"十一五"期间及历年污染减排投入数据，估算出"十一五"期间我国松花江流域工程减排投资和运行费。

表 8-4 松花江流域"十一五"污染减排投入总额   单位：亿元

类　型	2006 年	2007 年	2008 年	2009 年	2010 年	"十一五"合计
投　资	15.6	35.5	35.9	47.8	48.5	183.3
运行费	30.9	43.3	30.4	39.6	60.6	204.8
合　计	46.5	78.8	66.3	87.4	109.1	388.1

8.3.3 投入产出表数据

由于黑龙江和吉林两省经济和人口分别占松花江流域的 93%和 88%，因此，为简化起见，通过合并黑龙江和吉林两省份 2007 年 42 部门投入产出表，获得我国松花江流域投入产出表。并在此基础上拆分废水治理和废气治理两个虚拟环境部门，从而构建出中国松花江流域环境经济投入产出表，为污染减排环保投资和运行费的贡献度测算提供基础数据和方法模型。环境经济投入产出表的编制方法详见第 2.3 节，具体编制的环境经济投入产出表限于篇幅，本章不再罗列。

8.4 测算结果分析

8.4.1 经济发展贡献效应

8.4.1.1 总贡献分析

"十一五"松花江流域污染减排对经济发展发挥了较为显著的贡献效应，增加国民总产出 691.7 亿元，拉动 GDP 增长约 129.1 亿元，增加居民收入 52.9 亿元，新增 26.6 万个就业机会。这其中污染减排投入对松花江流域国民经济产生较为积极的贡献作用，拉动总产出、增加值、居民收入和就业分别增加了 1 054.5 亿元、264.7 亿元、92.5 亿元、44.6 万人次；淘汰落后产能对经济发展具有显著的负面阻碍作用，减少总产出、增加值、居民收入分别为 362.8 亿元、135.6 亿元和 39.7 亿元，约直接、间接减少 18 万个就业机会。从整体情况来看，污染减排措施在大幅削减污染物排放的同时，仍然起到了促进经济发展的积极的贡献作用，其中增加值贡献占"十一五"期间松花江流域地区生产总值的 0.18%左右。

表 8-5 "十一五"污染减排对松花江流域经济社会贡献效应

影响指标 类型	总产出/ 亿元	增加值/ 亿元	居民收入/ 亿元	就业/ 万人次
污染减排投入	1 054.5	264.7	92.5	44.6
其中：污染减排投资	618.4	220.4	78.2	37.4
污染减排运行费	436.1	44.3	14.3	7.2
淘汰落后产能	−362.8	−135.6	−39.7	−18.0
合计	691.7	129.1	52.9	26.6
占松花江流域比重	—	0.18%	—	—

8.4.1.2　行业贡献分析

（1）总产出贡献

从对各行业总产出贡献来看（图 8-2），"十一五"污染减排措施对松花江流域各行业贡献作用具有较大差别，受污染减排影响最大的行业分别是通（专）用设备制造业、服务业、电力生产业、建筑业、化学工业、电气仪器设备制造业，总产出分别增加了 162.7亿元、149.4 亿元、96.3 亿元、67.5 亿元、53.4 亿元、29 亿元。其中服务业、电力生产业、金属冶炼业以及石油炼焦业总产出受淘汰落后产能负面贡献较为明显，分别减少了57.88 亿元、57.75 亿元、63.43 亿元、34.46 亿元，占所有行业的 58.9%。

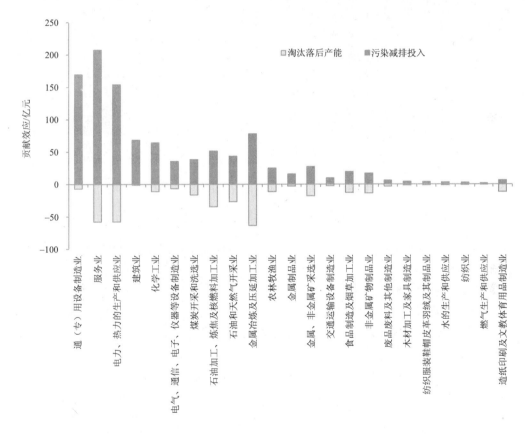

图 8-2　"十一五"污染减排对松花江流域各行业总产出贡献

（2）增加值贡献

从各行业增加值来看（图 8-3），"十一五"污染减排措施对松花江流域部分行业增加值影响较为明显，如服务业、通（专）用设备制造业、建筑业、石油天然气开采业，分别增加了 80.9 亿元、40.0 亿元、15.1 亿元、11.9 亿元；造纸业、食品制造业、石油炼焦业、金属冶炼业以及电力生产业等行业增加值分别减少了 12.6 亿元、9.2 亿元、6.3亿元、4.8 亿元、4.2 亿元，受到不同程度的负面影响。其中，受污染减排投入正面影响较为显著的行业分别是服务业、通（专）用设备制造业、石油天然气开采业以及电气机械仪器制造业等；而受淘汰落后产能负面影响较为明显的行业分别是服务业、石油天然气开采业以及电力生产业和金属冶炼业。而石油加工、食品制造以及造纸印刷业三个行业受到污染减排投入和淘汰落后产能双重负面影响。

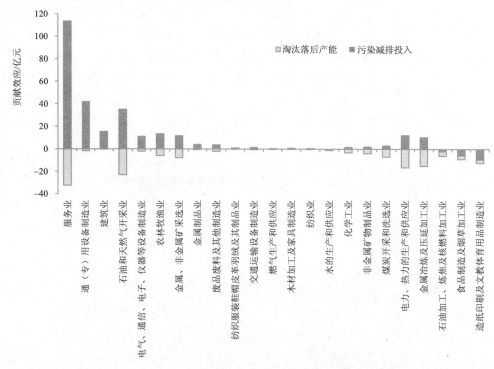

图 8-3　"十一五"污染减排对松花江流域各行业增加值贡献

（3）居民收入贡献

从对各行业居民收入贡献来看（图 8-4），"十一五"污染减排对松花江流域国民经济各行业居民收入影响也较为明显。其中受污染减排投入正面影响最大的行业分别是服务业、通（专）用设备制造业、农林牧渔业、建筑业，居民收入分别增加了 41.59 亿元、16.72 亿元、11.85 亿元、9.44 亿元。而服务业、农林牧渔业、电力生产业、金属冶炼业、煤炭开采业行业受淘汰落后产能负面影响较为明显，居民收入分别减少了 11.39 亿元、5.36 亿元、4.40 亿元、3.77 亿元、3.68 亿元。整体来看，重点工业行业污染减排对服务业、通（专）用设备制造业、建筑业、农林牧渔业等行业具有一定的带动贡献作用，居民收入分别增加了 30.20 亿元、15.96 亿元、9.30 亿元、6.49 亿元；对造纸印刷业、石油炼焦业、煤炭开采业、食品制造业的居民收入具有一定负面影响，分别减少了 5.20 亿元、2.37 亿元、2.08 亿元、1.75 亿元。但影响效果在可接受范围。

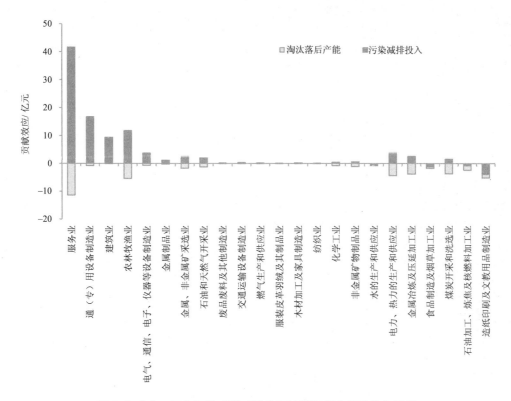

图 8-4　"十一五"污染减排对松花江流域各行业居民收入贡献

（4）就业贡献

从对各行业就业贡献来看（图 8-5），"十一五"污染减排对松花江流域国民经济部分行业就业影响较为明显。如服务业、设备制造业、农林牧渔业、建筑业等。从减排投入的就业影响来看，减排投入对松花江流域服务业、农林牧渔业、通（专）用设备制造业、建筑业就业影响最大，分别增加了 16.5 万人次、7.4 万人次、10.9 万人次、5.1 万人次。从淘汰落后产能的就业影响来看，淘汰落后对农林牧渔业、服务业、金属冶炼业、煤炭开采业以及电力生产业的负面影响最为深刻，分别减少了 4.9 万人次、4.2 万人次、1.4 万人次、1.4 万人次、1.2 万人次。整体来看，"十一五"污染减排对松花江流域服务业、通（专）用设备制造业、农林牧渔业、建筑业就业呈较为明显的贡献效应，分别增加了 12.4 万人次、7.1 万人次、6.0 万人次、5.0 万人次；造纸印刷业、煤炭开采业、石油炼焦业、食品制造业就业受到一定负面影响，"十一五"期间就业分别减少了 3.0 万人次、0.8 万人次、0.8 万人次、0.7 万人次。

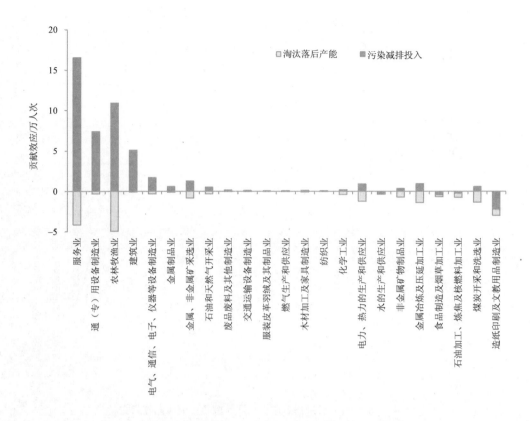

图 8-5 "十一五"污染减排对松花江流域各行业就业贡献

8.4.2 产业结构调整效果

8.4.2.1 三次产业调整效果

"十一五"初期（2005），松花江流域三次产业结构基本上为 14.34：49.84：35.81，其中工业所占比重为 44.45%，略高于全国平均水平。污染减排实施后，到"十一五"末期（2010），在仅考虑污染减排对经济影响的情况下，松花江流域三次产业结构将调整为 14.28：49.66：36.06。第一产业比重下降了 0.06 个百分点；第二产业比重下降了 0.18 个百分点，这其中工业所占比重下降为 44.22%，较 2005 年下降了 0.24 个百分点，建筑业比重提高了 0.05 个百分点，达到 5.44%；第三产业比重整体提高了 0.25 个百分点（见表 8-6）。总体来看，污染减排对松花江流域三次产业结构优化具有较为明显的促进作用，表现为经济逐步由第一、第二产业向建筑业和服务业转移，这其中工业比重下降幅度十分显著，表明污染减排一定程度和一定范围上对优化调整了松花江流域三次产业结构，促进松花江流域产业结构向更高层次发展。

表 8-6　"十一五"污染减排对松花江流域三次产业结构调整效果　　　单位：%

行　业	2005 年产业结构	污染减排对结构调整的总贡献	
		2010 年产业结构	结构调整差值
第一产业	14.34	14.28	−0.06
第二产业	49.84	49.66	−0.18
其中：工业	44.45	44.22	−0.24
建筑业	5.39	5.44	0.05
第三产业	35.81	36.06	0.25

　　仅从减排投入对松花江流域三次产业结构调整影响来看，到 2010 年，在仅考虑污染减排投入对经济影响的情况下，松花江流域三次产业结构将调整为 14.19：49.88：35.93。第一产业比重将下降 0.15 个百分点；第二产业比重较 2005 年提高了 0.04 个百分点，这其中工业所占比重增长到 44.49%，较 2005 年提高了 0.04 个百分点，建筑业比重不变；第三产业比重整体上提高了 0.12 个百分点（见表 8-7）。总体来看，在松花江流域范围内，减排投入对三次结构的调整主要表现在降低第一产业（即农林牧渔业）的产业比重，而相应地提高了工业和服务业的产业比重。需要指出的是，服务业比重提高幅度要远远高于工业，可以近似地认为，污染减排投入主要以促进服务业为主，一定程度上降低了农业所占比重。

表 8-7　"十一五"污染减排投入对松花江流域三次产业结构调整效果　　　单位：%

行　业	2005 年产业结构	污染减排对结构调整的总贡献	
		2010 年产业结构	结构调整差值
第一产业	14.34	14.19	−0.15
第二产业	49.84	49.88	0.04
其中：工业	44.45	44.49	0.04
建筑业	5.39	5.39	0.00
第三产业	35.81	35.93	0.12

　　仅从淘汰落后产能对松花江流域三次产业结构调整影响来看，到 2010 年，在仅考虑淘汰落后产能对经济影响的情况下，松花江流域三次产业结构将调整为 14.44：49.62：35.94。第一产业比重将提高 0.09 个百分点；第二产业比重较 2005 年整体降低了 0.22 个百分点，这其中工业所占比重下降到 44.17%，较 2005 年降低了 0.28 个百分点，建筑业比重提高了 0.06 个百分点，2010 年达到 5.45%。第三产业比重提高了 0.13 个百分点，所占国民经济比重为 35.94%（见表 8-8）。总体来看，"十一五"淘汰落后产能对松花江流域三次产业结构优化作用比较显著，工业所占比重下降明显，服务业比重大幅度提高。

表 8-8　"十一五"淘汰落后产能对松花江流域三次产业结构调整效果　　　单位：%

行　业	2005 年产业结构	淘汰落后产能对结构调整的总贡献	
		2010 年产业结构	结构调整差值
第一产业	14.34	14.44	0.09
第二产业	49.84	49.62	−0.22
其中：工业	44.45	44.17	−0.28
建筑业	5.39	5.45	0.06
第三产业	35.81	35.94	0.13

8.4.2.2　重点工业行业调整效果

"十一五"初期（2005），松花江流域重点工业行业占国民经济的比重为 8.79%，占工业比重大约为 20%，远低于全国平均水平。其中石油炼焦业、化学工业以及电力行业 3 个行业所占比重最大。污染减排实施后（2010），在仅考虑污染减排对经济影响的情况下，松花江流域重点工业行业所占国民经济比重下降为 8.49%，共计降低了 0.31 个百分点。几乎所有重点行业比重均呈不同幅度的下降，其中造纸业下降最为明显，2010 年下降为 0.15%，降低了 0.10 个百分点；石油炼焦业、金属冶炼业、电力生产业比重下降也同样十分显著，2010 年分别下降 0.07%、0.05%、0.05%。从各重点工业行业比重下降幅度来看，松花江流域 8 大重点工业行业比重整体下降幅度为 3.47%，高于全国平均水平。其中造纸业、金属冶炼业比重下降幅度最大，分别为 38.63%、10.04%。整体来看，污染减排使得松花江流域重点工业行业所占比重呈现不同程度的下降趋势，其中造纸业和金属冶炼业下降幅度最大。

表 8-9　"十一五"污染减排对松花江流域重点工业行业结构调整贡献效应　　　单位：%

行　业	2005 年产业结构	污染减排对结构调整贡献		
		2010 年行业比重	结构调整差值	行业比重下降幅度
纺织业	0.190	0.189	−0.001	0.59
纺织服装鞋帽皮革羽绒制品业	0.036	0.041	0.005	−12.56
造纸印刷及文体用品制造业	0.247	0.152	−0.095	38.63
石油、炼焦及核燃料加工业	2.441	2.372	−0.069	2.81
化学工业	1.754	1.725	−0.029	1.63
非金属矿物制品业	0.328	0.311	−0.017	5.14
金属冶炼及压延加工业	0.472	0.424	−0.047	10.04
电力、热力的生产和供应业	3.325	3.273	−0.052	1.55
合计	8.794	8.488	−0.305	3.47

仅从减排投入对松花江流域重点工业行业调整影响来看，2010 年，在仅考虑减排投入对经济影响的情况下，松花江流域重点工业行业所占国民经济比重下降为 8.75%，共计降低了 0.04 个百分点。其中纺织业、造纸业、石油炼焦业、化学工业 4 个行业比重呈不同程度下降，以造纸业和石油炼焦业下降最为明显；服装业、非金属制品业、金属冶

炼业、电力生产业 4 个行业比重呈不同幅度提高，金属冶炼业和电力生产业提高幅度较为显著。其主要原因在于污染减排投入直接或间接增加了电力和金属制品的需求量。从松花江流域各重点工业行业比重下降幅度来看，8 大重点工业行业比重整体下降幅度仅为 0.5%，其中，造纸业下降幅度达 30.8%，服装业和金属冶炼业行业比重提高幅度分别为 18.8%和 13.88%。整体来看，减排投入对松花江重点工业行业的结构调整效果差异较大，但总体比重仍呈下降趋势。

表 8-10 "十一五"污染减排投入对松花江流域重点工业行业结构调整贡献效应 单位：%

行　业	2005 年产业结构	污染减排对结构调整贡献		
		2010 年行业比重	结构调整差值	行业比重下降幅度
纺织业	0.191	0.190	−0.001	0.37
纺织服装鞋帽皮革羽绒制品业	0.036	0.043	0.007	−18.60
造纸印刷及文体用品制造业	0.247	0.171	−0.076	30.85
石油、炼焦及核燃料加工业	2.441	2.379	−0.062	2.55
化学工业	1.754	1.731	−0.023	1.30
非金属矿物制品业	0.328	0.336	0.008	−2.51
金属冶炼及压延加工业	0.472	0.537	0.065	−13.88
电力、热力的生产和供应业	3.325	3.363	0.038	−1.14
合　计	8.794	8.750	−0.044	0.50

仅从淘汰落后产能对松花江流域重点工业行业调整影响来看，2010 年，在仅考虑淘汰落后产能对经济影响的情况下，松花江流域重点工业行业所占国民经济比重下降为 8.53%，共计降低了 0.26 个百分点。除纺织业行业比重没有变化外，服装业、造纸业、石油炼焦业、化学工业、非金属制品业、金属冶炼业以及电力生产业 7 个行业比重呈不同程度下降，金属冶炼业和电力生产业下降最为明显，分别下降了 0.11%和 0.09%。从行业比重下降幅度来看，金属冶炼业和造纸业两个行业比重下降幅度最大，分别为 23.78%和 7.82%。整体来看，淘汰落后产能使得松花江流域重点工业行业所占比重呈现较为明显的下降趋势，其中对金属冶炼业和电力生产业结构调整优化效果较为明显。

表 8-11 "十一五"淘汰落后产能对松花江流域重点工业行业结构调整贡献效应 单位：%

行　业	2005 年产业结构	淘汰落后产能对结构调整贡献		
		2010 年行业比重	结构调整差值	行业比重下降幅度
纺织业	0.190	0.190	0.000	0.22
纺织服装鞋帽皮革羽绒制品业	0.036	0.034	−0.002	5.98
造纸印刷及文体用品制造业	0.247	0.228	−0.019	7.82
石油、炼焦及核燃料加工业	2.441	2.435	−0.006	0.26
化学工业	1.754	1.748	−0.006	0.34
非金属矿物制品业	0.328	0.303	−0.025	7.61
金属冶炼及压延加工业	0.472	0.359	−0.112	23.78
电力、热力的生产和供应业	3.325	3.236	−0.089	2.68
合　计	8.794	8.533	−0.261	2.96

8.5　结论与建议

8.5.1　主要结论

8.5.1.1　污染减排对松花江流域经济发展拉动作用显著

（1）污染减排对松花江流域经济贡献明显，污染减排投入对经济产生正面拉动作用，淘汰落后产能一定程度上对经济产生负面影响。"十一五"污染减排对松花江流域经济发展起到了较为显著的贡献作用，增加国民总产出 691.7 亿元，拉动 GDP 增长约 129.1 亿元，增加居民收入 52.9 亿元，新增 26.6 万个就业机会。其中，污染减排投入对松花江流域国民经济产生较为积极的贡献作用，拉动总产出和增加值分别增加了 1 054.5 亿元和 264.7 亿元；淘汰落后产能对松花江流域经济具有显著的负面阻碍作用，减少总产出、增加值、居民收入分别为 362.8 亿元、135.6 亿元和 39.7 亿元，约直接、间接减少 18 万个就业机会。从整体情况来看，污染减排措施在大幅削减污染物排放的同时，仍然起到了一定促进经济发展的积极贡献作用，其中增加值贡献占松花江流域地区生产总值的 0.18%左右，经济溢出效应较为明显。

（2）不同行业受污染减排贡献影响差异较大，通（专）用设备制造业、服务业、农林牧渔业、建筑业以及电力生产、石油炼焦造纸等行业所受影响较大。对总产出、增加值、居民收入和就业等社会经济指标进行分析可知，松花江流域污染减排对通（专）用设备制造、服务业、建筑业、农林牧渔业的发展起到不同程度的促进贡献，而对电力生产、造纸印刷、金属冶炼、煤炭开采、食品制造以及石油炼焦等行业均起到不同程度的阻碍作用。综合来看，松花江流域污染减排对农林牧渔业、服务业以及第二产业中的装备制造业等行业均起到积极促进作用，而对工业尤其是"两高一资"等重工业起到了明显的抑制作用。从而一定程度上凸显出污染减排倒逼经济结构优化升级的重要作用。

8.5.1.2　污染减排对松花江流域经济结构优化作用明显

（1）污染减排对松花江流域三次产业结构优化效果显著，污染减排对松花江流域的三次产业结构都具有较为明显的优化调整作用。"十一五"期间污染减排措施的实施使第一产业和第二产业所占比重存在较为明显的下降。其中，工业部门所占比重下降达0.24%，相应地，第三产业比重大幅提高。淘汰落后产能对三次产业结构优化起到了主导作用，而污染减排投入虽对松花江流域经济社会发展贡献突出，但对三次产业结构优化作用不是特别显著。"十一五"期间，以淘汰落后产能为主的结构减排措施一方面不断提高污染排放标准，促使大量落后产能退出和淘汰；另一方面引导工业向现代服务业、环保产业、设备制造业等新型行业发展。

（2）污染减排对松花江流域 8 大重点工业行业结构优化效果明显，重点行业比重下降显著。"十一五"伊始（2005），松花江流域重点工业行业增加值占流域经济的比重大约为 8.8%。实施污染减排措施后，重点工业行业所占比重共下降 0.31 个百分点，主要以造纸印刷业、石油加工业、金属冶炼业和电力生产业等行业下降为主。从减排措施来看，污染减排投入和淘汰落后产能分别使重点行业比重降低了 0.04% 和 0.27%，以淘汰落后产能的结构优化效果最为显著。整体来看，污染减排对松花江流域重点行业结构优化具有较为明显的积极贡献，大幅降低高污染、高耗能的重工业的同时，进一步提高第三产业尤其是设备制造、现代装备以及交通运输等生产性服务业。

8.5.2　政策建议

8.5.2.1　继续加大污染减排力度，发挥优化经济结构的积极贡献

通过实际测算表明，两项污染减排措施均对松花江流域经济发展和产业结构优化贡献明显。因此，"十二五"期间，松花江流域应继续加大污染减排力度，继续加大生活、工业污水处理以及管网等基础设施建设，不断提高污水处理率水平，在处理 COD 和氨氮等常规污染物基础上应进一步加大重金属、有毒有害有机物等日益突出的污染问题。同时，在不断提高污染减排投入的同时，应继续实施落后产能淘汰工作，深入做好小钢铁、小造纸、小有色金属等"五小"企业淘汰工作，防止落后产能经济环境变好后重新抬头。使高污染、高耗能行业向集中化、大型化方向发展，最大化发挥污染减排优化经济发展的积极贡献。

8.5.2.2　优化污染减排方式，释放三大减排方式"组合"优势

"十一五"期间，松花江流域主要污染物削减基本上仍以建设治污工程的末端治理为主，环境污染控制以末端治理为主的模式并没有发生根本转变。诚然，末端治理无疑是重要和必需的，可以快速地解决最容易解决的污染问题，但是，它不能解决污染减排的深层次矛盾。目前，松花江流域工程减排实施率已相对较高，未来减排潜力有限，而随着未来我国社会经济进一步发展，经济总量不断提升，污染物产排量将进一步增加，届时仅依靠工程减排，将不足以完全支撑经济发展和污染减排任务的完成。因此，"十二五"期间，松花江流域减排方式需由末端治理逐渐向结构减排和管理减排倾斜，以淘汰落后产能倒逼经济结构不断优化，通过加大执法力度、健全流域综合管理机制等管理手段促进污染减排效率的提高，最终达到三大减排方式相辅相成，释放"组合"优势。

8.5.2.3　加大科技投入力度，激发科技减排潜力

科技进步直接决定产业结构的优化升级、生产过程的清洁生产（单位产品/产值污染物发生量的削减）与末端治理水平（单位产品/产值污染物排放量的削减），因此，科技减排作为结构减排、工程减排和管理减排的基础，很大程度上决定着整个污染减排的成效，发挥着"四两拨千斤"的重要引领作用。因此，松花江流域污染减排一方面要广泛应用高新技术和先进技术来改造提升传统产业，促使经济发展由主要依靠资金和物质要素投入带动向主要依靠科技进步和人力资本带动转变，注重投入向技术创新和产业优化方向发展；另一方面，要加大污染治理科技水平的创新，大力发展环保产业，应用最新科技，实现污染减排高效率、低污染。大力开发和使用经济上合理、资源消耗低、污染

排放少、生态环境友好的先进技术，使技术创新成为污染减排的强大力量。

8.5.2.4 加快健全有利于污染减排的激励政策

逐步健全落实减排目标责任机制、绩效考核评估机制、减排公众参与机制、排污权交易、流域生态补偿机制、绿色信贷和绿色投融资等减排政策机制，不断健全有利于污染减排的激励政策体系。如完善资源环境价格使用政策，加快推进矿产、电、油、气等资源性产品价格体系改革，提高资源使用价格，建立能够反映能源稀缺程度和环境成本等完全成本的价格形成机制，对钢铁、水泥、化工、造纸、印染等重污染行业实行差别电价；继续完善排污收费政策，根据经济发展水平、污染治理成本以及企业承受能力，合理调整排污收费标准；开展企业环境信用评级制度，对环保信用优良的企业在环境管理给予各种倾斜与优惠政策，并安排节能减排专项奖励资金，对污染排放严重的企业依法采取治理措施，取消各种优惠措施，加大处罚力度，并向社会公众发布，督促企业主动积极投入污染减排；逐步开展政府环境责任审计，对政府执政行为是否符合生态环境保护法律要求进行责任审计，对因决策失误、未正确履行职责、监管不到位等问题，造成群众利益受到侵害、生态环境质量受到严重破坏等后果的，依法依纪追究相关人员责任。

第9章　重点城市群污染减排的经济效应分析
——以珠三角区域为例

珠三角地区是我国改革开放的先行地区，区域经济保持持续快速增长趋势，已经成为全国重要的区域经济中心之一，在全国经济社会发展和改革开放大局中具有突出的带动作用和举足轻重的战略地位。由于经济的快速发展，珠江三角洲地区同样是我国污染物排放主要区域，环境问题同样十分突出。因此，本章以珠江三角洲地区为例，开展"十一五"期间我国重点区域污染减排对经济结构调整的贡献效应研究。系统总结"十一五"以来珠三角地区的污染减排措施和成效，分析污染减排对经济、产业发展的贡献度和影响，为珠三角区域"十二五"污染减排战略提供相关政策建议。

9.1　研究背景

污染减排是促进经济发展方式转变、改善环境质量的重要手段。"十一五"以来，主要污染物总量减排控制指标纳入国民经济和社会发展规划约束性指标，污染减排得到了从上到下前所未有的重视，并成为环境保护工作的重要任务。珠三角地区作为我国最具典型的城市群之一，"十一五"期间开展了多项污染减排措施，主要污染物排放量不断下降，减排成效显著，同时也对区域经济发展产生了较为深远的影响。

"十一五"期间珠三角 12.5 万 kW 以上燃煤火电机组全部安装了脱硫设施，关停小火电 885 万 kW、淘汰落后水泥产能 3 856 万 t、淘汰落后钢铁产能 887 万 t；污水处理能力达到 1 447 万 t/d，城镇生活污水处理率达到 85%。在区域 GDP 年均增长 14% 的情况下，超进度完成了两项主要污染物减排目标，区域内 SO_2 和 COD 两项主要污染物减排比例分别达到 23.53% 和 25.7%。与 2004 年相比，2010 年珠三角地区主要大气污染物二氧化硫、二氧化氮、可吸入颗粒物年均浓度分别下降了 30%、4.5% 和 22.4%，灰霾天气明显减少。

本章以珠江三角洲地区为例，开展"十一五"期间我国重点区域污染减排对经济结构调整的贡献效应研究。系统总结"十一五"以来珠三角地区的污染减排措施和成效，分析污染减排对经济、产业发展的贡献度和影响。对污染减排和经济发展、产业结构之间的规律进行研究，定量分析污染减排在促进经济发展方式转变、推动产业优化升级过程中发挥的作用，为珠三角区域"十二五"污染减排战略提供相关政策建议，同时为其他地区污染减排效果评估提供借鉴作用。

9.2 区域概况

珠江三角洲是由珠江水系的西江、北江、东江及其支流潭江、绥江、增江带来的泥沙在珠江口河口湾内堆积而成的复合型三角洲,是我国南亚热带最大的冲积平原。三角洲内有 1/5 的面积为星罗棋布的丘陵、台地、残丘,海岸线长达 1 059 km,岛屿众多,珠江分八大口门出海,形成"三江汇合,八口分流"的独特地貌特征。

珠三角地区包括广州、深圳、珠海、佛山、东莞、江门、中山、惠州、肇庆 9 个地市,总面积 54 744 km^2,2010 年年末常住人口 5 616 万。一直以来,珠三角地区是我国改革开放的先行地区,区域经济保持持续快速增长趋势,已经成为全国重要的区域经济中心之一,在全国经济社会发展和改革开放大局中具有突出的带动作用和举足轻重的战略地位。统计资料显示,2010 年珠三角地区 GDP 总量达到 37 673 亿元,占广东省 GDP 总量的 79%,占全国 GDP 总量份额为 9.5%,区域人均 GDP 达到 6.86 万元,已超过 1 万美元。随着经济社会的快速发展,珠三角地区城市化进程也加速推进,并且不断向区域一体化方向发展,已经从单个自然地理单元走向一个发展迅猛、联系紧密的世界级城市群。

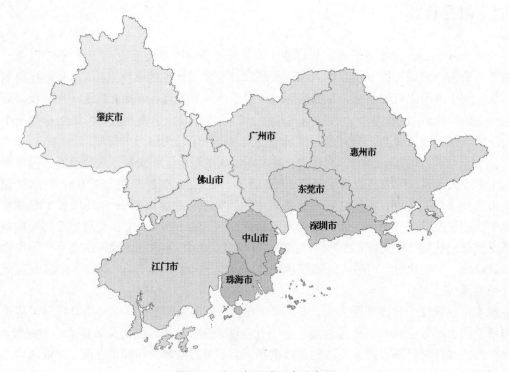

图 9-1 珠三角区域 9 市分布图

9.3 "十一五"发展情况回顾

9.3.1 经济社会发展情况

"十一五"期间，在国际金融危机的冲击下，珠三角地区积极求变，加快转型升级步伐，增强抵御危机的能力，实现了经济社会的平稳较快发展。2005 年珠三角地区 GDP 为 1.83 万亿元，"十一五"年均增长率达到 14.2%，到 2010 年 GDP 增长到 3.77 万亿元，占广东省 GDP 总量的 79%，占全国 GDP 总量份额为 9.5%。从人均 GDP 来看，2010 年区域人均 GDP 达到 6.86 万元，超过 1 万美元，已超过世界中上等收入国家平均水平。

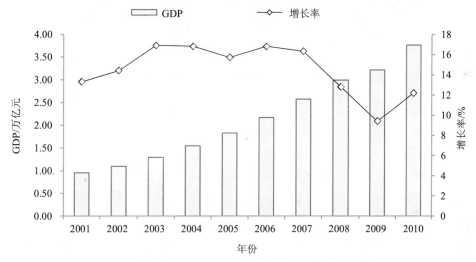

图 9-2　珠三角地区 2001—2010 年经济总量及增长情况

数据来源：2001—2010 年《广东省统计年鉴》。

从三次产业结构情况来看，第一产业比重呈现稳步下降趋势，从 2005 年的 3.1% 下降到 2010 年的 2.1%；第二产业比重 2005 年为 50.7%，2006 年达到高点为 51.4%，之后开始下降，到 2010 年下降到 48.6%，第三产业比重在 2005 年 46.3%，2006 年略有下降为 46.1%，"十一五"后四年开始不断上升，到 2009 年其比重已经开始超过第二产业，2010 年第三产业比重上升至 49.2%。从产业结构变化情况来看，"十一五"期间，珠三角第三产业比重呈现不断上升趋势，已经超过第二产业比重，初步形成"三二一"的三次产业结构，符合产业升级的发展趋势，经济结构战略性调整取得积极成效。

从重点工业行业的情况来看，2007 年纺织业、皮革、造纸、石油加工、化学工业、非金属矿物制品业、金属冶炼及压延加工业、电力热力生产供应业等行业规模以上增加值占珠三角工业规模以上增长值的比例为 38.2%，占区域 GDP 的比例约为 19%；2010 年重点工业行业规模以上增加值比重占区域工业规模以上增长值的比例下降到 36%，占区域 GDP 总量的 18%。数据表明，"十一五"期间，珠三角地区典型的"两高一资"行业所占比例呈现下降趋势，产业转型升级步伐取得成效。

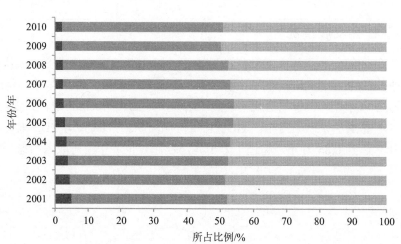

图 9-3　珠三角地区 2001—2010 年三次产业结构变化情况

数据来源：2001—2010 年《广东省统计年鉴》。

9.3.2　污染减排工作成效

"十一五"以来，珠三角区域全力推进污染减排，着力构建工程减排、结构减排和管理减排三大减排体系，成效显著。在区域 GDP 年均增长 14% 的情况下，超进度完成了两项主要污染物减排目标。"十一五"期间，区域内 SO_2 和 COD 两项主要污染物减排比例分别达到 23.53% 和 25.7%，超额完成国家下达的 15% 减排指标。

（1）以推进环保基础设施建设为重点，大力实施工程减排。

截至 2010 年底，全省共建成城镇污水处理设施 305 座，67 个县（市）全部建成污水处理设施。污水日处理能力从 2005 年的 633.7 万 t 增加到 1 739.1 万 t，其中珠三角区域处理能力占全省 80% 以上。全省城市生活污水处理量从 2005 年的 19.23 亿 t 增加到 2010 年的 39.14 亿 t，生活污水处理率从 2005 年的 40.2% 增加到 2010 年的 73.04%。同时，推动建成了广州越堡水泥厂、天河奥特农化公司、深圳宝安福永污泥处理场污泥处理处置中心。

全省 12.5 万 kW 以上燃煤火电机组全部安装了脱硫设施，累计安装脱硫设施的燃煤火电机组装机容量达到 3 557 万 kW，是 2005 年 420 万 kW 的 8.5 倍。燃煤机组安装脱硫设施比例从 2005 年 10% 增加到 2010 年的 65% 以上，脱硫能力实现质的飞跃。污水处理厂和电厂脱硫工程的大规模推进，有力地推动了主要污染物排放量的削减。

（2）以淘汰落后产能为突破，大力推进结构减排。

建立新建项目环评审批与淘汰落后产能挂钩的机制。制定小火电、小钢铁、小水泥等高耗能行业落后产能企业分批、分阶段关停时间表，重点抓好电力工业"上大压小"和清洁能源替代工作，将新上项目与地方结构减排指标完成进度挂钩，推动了一大批落后产能的关停。

积极落实国家下达的淘汰落后产能任务，实施"腾笼换鸟"、"退二进三"等产业升级战略，引导企业平稳退出或转型转产。"十一五"以来，珠三角区域共关停小火电 885 万 kW，累计淘汰落后水泥产能近 3 856 万 t，淘汰落后钢铁产能 887 万 t，均提前超额完成国家下达的"十一五"淘汰任务，为发展高端制造业和现代服务业腾出了空间。佛山市南海区按照"改造一批、提升一批、淘汰一批"的原则，主动改造传统产业，大力引进高新企业，努力打造城市环境，走出了一条具有中国特色的环保新道路。

（3）以强化环境执法标准为手段，大力推进监管减排。

多年来，珠三角区域以重点行业、重点地区、重点流域为突破口，出台了火电厂、水泥工业大气污染物、畜禽养殖业污染物等一系列排放标准；积极开展环保专项行动，对环境问题突出的重点区域和重点企业进行挂牌督办，实行领导包案督办制度。"十一五"期间，全省共立案处理违法企业 5 万家，限期整改及治理企业 4.2 万家，关停企业 1.4 万家，解决了一批影响较大、群众反映强烈的环境污染问题。

火电厂、日处理能力 2 万 t 以上（含 2 万 t）污水处理厂全部安装中控系统，记录脱硫设施、污水处理设施运行曲线，实现了治污设施运行监管。省级和 21 个地级以上市均建成了污染源自动监控中心（监控平台），全省 387 家国家重点监控企业在线监测设备均已安装及联网，验收完成率达到 96.2%，逐步形成了覆盖全省的现代化环境监控网络。

9.4　数据来源及相关参数

9.4.1　淘汰落后产能数据

根据国家工信部门公布的"十一五"各省各行业落后产能淘汰情况，分离出珠三角地区数据（见表 9-1）。

表 9-1　广东省"十一五"期间落后产能淘汰情况

类　型	2007 年	2008 年	2009 年	2010 年	"十一五"合计	珠三角
炼铁/万 t	—	—	55.0	50.0	105.0	—
炼钢/万 t	1 000.0	—	240.0	125.0	1 365.0	887.0
焦炭/万 t	32.0	—	0.0	32.0	17.0
水泥/万 t	837.0	2 385.0	750.0	538.0	4 510.0	3 856.0
造纸/万 t	16.7	—	1.5	2.9	21.1	19.0
味精/万 t	0.0	—	—	1.0	1.0	1.0
制革/万标张	—	—	—	50.0	50.0	41.0
印染/万 m	—	—	—	10 655.0	10 655.0	8 750.0
化纤/万 t	—	—	—	0.3	0.3	0.3

由于淘汰落后产能是按照行业产品产量进行统计，为便于统一计算其对经济发展以及结构调整的贡献效应，因此应将其转换为货币表示的价值量，通过收集 2007 年国家相关行业工业总产出（总产值）和工业总产量数据可以获得该行业单位工业总产出（总产值）的产品产量（表 6-4）。在此不考虑价格变化因素，将 2007 年工业产出产品量系数作为"十一五"期间历年通用系数，并根据投入产出行业对应关系（表 6-5），可以计算"十一五"期间珠三角地区淘汰落后产能所引起总产出的直接减少量。进行转换后，可以计算"十一五"期间珠三角区域各行业落后产能淘汰的价值量（表 9-2）。

表 9-2　珠三角"十一五"各行业淘汰落后产能价值量　　　　单位：亿元

行　业	产出（产值）
金属冶炼及压延加工业	137.69
非金属矿物制品业	169.55
造纸印刷及文教用品制造业	19.89
石油加工、炼焦及核燃料加工业	1.58
食品制造及烟草加工业	1.02
服装皮革羽绒及其制品业	4.04
化学工业	0.56

9.4.2　污染减排投入数据

根据广东省环境统计数据，可以获得珠三角区域的污染减排工程投资及运行费用（表 9-3），并结合各行业比例，推算珠三角区域"十一五"期间的工程减排投资及运行费用。经估算，"十一五"期间，珠三角污染减排工程投资为 497.3 亿元，其中废水治理218 亿元，废气治理 279.3 亿元；运行费用为 390.7 亿元，其中废水运行费 171.3 亿元，废气运行费 219.4 亿元（表 9-4）。

表 9-3　珠三角地区"十一五"工程减排投资　　　　单位：亿元

年　份	废水治理	废气治理
2006	32.36	34.12
2007	42.01	37.90
2008	48.41	44.34
2009	45.58	74.74
2010	49.64	88.20
合　计	218.00	279.30

表 9-4　珠三角地区"十一五"工程减排运行费　　　　　单位：万元

行　业	废水运行费	废气运行费
煤炭开采和洗选业	0	0
石油和天然气开采业	1 502	5
金属矿采选业	1 372	13
非金属矿采选业	130	4
食品制造及烟草加工业	151 684	33 000
纺织业	161 280	19 168
服装皮革羽绒及其制品业	37 365	5 583
木材加工及家具制造业	3 831	3 842
造纸印刷及文教用品制造业	197 840	30 171
石油加工、炼焦及核燃料加工业	151 076	100 182
化学工业	382 706	157 957
非金属矿物制品业	28 347	182 364
金属冶炼及压延加工业	345 531	553 724
金属制品业	81 415	7 746
通（专）用设备制造业	16 927	11 333
交通运输设备制造业	25 131	11 367
电气、机械及器材制造业	9 309	3 084
通信设备、计算机及其他电子设备制造业	54 887	24 759
仪器仪表及文化办公用机械制造业	11 033	2 534
其他制造业	2 468	331
废品废料	819	150
电力、热力的生产和供应业	4 434	1 045 267
燃气生产和供应业	165	1682
水的生产和供应业	43 619	106
合　计	1 712 869	2 194 471

9.4.3　珠三角投入产出表

目前，最新的投入产出数据是 2007 年的 42 部门投入产出表，但是只有广东省的投入产出表，而没有针对珠三角区域的投入产出表。因此，需要对广东省投入产出表进行修正，转换到珠三角区域的投入产出表。

广东省统计年鉴上对各市、各行业的增加值有比较全面的统计，可以根据珠三角区域各行业增加值占广东省的比例，计算得到珠三角区域各行业的增加值（表 9-5）。

表 9-5　2007 年珠三角区域与广东省各行业增加值情况

项　目	广东省/亿元	珠三角/亿元	珠三角占比/%
第一产业	554.10	1 695.57	32.7
工业	14 104.21	12 019.76	85.2
煤炭开采和洗选业	0.00	0	—
石油和天然气开采业	530.50	411.74	77.6
金属矿采选业	61.55	5.91	9.6
非金属矿采选业	26.39	8.15	30.9
食品制造及烟草加工业	760.88	543.02	71.4
纺织业	397.17	313.42	78.9
服装皮革羽绒及其制造业	702.99	591.24	84.1
木材加工及家具制造业	240.97	188.94	78.4
造纸印刷及文教用品制造业	617.40	534.06	86.5
石油加工、炼焦及核燃料加工业	280.22	83.09	29.7
化学工业	1 618.36	1 441.41	89.1
非金属矿物制品业	513.95	386.75	75.3
金属冶炼及压延加工业	577.53	391.30	67.8
金属制品业	640.80	560.31	87.4
通（专）用设备制造业	540.90	476.22	88.0
交通运输设备制造业	815.73	796.66	97.7
电气机械及器材制造业	1 525.00	1 445.36	94.8
通信设备、计算机及其他电子设备制造业	2 520.78	2 423.79	96.2
仪器仪表及文化、办公用机械制造业	279.71	272.43	97.4
其他制造业	181.83	148.87	81.9
废弃资源和废旧材料回收加工业	38.80	19.37	49.9
电力、热力的生产和供应业	1 085.95	849.65	78.2
燃气生产和供应业	51.89	41.60	80.2
水的生产和供应业	94.93	86.50	91.1
建筑业	1 029.08	706.47	68.7
第三产业	11 848.60	13 449.73	88.1

注：表中工业行业为规模以上工业增加值数据。

得到珠三角区域的增加值数据后，根据广东省投入产出表增加值和总产出的比例关系，可以间接得到珠三角的总产出（总投入），然后按照广东省总产出和最终产出的比例可以算出珠三角最终产出。在获得珠三角区域总产出（总投入）、增加值、最终产出后，将总产出（总投入）减去最终产出（增加值）后，可计算中间产出（中间投入），这样就获得了投入产出表第一象限中各行业的合计值。然后利用 RAS 法进行修正得出中间流量，将广东省投入产出表转换到珠三角区域的投入产出表。

9.5　测算结果分析

9.5.1　经济发展贡献效应

9.5.1.1　投资

"十一五"污染减排投资对珠三角地区经济社会发展产生了明显的积极效果（表 9-6），

增加国民总产出 1 711 亿元；拉动 GDP 增长 399 亿元，占"十一五"区域 GDP 的 0.27%；增加居民收入 163 亿元；增加社会就业 72 万人。从废水治理投资和废气治理投资贡献比例来看，其中约 56%的贡献效应是由废气治理投资产生的，废水投资的贡献效应约为 44%。

表 9-6　"十一五"污染减排投资对珠三角经济社会发展贡献效应

	总产出/亿元	增加值/亿元	居民收入/亿元	社会就业/万人
废水	738	170	72	32
废气	973	229	91	40
合计	1 711	399	163	72

从行业来看，污染减排投资使通（专）用设备制造业、服务业、建筑业和金属冶炼及压延加工业四个行业的产出增加最多，分别为 373 亿元、193 亿元、158 亿元和 150 亿元，合计占总产出增加的比例达 51%。图 9-4 列出了污染减排投资对总产出拉动最大的 14 个行业，这 14 行业合计占总产出总增加量的 90%。

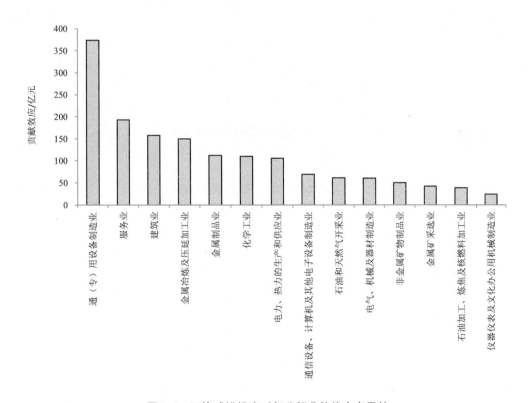

图 9-4　污染减排投资对部分行业的总产出贡献

从增加值的情况来看，服务业、通（专）用设备制造业、建筑业、金属制品业等几个行业的增加值增加最明显。图 9-5 列出了增加值增加最显著的 12 个行业，这 12 个行业的增加值增加量累计占增加值总的增加量的 85%。

投资对行业的总产出和增加值的贡献值见表 9-7。

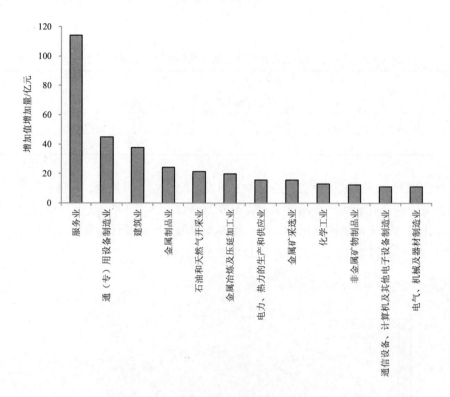

图 9-5　污染减排投资对部分行业的增加值贡献

表 9-7　投资对行业的总产出和增加值的贡献值　　　　　单位：亿元

行　业	总产出	增加值
农林牧渔业	15.36	9.23
煤炭开采和洗选业	0	0
石油和天然气开采业	61.14	21.40
金属矿采选业	42.11	15.71
非金属矿采选业	7.70	2.11
食品制造及烟草加工业	9.96	2.54
纺织业	6.29	1.67
服装皮革羽绒及其制品业	2.89	0.96
木材加工及家具制造业	7.91	1.75
造纸印刷及文教用品制造业	19.26	4.47
石油加工、炼焦及核燃料加工业	38.17	4.29

行 业	总产出	增加值
化学工业	109.65	13.16
非金属矿物制品业	50.36	12.38
金属冶炼及压延加工业	149.82	19.92
金属制品业	111.83	24.13
通（专）用设备制造业	373.48	44.82
交通运输设备制造业	12.04	2.56
电气、机械及器材制造业	60.23	11.01
通信设备、计算机电子设备制造业	69.24	11.09
仪器仪表及文化办公用机械制造业	24.08	4.63
其他制造业	7.38	1.86
废品废料	16.64	9.76
电力、热力的生产和供应业	105.15	15.77
燃气生产和供应业	15.39	2.12
水的生产和供应业	6.89	3.74
建筑业	158.09	37.78
服务业	192.77	114.12

9.5.1.2 运行费

如前所述，污染减排运行费对经济发展具有双重影响，一方面污染减排运行费将本属于增加值的价值用于中间消耗领域，因而对增加值来说是减少的；另一方面污染减排运行费的中间消耗部分用于购买电力、化学试剂、环境管理和设备维修等产品和服务，从而带动了相关行业部门的生产，因而对经济又具有促进带动作用。综合污染减排运行费对经济发展的正面效应和负面效应后，总的来看污染减排运行费对国民经济总产出具有积极的促进作用，区域总产出增加 1 137 亿元；对 GDP 的综合影响较小，为–25 亿元，仅占"十一五"区域 GDP 总量的 0.02%；使居民收入增加 8 亿元，社会就业增加 12 万人（表 9-8）。

表 9-8 "十一五"污染减排运行对珠三角经济社会发展贡献效应

	总产出/亿元	增加值/亿元	居民收入/亿元	社会就业/万人
直接贡献	0	–262	–81	–34
间接贡献	1 137	237	89	46
合计	1 137	–25	8	12

从总产出的行业变化情况来看（图 9-6），污染减排运行对化学工业、电力热力的生产和供应业、石油和天然气开采业、服务业、非金属矿物制品业、石油加工炼焦及核燃料加工业等行业的产出增加贡献较大，其中化学工业、电力热力的生产和供应业的受益最明显，行业总产出分别增加 337 亿元、329 亿元。图 9-6 列出了产出增加最明显的 6 个行业，累计占产出增加总量的 83.5%。

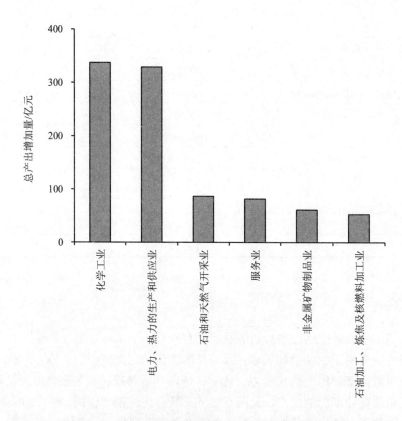

图 9-6　污染减排运行费对部分行业的产出增加贡献

从运行费对增加值的综合效应来看（图 9-7），一部分行业的增加值受到正面刺激效果，其中服务业、石油和天然气开采业、化学工业等行业增加值增加较明显，分别为 48 亿元、30 亿元和 8 亿元。而另外有部分行业的增加值受到负面影响，其中以金属冶炼及压延加工业、电力热力的生产和供应业、造纸、食品制造等行业较明显，增加值分别减少 58 亿元、20 亿元、13 亿元和 12 亿元。图 9-7 列出了污染减排运行费对部分行业的增加值影响。

污染减排运行费对各行业总产出和增加值的影响见表 9-9。

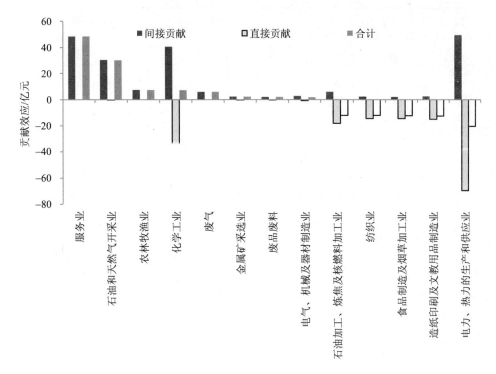

图 9-7　污染减排运行费对部分行业的增加值影响

表 9-9　污染减排运行费对各行业总产出和增加值的影响　　　单位：亿元

行　业	总产出	增加值
农林牧渔业	12.49	7.50
煤炭开采和洗选业	0.00	0.00
石油和天然气开采业	86.85	30.30
金属矿采选业	6.38	2.29
非金属矿采选业	4.39	1.19
食品制造及烟草加工业	8.18	−12.32
纺织业	8.67	−12.18
服装皮革羽绒及其制品业	2.62	−1.93
木材加工及家具制造业	1.64	−0.16
造纸印刷及文教用品制造业	10.66	−12.47
石油加工、炼焦及核燃料加工业	53.37	−12.13
化学工业	337.06	7.13
非金属矿物制品业	61.45	0.88
金属冶炼及压延加工业	18.30	−58.26
金属制品业	17.82	−2.37
通（专）用设备制造业	18.89	0.33
交通运输设备制造业	3.05	−1.86
电气、机械及器材制造业	14.59	1.82

行　业	总产出	增加值
通信设备、计算机电子设备制造业	15.64	−2.96
仪器仪表及文化办公用机械制造业	9.95	1.03
其他制造业	1.61	0.22
废品废料	3.43	1.95
电力、热力的生产和供应业	329.10	−20.35
燃气生产和供应业	8.26	1.01
水的生产和供应业	1.20	0.65
建筑业	0.55	0.13
服务业	81.73	48.39

9.5.1.3　淘汰落后产能

　　淘汰落后产能对经济增长具有一定的负面影响，经测算"十一五"期间珠三角地区淘汰落后产能工作使区域总产出减少 699 亿元；相应的 GDP 减少 166 亿元，占"十一五"区域 GDP 总量的 0.11%；居民收入减少 49 亿元，社会就业减少 25 万人。

　　从行业情况来看（图 9-8），金属冶炼及压延加工业、非金属矿物制品业、金属矿采选业受淘汰落后产能影响较大，其总产出分别减少 211 亿元、92 亿元和 52 亿元。图 9-8 列出了受淘汰落后产能影响，总产出减少的最多的 9 个行业，累计占总产出减少总量的 80%。

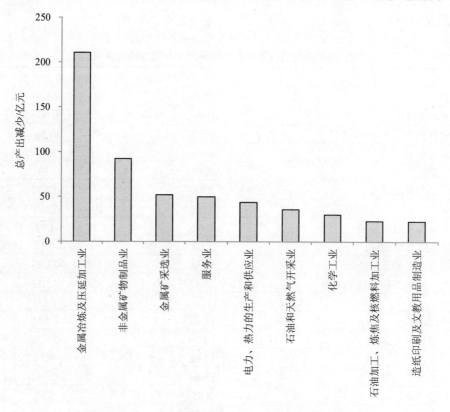

图 9-8　"十一五"淘汰落后产能部分行业总产出减少量

　　从增加值的情况来看（图 9-9），服务业、金属冶炼及压延加工业、非金属矿物制品业、金属矿采选业的增加值减少较明显，分别减少了 30 亿元、28 亿元、23 亿元、20亿元。图 9-9 列出了受淘汰落后产能影响，增加值减少的最多的 10 个行业，累计占增加值减少总量的 86%。

　　淘汰落后产能对各行业产出及增加值的影响见表 9-10。

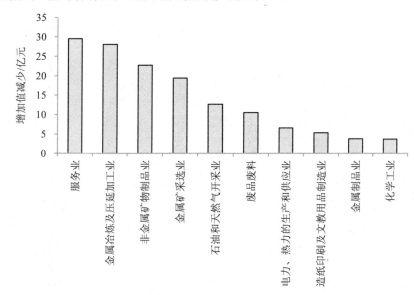

图 9-9　"十一五"淘汰落后产能部分行业增加值减少量

表 9-10　淘汰落后产能对各行业产出及增加值的影响　　　　　　单位：亿元

行　业	总产出	增加值
农林牧渔业	−4.35	−2.62
煤炭开采和洗选业	−0.00	−0.00
石油和天然气开采业	−36.10	−12.63
金属矿采选业	−52.02	−19.40
非金属矿采选业	−6.36	−1.74
食品制造及烟草加工业	−3.68	−0.94
纺织业	−4.32	−1.15
服装皮革羽绒及其制品业	−7.05	−2.34
木材加工及家具制造业	−1.14	−0.25
造纸印刷及文教用品制造业	−22.75	−5.27
石油加工、炼焦及核燃料加工业	−23.06	−2.59
化学工业	−30.34	−3.64
非金属矿物制品业	−92.33	−22.70
金属冶炼及压延加工业	−210.65	−28.01
金属制品业	−17.50	−3.78
通（专）用设备制造业	−8.22	−0.99
交通运输设备制造业	−2.65	−0.56
电气、机械及器材制造业	−6.68	−1.22
通信设备、计算机电子设备制造业	−8.43	−1.35
仪器仪表及文化办公用机械制造业	−3.66	−0.70

行　业	总产出	增加值
其他制造业	−0.79	−0.20
废品废料	−17.86	−10.48
电力、热力的生产和供应业	−43.65	−6.55
燃气生产和供应业	−14.32	−1.98
水的生产和供应业	−0.47	−0.25
建筑业	−0.34	−0.08
服务业	−49.83	−29.50

9.5.1.4　排放标准（火电厂）

虽然实施火电厂排放标准会造成火电行业治理成本增加，但是由于污染治理投资和运行费用会带动设备制造、化学工业、建筑业、环境服务业等相关产业的发展，进一步会对其他行业产生正面刺激作用，从而对整个经济发展带来积极促进作用。测算结果表明，实施火电厂排放标准，使珠三角区域总产出增加 293 亿元；增加值增加 31 亿元，占"十一五"珠三角 GDP 的 0.02%；全社会居民收入增加 17.7 亿元；社会就业增加 7.2 亿元。

从行业来看（图 9-10），电力、石油和天然气开采、石油加工炼焦、服务业等几个行业产出增加最明显，其中电力行业产出增加最多，达到 80 亿元。其主要原因在于，火电行业污染治理投资和运行费用会带动相关各个产业发展，各行业对电力的需求相应增加，导致电力行业产出增加。

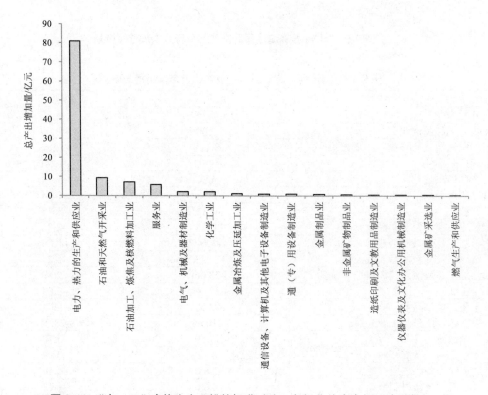

图 9-10　"十一五"实施火电厂排放标准对珠三角行业总产出的经济贡献

　　从增加值的行业变化情况来看（见图 9-11），服务业、石油和天然气开采业、通（专）用设备制造业和建筑业的增加值增加较明显，分别为 15.1 亿元、5.5 亿元、5.4 亿元、3.2 亿元，这几个行业直接受益于污染治理拉动作用，其增加值较明显。而只有电力行业的增加值减少，减少约 18 亿元，主要是火电行业污染减排运行费成本增加，将本属于增加值的价值用于中间消耗领域，从而使增加值减少。

　　实施火电厂排放标准对各行业产出及增加值的影响见表 9-11。

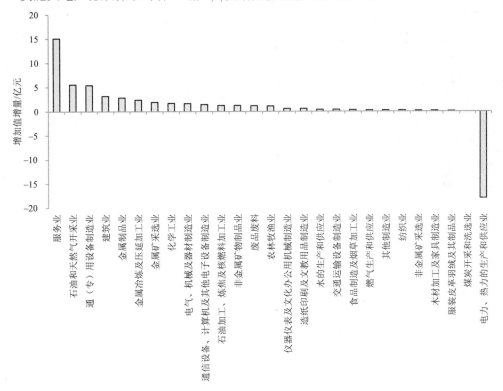

图 9-11　"十一五"实施火电厂排放标准对珠三角行业增加值的经济贡献

表 9-11　实施火电厂排放标准对各行业产出及增加值的影响　　　　单位：亿元

行　业	总产出	增加值
农林牧渔业	1.82	1.09
煤炭开采和洗选业	0.00	0.00
石油和天然气开采业	15.76	5.52
金属矿采选业	5.04	1.88
非金属矿采选业	0.73	0.20
食品制造及烟草加工业	1.28	0.33
纺织业	0.81	0.22
服装皮革羽绒及其制品业	0.37	0.12
木材加工及家具制造业	0.85	0.19

行　业	总产出	增加值
造纸印刷及文教用品制造业	2.46	0.57
石油加工、炼焦及核燃料加工业	11.17	1.25
化学工业	14.06	1.69
非金属矿物制品业	5.01	1.23
金属冶炼及压延加工业	17.88	2.38
金属制品业	13.22	2.85
通（专）用设备制造业	44.94	5.39
交通运输设备制造业	1.58	0.34
电气、机械及器材制造业	8.94	1.63
通信设备、计算机电子设备制造业	8.81	1.41
仪器仪表及文化办公用机械制造业	3.10	0.60
其他制造业	0.91	0.23
废品废料	2.02	1.19
电力、热力的生产和供应业	91.47	−17.94
燃气生产和供应业	1.92	0.26
水的生产和供应业	0.64	0.35
建筑业	13.24	3.16
服务业	25.48	15.09

9.5.1.5　合计

由于监管减排只计算了实施火电厂排放标准的经济效应，并非监管减排的全部贡献效应，而且由排放标准实施引起投资和运行成本增加部分已包括在污染减排投资和运行费里面，因此合计部分只考虑污染减排投资、运行费和淘汰落后产能三部分，暂不考虑排放标准部分。

综合污染减排投资、运行费和淘汰落后产能对经济发展的影响后，总体来看，珠三角地区"十一五"污染减排对经济社会发展产生了积极的影响和刺激效果，累计使总产出增加2 149亿元；增加GDP 208亿元，占"十一五"区域GDP总量的0.14%；居民收入增加122亿元；带动社会就业59万人（表9-12）。这也充分表明，污染减排不但不会对经济发展产生负面影响，反而具有一定的促进作用。

表9-12　"十一五"污染减排对珠三角经济社会发展贡献效应

	总产出/亿元	增加值/亿元	居民收入/亿元	社会就业/万人
投资	1 711	399	163	72
运行费	1 137	−25	8	12
淘汰落后产能	−699	−166	−49	−25
合计	2 149	208	122	59

从行业情况来看（图 9-12），化学工业、电力热力生产和供应业、通（专）用设备制造业、服务业、建筑业、金属制品业、石油和天然气开采业等 7 个行业的总产出增加最显著，均超过 100 亿元，其中化学工业达 416 亿元。这些行业受污染减排投资及运行费拉动较大，是由于对化学试剂、电力、设备生产、环保服务业、建筑施工等方面的需求增多，同时这些行业受落后产能淘汰影响又较小，所以其产出增加较明显。仅有金属冶炼及压延加工业、金属矿采选业、服装皮革羽绒及其制品业三个行业的总产出受到负面影响，但是影响均较小。这几个行业产出虽然也受到投资和运行的拉动，但是淘汰落后产能的负面影响抵消了其正面贡献效应。其中金属冶炼及压延加工业总产出减少 43 亿元，金属矿采选业、服装皮革羽绒及其制品业总产出分别只减少 4 亿元和 1.5 亿元。

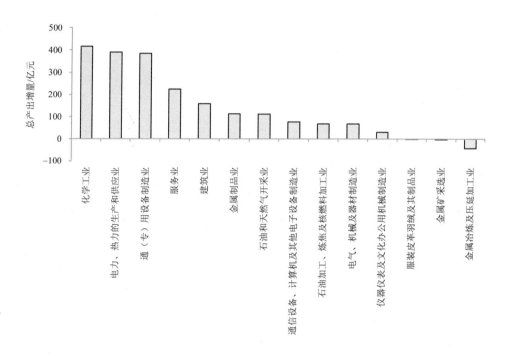

图 9-12　"十一五"污染减排对珠三角区域部分行业总产出的影响

从增加值的情况来看（图 9-13），服务业、通（专）用设备制造业、石油和天然气开采业、建筑业受拉动效果最明显，分别为 133 亿元、44 亿元、33 亿元和 38 亿元。此外，一共有 9 个行业的增加值受到负面影响，增加值减少，其中金属冶炼及压延加工业、造纸、纺织业三个行业最明显，增加值分别减少 66 亿元、13 亿元和 12 亿元，其他 6 个行业的增加值减少不明显。

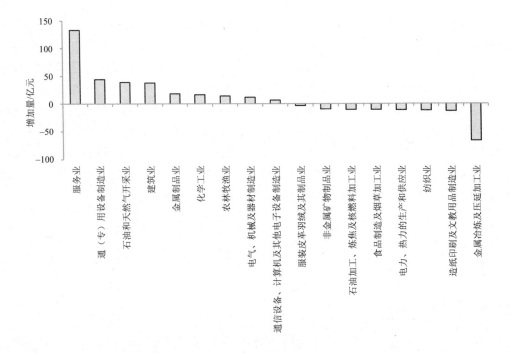

图 9-13 "十一五"污染减排对珠三角区域部分行业增加值的影响

表 9-13   污染减排对各行业总产出及增加值的影响   单位：亿元

行　　业	总产出	增加值
农林牧渔业	23.49	14.12
煤炭开采和洗选业	5.79	0.00
石油和天然气开采业	111.89	39.06
金属矿采选业	−3.52	−1.40
非金属矿采选业	5.73	1.56
食品制造及烟草加工业	14.46	−10.71
纺织业	10.64	−11.65
服装皮革羽绒及其制品业	−1.54	−3.31
木材加工及家具制造业	8.41	1.34
造纸印刷及文教用品制造业	7.18	−13.28
石油加工、炼焦及核燃料加工业	68.48	−10.43
化学工业	416.38	16.65
非金属矿物制品业	19.47	−9.44
金属冶炼及压延加工业	−42.53	−66.35
金属制品业	112.15	17.99
通（专）用设备制造业	384.15	44.16
交通运输设备制造业	12.44	0.13
电气、机械及器材制造业	68.14	11.61

行　业	总产出	增加值
通信设备、计算机电子设备制造业	76.45	6.78
仪器仪表及文化办公用机械制造业	30.38	4.95
其他制造业	8.20	1.89
废品废料	2.21	1.23
电力、热力的生产和供应业	390.60	−11.12
燃气生产和供应业	9.34	1.16
水的生产和供应业	7.63	4.14
建筑业	158.29	37.83
服务业	224.66	133.00

9.5.2　产业结构调整效果

如前所述，污染减排措施对各产业的增加值会产生影响，因而也会引起产业结构的变化，根据产业结构系数可以测算相应的变化情况。

9.5.2.1　投资

从结构调整的作用来看（表 9-14），污染减排投资使珠三角区域第二产业比重上升 0.26 个百分点，其中工业上升 0.15 个百分点，建筑业上升 0.11 个百分点，相应的第三产业的比重下降 0.26 个百分点，对第一产业的比重基本没有影响。

表 9-14　污染减排投资对珠三角区域产业结构的影响　　　单位：%

产业类型	废气治理	废水治理	小计
第一产业	0.00	0.00	0.00
第二产业	0.15	0.11	0.26
其中：工业	0.09	0.06	0.15
建筑业	0.06	0.05	0.11
第三产业	−0.15	−0.11	−0.26

从行业情况来看（图 9-14），通（专）用设备制造业、建筑业、金属冶炼及压延加工业三个行业的结构变化比较明显，其行业比重分别上升了 0.15%、0.11% 和 0.07%。与之相反，服务业、通信设备计算机电子设备制造业、服装皮革羽绒及其制品业三个行业的比重下降较显著，其分别下降 0.26%、0.11%、0.05%。

9.5.2.2　运行费

运行费对经济的直接贡献和间接贡献同样对产业结构带来双重影响，例如污染减排的直接贡献使第二产业的比例下降 0.49%，第三产业的比例上升 0.47%；反之污染减排运行费的间接贡献使第二产业的比重上升 0.21%，第三产业比例下降 0.22%。综合其双重效应，总体看来运行费使第一产业和第三产业比重分别上升 0.03% 和 0.25%，使第二产业比重下降 0.28%（表 9-15）。

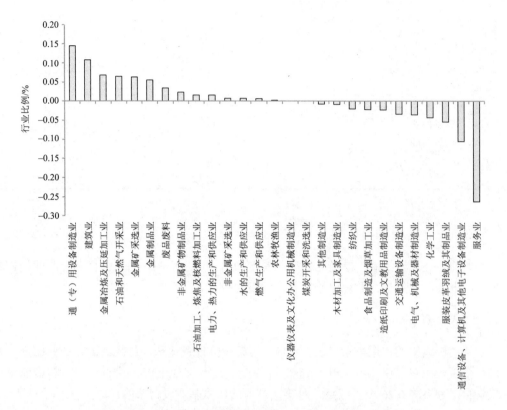

图 9-14 污染减排投资对珠三角区域部分行业结构的影响

表 9-15 污染减排运行费对珠三角区域产业结构的影响 单位：%

产业类型	直接贡献	间接贡献	小计
第一产业	0.02	0.01	0.03
第二产业	−0.49	0.21	−0.28
其中：工业	−0.52	0.24	−0.28
建筑业	0.03	−0.03	0.00
第三产业	0.47	−0.22	0.25

从运行费的综合效果来看（见图 9-15），服务业、石油和天然气开采业、化学工业等几个行业的比例上升较明显，分别为 0.24%、0.12% 和 0.04%。与之相反，金属冶炼及压延加工业、电力热力生产供应业、造纸、食品制造等几个行业的比例下降幅度最大，分别下降 0.23%、0.07%、0.05% 和 0.05%。

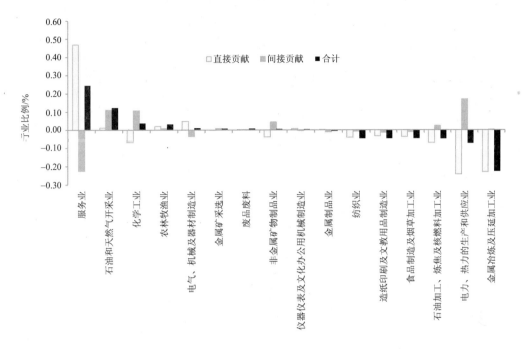

图 9-15　污染减排运行费对珠三角区域部分行业结构的影响

9.5.2.3　淘汰落后产能

淘汰落后产能使珠三角区域第二产业比重下降 0.17%，其中建筑业上升 0.02%，工业下降 0.19%；第三产业比重上升 0.17%，第一产业比重基本无影响（表 9-16）。

表 9-16　淘汰落后产能对珠三角区域产业结构的影响　　　　　　　单位：%

淘汰落后产能	合　计
第一产业	0.00
第二产业	−0.17
其中：工业	−0.19
建筑业	0.02
第三产业	0.17

从行业情况来看（图 9-16），受淘汰落后产能影响，金属冶炼及压延加工业、非金属矿物制品业、金属矿采选业、石油和天然气开采业几个行业比例下降幅度较明显，这些行业是淘汰落后产能的重点行业，导致其产出下降增加值减少，其比例分别下降 0.11%、0.08%、0.08% 和 0.04%。服务业、通信计算机电子设备制造业、电器机械、化学工业等几个行业的增加值受淘汰落后产能影响较小，增加值减少不明显，其比例上升，上升幅度分别为 0.17%、0.05%、0.03% 和 0.02%。

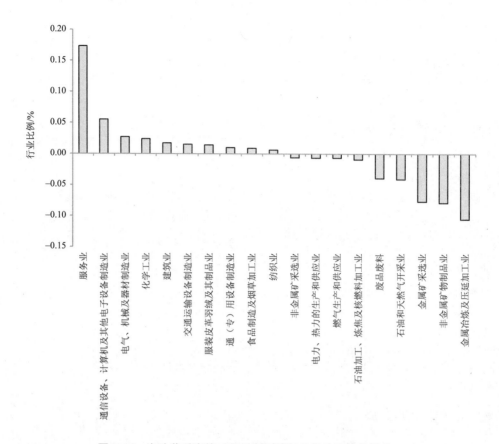

图 9-16　淘汰落后产能对珠三角区域部分行业结构的影响

9.5.2.4　排放标准（火电厂）

实施火电厂排放标准对产业结构的影响较小（表 9-17），仅使工业行业比重下降 0.01%，而建筑业比重上升 0.01%；对第一产业和第三产业的比重基本无影响。

表 9-17　实施火电厂排放标准对珠三角区域产业结构的影响　　　　单位：%

实施火电厂排放标准	合　计
第一产业	0.00
第二产业	0.00
其中：工业	−0.01
建筑业	0.01
第三产业	0.00

从行业的情况来看（图 9-17），由于石油和天然气开采业、通（专）用设备制造业、建筑业等几个行业由于增加值受拉动效果较明显，分别上升 0.02%、0.02% 和 0.01%，其行业的比重也随着发生上升。而电力行业由于其增加值减少，其行业占比也随之下降，下降了 0.08%。

实施火电厂排放标准对珠三角各行业结构影响见表 9-18

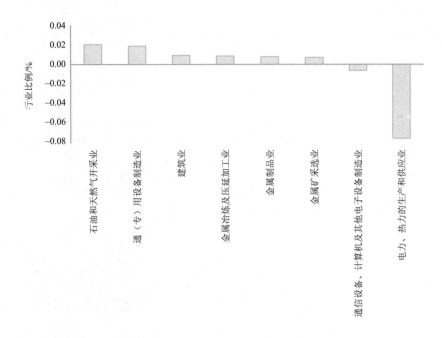

图 9-17　实施火电厂排放标准对珠三角区域行业结构的影响

表 9-18　实施火电厂排放标准对珠三角各行业结构影响　　　　单位：%

行　业	结构变化
农林牧渔业	0.00
煤炭开采和洗选业	0.00
石油和天然气开采业	0.02
金属矿采选业	0.01
非金属矿采选业	0.00
食品制造及烟草加工业	0.00
纺织业	0.00
服装皮革羽绒及其制品业	0.00
木材加工及家具制造业	0.00
造纸印刷及文教用品制造业	0.00
石油加工、炼焦及核燃料加工业	0.00
化学工业	0.00
非金属矿物制品业	0.00
金属冶炼及压延加工业	0.01
金属制品业	0.01
通（专）用设备制造业	0.02

行 业	结构变化
交通运输设备制造业	0.00
电气、机械及器材制造业	0.00
通信设备、计算机及其他电子设备制造业	−0.01
仪器仪表及文化办公用机械制造业	0.00
其他制造业	0.00
废品废料	0.00
电力、热力的生产和供应业	−0.08
燃气生产和供应业	0.00
水的生产和供应业	0.00
建筑业	0.01
服务业	0.00

9.5.2.5 合计

与计算经济发展贡献效应类似，合计部分只考虑污染减排投资、运行费和淘汰落后产能三部分，暂不考虑排放标准部分。

综合污染减排投资、运行费及淘汰落后产能的影响后，污染减排对珠三角区域的第一产业、第二产业、第三产业比重的影响分别为 0.03%、−0.19%和0.16%，即第二产业比重下降（其中工业比重下降 0.32%，建筑业比重上升 0.13%），第三产业比重上升，第一产业比重影响变化不大（表 9-19）。因此，总体来看，污染减排对珠三角地区产业结构调整具有积极的贡献效果，符合广东省"退二进三"的产业转型升级步伐。

表 9-19 "十一五"污染减排对珠三角区域产业结构的影响   单位：%

产业	投资	运行费	淘汰落后产能	合计
第一产业	0.00	0.03	0.00	0.03
第二产业	0.26	−0.28	−0.17	−0.19
其中：工业	0.15	−0.28	−0.19	−0.32
建筑业	0.11	0.00	0.02	0.13
第三产业	−0.26	0.25	0.17	0.16

从行业情况来看，服务业、通（专）用设备制造业、石油和天然气开采业、建筑业等几个行业的比重上升较明显，分别达到0.16%、0.16%、0.15%和0.13%。金属冶炼及压延加工业、造纸、电力热力生产供应、纺织业、食品制造业 5 个行业的比重下降幅度比较显著，分别下降 0.27%、0.07%、0.07%、0.06%和0.06%。图 9-18 列出了污染减排对珠三角区域部分行业结构的变化影响。

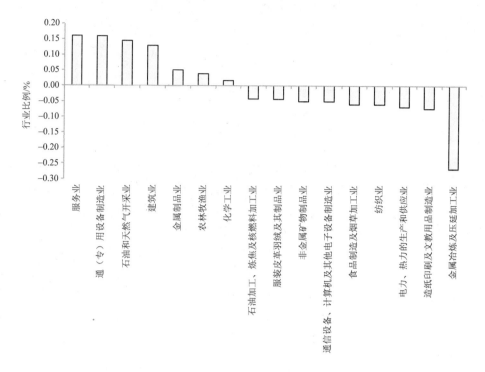

图 9-18　污染减排对珠三角区域部分行业结构的影响

从重点工业行业情况来看（表 9-20），实施污染减排措施后，珠三角地区重点工业行业所占比重共下降 0.58%，其中金属冶炼及压延加工业、造纸、电力热力生产供应、纺织业等行业的比重下降幅度比较显著，分别下降 0.27%、0.07%、0.07%、0.06%。

表 9-20　"十一五"污染减排对珠三角重点工业行业结构调整效果

调整效果 重点工业	污染减排对结构调整变化量/%			
	污染减排投资	污染减排运行费	淘汰落后产能	合计
纺织业	−0.02	−0.05	0.01	−0.06
纺织服装鞋帽皮革羽绒及其制品业	−0.05	0	0.01	−0.04
造纸印刷及文教体育用品制造业	−0.02	−0.05	0	−0.07
石油加工、炼焦及核燃料加工业	0.02	−0.05	−0.01	−0.04
化学工业	−0.04	0.04	0.02	0.02
非金属矿物制品业	0.02	0.01	−0.08	−0.05
金属冶炼及压延加工业	0.07	−0.23	−0.11	−0.27
电力、热力的生产和供应业	0.02	−0.08	−0.01	−0.07
合计	0	−0.41	−0.17	−0.58

9.6   结论及建议

9.6.1   主要结论

9.6.1.1   污染减排给经济发展带来积极的促进作用

总体看来，珠三角地区"十一五"污染减排对经济社会发展产生了积极的影响和刺激作用，区域总产出增加 2 149 亿元；GDP 增加 208 亿元，占"十一五"区域 GDP 总量的 0.14%；居民收入增加 122 亿元；带动社会就业 59 万人。研究结果表明，污染减排不会对经济发展产生负面的阻滞作用，而是具有积极的促进作用。

比较污染减排投资、运行费、淘汰落后产能对经济增长的影响，其中投资对经济的拉动作用最明显，对国民总产出、增加值、居民收入和社会就业均有积极的贡献作用；运行费对总产出、居民收入和社会就业有较明显的促进作用，对增加值影响不大，使之略有减少；淘汰落后产能则对经济发展产生阻碍作用，总产出、增加值、居民收入及社会就业均出现不同幅度的下降。

从总产出变化的行业情况来看，化学工业、电力热力生产和供应业、通（专）用设备制造业、服务业、建筑业等几个行业的总产出增加最显著，均超过 100 亿元，主要是由于这些行业受污染减排投资及运行费拉动较大，对化学试剂、电力、设备生产、环保服务业、建筑施工等方面的需求增多，同时这些行业受落后产能淘汰影响又较小，使其产出增加较明显；仅有金属冶炼及压延加工业、金属矿采选业、服装皮革羽绒及其制品业三个行业的总产出受到负面影响，但是影响均较小，这几个行业产出虽然也受到投资和运行的拉动，但是淘汰落后产能淘的负面影响抵消了其正面贡献效应。

从增加值的行业变化情况来看，服务业、通（专）用设备制造业、石油和天然气开采业等几个行业增加值受拉动效果比较明显，与总产出变化情况相似，这些行业由于污染减排投资和设备运行，其需求增多，增加值增加较明显；值得说明的是，虽然污染减排投资对电力行业增加值带来正面效果，但是由于电力行业的污染减排运行费投入较多，对行业增加值带来负面影响，所以总的来看，虽然电力行业的总产出增加较多，但是其增加值增加却不是很明显；而金属冶炼及压延加工业、造纸、纺织业三个行业增加值减少最明显，这几个行业是淘汰落后产能的重点对象，直接导致其增加值受影响较大。

9.6.1.2   污染减排对产业结构具有一定的优化作用

"十一五"污染减排对珠三角区域产业结构调整也具有一定的优化作用，使第二产业比重下降 0.19 个百分点，特别是其中工业比重下降 0.32 个百分点；第三产业比重上升 0.16 个百分点，符合经济结构战略性调整的方向和广东省"退二进三"的产业转型升级步伐。

比较污染减排投资、运行费、淘汰落后产能对产业结构的影响，其中运行费和淘汰落后产能对产业结构调整贡献较大，分别使第二产业比重下降 0.28 和 0.17 个百分点，其中工业分别下降 0.28 和 0.19 个百分点；而投资虽然对经济增长具有比较明显的作用，但是却不利于产业结构调整，使第二产业比重上升了 0.26 个百分点，其中工业上升 0.15 个百分点。

从重点行业的情况来看，金属冶炼及压延加工业、造纸、电力热力生产供应、纺织业、食品制造业、非金属矿物制品业、服装皮革羽绒及其制品业等传统重污染行业的比重均出现不同程度的下降幅度，特别是金属冶炼及压延加工业和造纸行业下降幅度最明显。重污染行业比重的下降，充分表明了污染减排在产生环境效益的同时，也对经济结构调整具有积极的促进作用。

9.6.1.3　污染减排是促进发展方式转变的重要手段

从污染减排对经济发展和产业结构的影响来看，均具有积极的正面效果：对国民经济总产出、增加值、居民收入和社会就业均有不同程度的增加，第二产业比重下降，第三产业比重上升。充分表明，污染减排没有对珠三角地区的发展带来制约作用，而是实现发展模式转型，促进产业升级的有力手段之一。

9.6.2　政策建议

虽然"十一五"期间，珠三角地区污染减排取得显著成效，在区域 GDP 年均增长14% 的情况下，超进度完成了两项主要污染物减排目标。但是，必须看到区域经济发展方式尚未得到根本转变，产业结构仍需进一步优化升级，污染减排对经济结构调整的作用还没有得到充分发挥。珠三角区域传统的发展方式面临"三个难以为继"：高度依赖国际市场的发展模式在复杂多变的世界经济环境中难以为继；产业和技术经济大而不强、缺乏核心竞争力的生产方式在日趋激烈的国际竞争中难以为继；长期形成的主要依靠物质投入、外延扩张的粗放型发展方式在能源、土地等资源制约突出地区和部分地市环境承载力接近极限的情况下难以为继。

"十一五"污染减排战略拉开序幕，标志着环境保护工作由"以环境换取发展"开始进入"以环境优化发展"的新阶段。"十二五"期间，珠三角地区总量控制任务更加艰巨，压力加大，必须坚定地持续推进污染减排战略，全面提高污染减排优化经济发展和产业结构的能力，逐步形成节约能源资源和保护生态环境的产业结构、增长方式、消费模式。

9.6.2.1　继续加快推进经济结构战略性调整步伐

"十一五"期间珠三角地区产业结构调整取得积极进展，一、二、三次产业结构比重由 2005 年的 3.1∶50.6∶46.3 变为 2010 年的 2.1∶48.6∶49.3，产业结构由"二三一"初步演变为"三二一"，但是与"形成现代产业体系"的目标相比，还有较大差距。2010年区域"两高一资"等重点工业行业占工业的比重仍达到 36%，占 GDP 的比重接近 18%。污染减排虽然对优化产业结构起了一定作用，但是效果仍不是特别显著，第二产业比重只下降了 0.19%，第三产业比重仅上升 0.16%。污染减排还导致建筑业、金属制品业、化学工业等行业的比重出现上升。"十二五"期间，珠三角地区必须继续坚定推进经济结构战略调整，突出污染减排优化经济结构的作用。

（1）改造提升传统优势产业。现阶段，珠三角地区应大力实施改造提升、名牌带动、以质取胜、转型升级战略，做优家用电器、纺织服装、轻工食品、建材、造纸、中药等优势传统产业，提高产业集中度，提升产品质量。积极采用高新技术、先进适用技术和现代管理技术改造提升优势传统产业，推动产业链条向高附加值的两端延伸。打造一批具有知名品牌的龙头企业，发挥龙头企业、名牌产品和驰名商标的带动作用，打造佛山家电和建材、东莞服装、中山灯饰、江门造纸等具有国际影响力的区域品牌。同时，珠三角地区作为优化开发区，应该实行更加严格的污染排放总量和控制标准，建议珠三角地区执行国家环保排放标准中的"特别排放限值"，全面降低各行业的排污强度。

（2）引导提升节能环保等战略性新兴产业。广东省列入国家首批"低碳省"试点省份，珠三角地区应带头发挥示范作用，以推进"低碳省"为机遇，扎实做好各项工作。加快研发推广高效绿色适用技术和产品，积极培育节能环保、新能源等战略性新兴产业，大力发展绿色经济。优化能源结构，建设高效、清洁的能源供应体系，积极开发新能源和可再生能源。建立绿色产业基地，开展绿色营销，推广绿色包装制度。整合广东省节能环保行业资源，组建环保企业集团，培育一批重点环保企业。引导企业良性合作，率先建立绿色产业基地，如"绿色水产品基地"、"绿色小家电基地"、"绿色果品基地"等。建设广东国际环保产品采购中心。目前广东缺乏大型的环保产品交易市场，供需双方缺乏沟通，部分买家须往长三角地区采购，成本较高。建议在珠三角地区，如可选取环保产业集聚度较高的广州、佛山、东莞等地，建设"广东国家环保产品采购中心"，以"集聚国内外前沿环保企业、环保产品展示推广和建成全球化交易中心"为目标，主要发展采购批发、交易展示、信息交流、技术研发和成果转化等功能性平台。

（3）加快推进核心技术的创新和转化。加大科技创新力度，积极推进原始创新，加快创新成果转化，实现产业技术跨越式发展。重点开展电子信息、生物与新医药、先进制造、新材料、节能与新能源、环保与资源综合利用、现代农业等关键领域的自主创新，掌握一批行业核心和共性技术。实施产业前沿技术重大攻关计划，开展关键领域联合科技攻关，实施节能减排与可再生能源、创新药物的筛选与评价、下一代互联网、新一代移动通信等自主创新重大专项，支持产学研合作，区域联合承担国家重大科技专项。加强大学科技园、科技成果孵化器和中试基地建设，新建一批创新成果产业化基地，组织实施高技术产业化示范工程，支持国家重大创新成果在珠江三角洲地区转化。大力发展技术评估、产权交易、成果转化等科技中介服务机构，构建技术转移平台，促进创新成果转化。

9.6.2.2 污染减排投入力度仍需加大

虽然"十一五"期间，珠三角地区污染减排投入力度明显加大，污染减排工程投资达到 497 亿元，运行费达 391 亿元，工程总投入达到 888 亿元，但是尚不能完全满足污染减排的需要。广东省环境质量状况公报显示，2010 年工业废水排放达标率为 93%。部分企业的污染治理设施建设状况仍然滞后，此外部分企业虽然建设了污染治理设施，但是由于种种原因，污染治理设施运行状况不理想。"十一五"期间珠三角地区新建了大量污水处理设施，但是由于投入不够，配套管网不完善，一些污水处理设施不能发挥作用，减排效果不理想，统计数据显示，2010 年珠三角地区污水处理厂运行负荷率不到 80%；2010 年环保部公布了脱硫设施不正常运行电厂，珠三角多家央企旗下发电企业名列其中。

"十二五"期间，总量控制因子由 SO_2 和 COD 扩展到 NO_x 和 NH_4-N，减排任务更加繁重。以大气方面为例，除了继续加强脱硫外，降氮脱硝成为迫切需要加强的措施，减排对象从以燃煤发电企业为主扩展到工业锅炉、水泥行业、机动车等领域，需要投入力度更大，治理资金需求更多。

因此，"十二五"期间，为确保污染减排任务的完成，需要继续加大投入力度，珠三角地区经济实力较雄厚，可按照财政收入一定的比例设立区域污染减排基金，纳入各级政府财政预算，专项用于污染减排工作；建立各级政府和社会资金共同筹措资金的多渠道环保投入机制。此外，要加强监管力度，完善在线监控设备和核查手段，确保污染减排设施正常运行，充分发挥减排作用。

9.6.2.3　推广"南海模式"，强化结构减排力度

从污染减排促进产业结构调整的效果来看，工程减排效果不大，主要是依靠结构减排（淘汰落后产能），通过抑制重污染行业的产能，降低重污染行业的比重，起到优化产业结构的作用，并从源头上减少污染物产生、资源能源消耗，把污染减排从"末端"推向了"中端"和"前段"，符合总量控制的本质要求，有助于环境与经济的协调。

但是，由于淘汰落后产能会直接带来产出的减少和 GDP 的降低，各地经济的发展水平和阶段也不一样，一些地方政府担心使用这一手段会对经济造成损失，导致"十一五"期间各地结构减排力度普遍不大，主要是依靠工程减排发挥作用，在客观上使污染减排对经济结构调整的作用还没有完全充分体现出来。

"十一五"期间，佛山市南海区主动加快转型升级步伐，通过"改造、提升、淘汰"，产业结构得到显著优化。实践了以结构减排推动产业结构调整、探索中国特色环境保护新道路的"南海模式"。但南海模式走得并不轻松，需要政府坚定决心和付出巨大的努力。淘汰一家落后产能的企业，需要政府多个部门协调联动，多次围追堵截才能奏效。从长远来看，淘汰落后产能必须建立在完善的落后产能退出机制基础之上。

客观来讲，结构减排的难度要大于工程减排，但是随着"十一五"工程减排的大力推进，在"十二五"期间工程减排的潜力会下降，从以工程减排为主向工程和结构减排并重是必然趋势。珠三角区域作为经济实力最强的典型城市城之一，也担负着繁重的污染减排任务，在"十二五"期间珠三角有能力、更有实现污染减排目标的迫切需求迫使政府实现这种减排手段的转变。

为了加大结构减排力度，"十二五"期间除了在珠三角区域推广"南海模式"，加强实施落后产能淘汰的部门协调联动配合力度，更应加快完善落后产能的淘汰补偿机制，并在企业转型后土地使用权及出让、项目引进、转型转产投资等方面加大奖励激励措施力度，以政府的政策和资金杠杆助推企业转型升级，逐步实现重污染企业的主动退出。

9.6.2.4 加快健全有利于污染减排的激励政策

"十一五"珠三角区域污染减排取得了显著成效，但是其做法主要还是依靠政府的行政力量在强力推行，从企业自身的角度讲推进污染减排的积极性并不高。随着总量控制的持续深入推进，这种做法已经无法长久持续下去。因此，为确保"十二五"减排目标的完成，突出污染减排对经济结构调整的贡献，必须加快建立健全污染减排的长效机制。

（1）完善资源环境价格使用政策。加快推进矿产、电、油、气等资源性产品价格体系改革，提高资源使用价格，建立能够反映能源稀缺程度和环境成本等完全成本的价格形成机制。深化水资源价格改革，建立节水型价格机制，研究实行阶梯式水价、分类水价等措施。对钢铁、水泥、化工、造纸、印染等重污染行业实行差别电价。继续完善排污收费政策，根据经济发展水平、污染治理成本以及企业承受能力，合理调整排污收费标准。在条件成熟时，研究开展珠三角地区环境税费改革试点。

（2）加大激励企业开展污染减排的力度。完善脱硫电价政策，出台优先安排脱硫机组上网的优惠政策。积极争取尽快出台脱硝电价，全面推动降氮脱硝工作。规范企业环境信息公开行为，定期向社会公布其污染排放、生态环境影响等相关信息。开展企业环境信用评级制度，对环保信用优良的企业在环境管理方面给予各种倾斜与优惠政策，并安排节能减排专项奖励资金。对污染排放严重的企业依法采取治理措施，取消各种优惠措施，加大处罚力度，并向社会公众发布，督促企业主动积极投入污染减排。

（3）完善绿色标志，提升绿色贸易水平。珠三角地区对外贸易发达，但是出口产品附加值低，资源环境代价过大。应尽快推动绿色标志工作，参照国际标准和准则，建立符合实际的环境标志制度，减少国外绿色贸易壁垒。积极推进 ISO 14001 环境管理体系，引导企业按照绿色要求改进产品种类，进行生态设计和生产，推动企业管理走向标准化和国际化。在出口产品的质量标准、制造工艺和产品认证方面，应认真研究主要贸易伙伴绿色产品、绿色标志和有关环境制度的规定，并积极申请获得认可，鼓励环保高科技产品出口，逐步限制高污染、高能耗产品的生产出口，提升贸易出口的附加值。

9.6.2.5 进一步强化污染减排的政绩考核制度

2006 年，珠三角人均 GDP 达 5 908 美元，首次超过世界中上等收入国家平均 5 625 美元的水平。2010 年珠三角地区人均 GDP 已经超过 1 万美元，明显超过世界中上等国家收入水平标准。统计显示，当前珠三角工业化和城市化水平已加速向世界级水平看齐，其非农产业所占比重达 97%以上，非农就业比重达 86%，已接近世界发达国家水平。人均 GDP 突破 1 万美元大关，标志着珠三角地区已经进入一个新的发展阶段，站在新的起点。

在新的发展阶段，珠三角地区已经完全具备将工作重心由"注重经济增长速度"全面向"提高经济增长质量"转变。加快转型升级步伐，降低经济发展的资源环境代价的需求远比对 GDP 本身的增长的需求要重要得多。因此，应进一步弱化 GDP 在地方党政干部政绩考核中的指挥棒作用，完善节能减排指标优先的政绩考核制度。应加大污染减排指标的考核权重，全面控制不利于污染减排的政府行为，预期性的 GDP 增长指标应以确保污染减排约束性指标实现为前提。明确污染减排责任在地方政府而不是环保部门，防止污染减排考核变成上级环保部门考核下级环保部门的情况。

逐步开展政府环境责任审计，对政府执政行为是否符合生态环境保护法律要求进行责任审计，对因决策失误、未正确履行职责、监管不到位等问题，造成群众利益受到侵害、生态环境质量受到严重破坏等后果的，依法依纪追究相关人员责任。

附　表

附表 1　单位废水治理环保投资贡献度乘数　　　　单位：万元，人

行业部门	总产出	GDP	居民收入	税收	就业
农林牧渔业	150.9	88.4	83.9	0.1	77.3
煤炭开采和洗选业	61.9	28.4	13.6	4.7	5.0
石油和天然气开采业	93.1	55.6	12.7	11.5	3.3
金属矿采选业	83.4	29.3	11.1	4.8	5.0
非金属矿及其他矿采选业	23.8	9.3	3.8	1.5	2.3
食品制造及烟草加工业	143.2	34.8	10.6	11.1	4.1
纺织业	42.6	8.3	3.1	1.8	2.2
纺织服装鞋帽皮革羽绒及其制品业	44.4	9.9	4.7	2.0	2.8
木材加工及家具制造业	31.5	7.5	3.0	1.5	2.0
造纸印刷及文教体育用品制造业	49.9	11.8	4.1	2.7	2.4
石油加工、炼焦及核燃料加工业	132.1	23.4	6.8	6.6	2.2
化学工业	285.2	57.8	17.3	11.1	8.6
非金属矿物制品业	138.5	37.9	13.3	8.2	8.5
金属冶炼及压延加工业	492.1	95.5	25.1	25.2	9.1
金属制品业	95.7	19.9	6.7	4.0	3.6
通（专）用设备制造业	748.7	172.8	63.7	35.2	28.2
交通运输设备制造业	83.1	16.2	6.4	4.1	2.4
电气机械及器材制造业	119.3	20.3	6.0	4.2	2.8
通信设备、计算机及其他电子设备制造业	116.8	19.3	6.7	3.6	2.5
仪器仪表及文化办公用机械制造业	25.3	5.3	2.1	1.0	0.9
工艺品及其他制造业	20.6	5.1	2.3	1.1	1.4
废品废料	43.4	35.1	0.5	0.2	0.3
电力、热力的生产和供应业	202.2	56.1	13.4	7.3	3.7
燃气生产和供应业	5.7	1.1	0.5	0.1	0.2
水的生产和供应业	5.8	2.7	1.2	0.4	0.5
建筑业	413.4	95.7	48.8	11.9	26.4
交通运输及仓储业	142.9	65.9	17.1	6.2	5.0
邮政业	2.7	1.3	1.0	0.1	0.4
信息传输、计算机服务和软件业	38.1	22.9	4.3	1.3	0.9
批发和零售业	109.7	66.0	15.9	16.0	7.6
住宿和餐饮业	60.0	22.5	6.2	2.5	3.7
金融业	91.3	62.9	16.3	7.1	3.7
房地产业	45.7	38.1	4.1	5.9	1.6
租赁和商务服务业	43.9	14.2	4.9	1.5	1.8
研究与试验发展业	7.4	3.2	1.9	0.1	0.5
综合技术服务业	19.1	10.3	5.4	0.9	1.4
环境管理业	102.8	47.8	28.4	1.2	18.2
水利和公共设施管理业	2.1	1.1	0.5	0.1	0.3
居民服务和其他服务业	36.1	16.6	4.7	1.1	2.3
教育	20.9	11.7	9.2	0.3	3.5
卫生、社会保障和社会福利业	25.1	8.6	5.8	0.3	2.1
文化、体育和娱乐业	10.6	4.5	2.1	0.5	0.7
公共管理和社会组织	0.7	0.4	0.3	0.0	0.1
废水治理部门	2.3	0.7	0.2	0.0	0.1
废气治理部门	3.6	1.2	0.1	0.0	0.0

注：各类环保投资以 1 000 万元为单位。

附表 2　单位废气治理环保投资贡献度乘数　　　　单位：万元，人

行业部门	总产出	GDP	居民收入	税收	就业
农林牧渔业	145.8	85.5	81.1	0.1	74.7
煤炭开采和洗选业	61.0	28.0	13.4	4.7	4.9
石油和天然气开采业	90.8	54.2	12.4	11.2	3.2
金属矿采选业	89.9	31.5	11.9	5.2	5.4
非金属矿及其他矿采选业	19.1	7.5	3.1	1.2	1.8
食品制造及烟草加工业	139.4	33.9	10.3	10.8	4
纺织业	41.7	8.1	3.1	1.8	2.2
纺织服装鞋帽皮革羽绒及其制品业	43.1	9.6	4.5	2.0	2.7
木材加工及家具制造业	28.1	6.7	2.7	1.4	1.8
造纸印刷及文教体育用品制造业	49.2	11.7	4.1	2.6	2.3
石油加工、炼焦及核燃料加工业	128.0	22.7	6.6	6.4	2.1
化学工业	280.8	56.9	17.1	11.0	8.5
非金属矿物制品业	101.6	27.8	9.7	6.0	6.2
金属冶炼及压延加工业	528.9	102.6	26.9	27.1	9.8
金属制品业	99.4	20.7	7.0	4.2	3.7
通（专）用设备制造业	965.9	223.0	82.1	45.4	36.4
交通运输设备制造业	84.2	16.4	6.5	4.1	2.4
电气机械及器材制造业	125.2	21.3	6.3	4.4	3
通信设备、计算机及其他电子设备制造业	124.0	20.5	7.1	3.9	2.6
仪器仪表及文化办公用机械制造业	25.6	5.4	2.1	1.1	0.9
工艺品及其他制造业	21.4	5.3	2.4	1.1	1.4
废品废料	47.5	38.4	0.6	0.2	0.3
电力、热力的生产和供应业	204.7	56.8	13.6	7.4	3.7
燃气生产和供应业	5.8	1.2	0.5	0.1	0.2
水的生产和供应业	5.7	2.7	1.2	0.4	0.5
建筑业	261.4	60.5	30.9	7.5	16.7
交通运输及仓储业	134.2	61.9	16.0	5.9	4.7
邮政业	2.8	1.4	1.1	0.1	0.4
信息传输、计算机服务和软件业	36.0	21.6	4.1	1.2	0.9
批发和零售业	109.7	65.9	15.9	16.0	7.6
住宿和餐饮业	58.4	21.9	6.1	2.4	3.6
金融业	89.0	61.4	15.9	6.9	3.6
房地产业	45.0	37.5	4.1	5.8	1.6
租赁和商务服务业	44.0	14.2	4.9	1.5	1.8
研究与试验发展业	8.0	3.5	2.1	0.4	0.5
综合技术服务业	18.4	9.9	5.2	0.9	1.3
环境管理业	77.5	36.1	21.4	0.9	13.7
水利和公共设施管理业	2.1	1.1	0.5	0.0	0.3
居民服务和其他服务业	34.8	16.0	4.5	1.1	2.2
教育	20.5	11.4	9.0	0.3	3.5
卫生、社会保障和社会福利业	25.2	8.6	5.8	0.3	2.1
文化、体育和娱乐业	10.4	4.5	2.0	0.5	0.7
公共管理和社会组织	0.7	0.4	0.3	0.0	0.1
废水治理部门	2.4	0.7	0.2	0.0	0.1
废气治理部门	3.6	1.2	0.2	0.0	0

注：各类环保投资以 1 000 万元为单位。

附表3 单位固废治理环保投资贡献度乘数   单位：万元，人

行业部门	总产出	GDP	居民收入	税收	就业
农林牧渔业	153.2	89.8	85.2	0.1	78.5
煤炭开采和洗选业	62.6	28.7	13.8	4.8	5.1
石油和天然气开采业	94.4	56.4	12.9	11.6	3.4
金属矿采选业	80.4	28.2	10.7	4.7	4.8
非金属矿及其他矿采选业	27.0	10.6	4.3	1.8	2.6
食品制造及烟草加工业	144.7	35.2	10.7	11.2	4.2
纺织业	42.9	8.3	3.1	1.8	2.2
纺织服装鞋帽皮革羽绒及其制品业	45.0	10.0	4.7	2.1	2.8
木材加工及家具制造业	33.7	8.0	3.2	1.7	2.1
造纸印刷及文教体育用品制造业	50.4	11.9	4.2	2.7	2.4
石油加工、炼焦及核燃料加工业	134.3	23.8	7.0	6.7	2.2
化学工业	287.8	58.3	17.5	11.2	8.7
非金属矿物制品业	163.2	44.6	15.7	9.7	10.0
金属冶炼及压延加工业	475.1	92.2	24.2	24.4	8.8
金属制品业	94.3	19.6	6.6	4.0	3.5
通（专）用设备制造业	625.3	144.3	53.2	29.4	23.6
交通运输设备制造业	81.8	15.9	6.3	4.0	2.3
电气机械及器材制造业	116.5	19.9	5.8	4.1	2.8
通信设备、计算机及其他电子设备制造业	111.2	18.4	6.3	3.5	2.4
仪器仪表及文化办公用机械制造业	25.0	5.3	2.1	1.0	0.9
工艺品及其他制造业	20.2	5.0	2.2	1.1	1.4
废品废料	41.4	33.4	0.5	0.2	0.3
电力、热力的生产和供应业	201.4	55.9	13.4	7.3	3.7
燃气生产和供应业	5.7	1.1	0.5	0.1	0.2
水的生产和供应业	5.8	2.7	1.2	0.4	0.5
建筑业	514.4	119.0	60.7	14.8	32.9
交通运输及仓储业	149.1	68.8	17.8	6.5	5.2
邮政业	2.6	1.3	1.0	0.1	0.4
信息传输、计算机服务和软件业	39.4	23.7	4.5	1.4	0.9
批发和零售业	109.9	66.0	16.0	16.0	7.6
住宿和餐饮业	60.6	22.8	6.3	2.5	3.7
金融业	92.0	63.4	16.5	7.2	3.7
房地产业	45.9	38.3	4.2	5.9	1.6
租赁和商务服务业	43.7	14.1	4.9	1.5	1.8
研究与试验发展业	7.1	3.1	1.8	0.1	0.5
综合技术服务业	19.7	10.6	5.5	0.9	1.4
环境管理业	102.8	47.8	28.4	1.2	18.2
水利和公共设施管理业	2.1	1.1	0.5	0.1	0.3
居民服务和其他服务业	36.5	16.8	4.8	1.1	2.3
教育	21.1	11.8	9.3	0.3	3.6
卫生、社会保障和社会福利业	25.0	8.6	5.7	0.3	2.1
文化、体育和娱乐业	10.6	4.6	2.1	0.5	0.7
公共管理和社会组织	0.7	0.4	0.3	0.0	0.1
废水治理部门	2.3	0.7	0.2	0.0	0.1
废气治理部门	3.6	1.2	0.1	0.0	0.0

注：各类环保投资以1 000万元为单位。

附表 4　单位生态绿化环保投资贡献度乘数　　　　单位：万元，人

行业部门	总产出	GDP	居民收入	税收	就业
农林牧渔业	832.6	488.0	462.9	0.8	426.7
煤炭开采和洗选业	47.1	21.6	10.4	3.6	3.8
石油和天然气开采业	84.7	50.6	11.6	10.4	3.0
金属矿采选业	32.5	11.4	4.3	1.9	1.9
非金属矿及其他矿采选业	16.4	6.4	2.6	1.1	1.6
食品制造及烟草加工业	282.0	68.6	20.8	21.9	8.1
纺织业	54.4	10.6	4.0	2.3	2.9
纺织服装鞋帽皮革羽绒及其制品业	62.2	13.9	6.5	2.9	3.9
木材加工及家具制造业	28.0	6.6	2.6	1.4	1.8
造纸印刷及文教体育用品制造业	53.4	12.7	4.4	2.8	2.5
石油加工、炼焦及核燃料加工业	120.0	21.2	6.2	6.0	2.0
化学工业	334.0	67.7	20.3	13.0	10.1
非金属矿物制品业	81.4	22.3	7.8	4.8	5.0
金属冶炼及压延加工业	188.1	36.5	9.6	9.6	3.5
金属制品业	51.4	10.7	3.6	2.2	1.9
通（专）用设备制造业	89.0	20.6	7.6	4.2	3.4
交通运输设备制造业	85.6	16.7	6.6	4.2	2.4
电气机械及器材制造业	72.4	12.3	3.6	2.6	1.7
通信设备、计算机及其他电子设备制造业	107.4	17.7	6.1	3.4	2.3
仪器仪表及文化办公用机械制造业	23.0	4.9	1.9	0.9	0.8
工艺品及其他制造业	19.2	4.8	2.1	1.0	1.3
废品废料	18.5	15.0	0.2	0.1	0.1
电力、热力的生产和供应业	162.4	45.1	10.8	5.9	3.0
燃气生产和供应业	5.7	1.1	0.5	0.1	0.2
水的生产和供应业	6.5	3.0	1.3	0.4	0.6
建筑业	217.9	50.4	25.7	6.3	13.9
交通运输及仓储业	123.9	57.1	14.8	5.4	4.3
邮政业	2.9	1.4	1.1	0.1	0.4
信息传输、计算机服务和软件业	42.3	25.4	4.8	1.5	1.0
批发和零售业	120.0	72.1	17.4	17.5	8.3
住宿和餐饮业	76.0	28.6	7.9	3.2	4.6
金融业	107.1	73.8	19.2	8.3	4.4
房地产业	67.0	55.9	6.1	8.6	2.3
租赁和商务服务业	48.4	15.6	5.4	1.6	1.9
研究与试验发展业	6.1	2.7	1.6	0.1	0.4
综合技术服务业	17.6	9.4	4.9	0.8	1.3
环境管理业	305.2	142.0	84.4	3.5	54.0
水利和公共设施管理业	3.9	2.1	1.0	0.1	0.5
居民服务和其他服务业	52.6	24.1	6.8	1.6	3.4
教育	33.5	18.7	14.7	0.5	5.7
卫生、社会保障和社会福利业	35.9	12.3	8.3	0.4	3.0
文化、体育和娱乐业	12.3	5.3	2.4	0.6	0.8
公共管理和社会组织	0.8	0.4	0.4	0.0	0.1
废水治理部门	1.9	0.6	0.2	0.0	0.0
废气治理部门	2.4	0.8	0.1	0.0	0.0

注：各类环保投资以 1 000 万元为单位。

附表 5　单位废水环保运行费贡献度乘数　　　　单位：万元，人

行业部门	总产出	GDP	居民收入	税收	就业
农林牧渔业	98	57	55	0	50
煤炭开采和洗选业	115	41	20	7	7
石油和天然气开采业	82	18	4	4	1
金属矿采选业	26	−15	−6	−2	−2
非金属矿及其他矿采选业	10	2	1	0	1
食品制造及烟草加工业	90	−41	−12	−13	−5
纺织业	27	−58	−22	−13	−16
纺织服装鞋帽皮革羽绒及其制品业	27	−10	−4	−2	−3
木材加工及家具制造业	12	2	1	0	0
造纸印刷及文教体育用品制造业	33	−59	−21	−13	−12
石油加工、炼焦及核燃料加工业	103	−32	−9	−9	−3
化学工业	256	−90	−27	−17	−13
非金属矿物制品业	20	−3	−1	−1	−1
金属冶炼及压延加工业	143	−85	−22	−22	−8
金属制品业	37	−26	−9	−5	−5
通（专）用设备制造业	83	14	5	3	2
交通运输设备制造业	49	0	0	0	0
电气机械及器材制造业	85	10	3	2	1
通信设备、计算机及其他电子设备制造业	58	−14	−5	−3	−2
仪器仪表及文化办公用机械制造业	28	1	0	0	0
工艺品及其他制造业	10	2	1	0	0
废品废料	15	12	0	0	0
电力、热力的生产和供应业	361	78	19	10	5
燃气生产和供应业	4	0	0	0	0
水的生产和供应业	5	0	0	0	0
建筑业	5	1	1	0	0
交通运输及仓储业	71	33	8	3	2
邮政业	2	1	1	0	0
信息传输、计算机服务和软件业	22	13	2	1	1
批发和零售业	59	36	9	9	4
住宿和餐饮业	34	13	4	1	2
金融业	74	51	13	6	3
房地产业	28	23	2	4	1
租赁和商务服务业	29	9	3	1	1
研究与试验发展业	4	2	1	0	0
综合技术服务业	13	7	4	1	1
环境管理业	1	1	0	0	0
水利和公共设施管理业	2	1	1	0	0
居民服务和其他服务业	27	12	3	1	2
教育	13	7	6	0	2
卫生、社会保障和社会福利业	15	5	3	0	1
文化、体育和娱乐业	7	3	1	0	0
公共管理和社会组织	0	0	0	0	0
废水治理部门	0	0	0	0	0
废气治理部门	0	0	0	0	0

注：废水环保运行费以 1 000 万元为单位。

附表 6　单位废气环保运行费贡献度乘数　　　　单位：万元，人

行业部门	总产出	GDP	居民收入	税收	就业
农林牧渔业	84	49	47	0	43
煤炭开采和洗选业	104	43	21	7	8
石油和天然气开采业	66	39	9	8	2
金属矿采选业	33	9	3	1	1
非金属矿及其他矿采选业	13	4	2	1	1
食品制造及烟草加工业	81	8	2	2	1
纺织业	24	−3	−1	−1	−1
纺织服装鞋帽皮革羽绒及其制品业	26	4	2	1	1
木材加工及家具制造业	13	2	1	0	0
造纸印刷及文教体育用品制造业	31	−4	−1	−1	−1
石油加工、炼焦及核燃料加工业	86	−22	−7	−6	−2
化学工业	157	−27	−8	−5	−4
非金属矿物制品业	35	−44	−15	−9	−10
金属冶炼及压延加工业	192	−165	−43	−44	−16
金属制品业	44	6	2	1	1
通（专）用设备制造业	112	22	8	4	4
交通运输设备制造业	49	5	2	1	1
电气机械及器材制造业	86	14	4	3	2
通信设备、计算机及其他电子设备制造业	62	1	0	0	0
仪器仪表及文化办公用机械制造业	25	4	2	1	1
工艺品及其他制造业	11	3	1	1	1
废品废料	19	16	0	0	0
电力、热力的生产和供应业	320	−155	−37	−20	−10
燃气生产和供应业	4	0	0	0	0
水的生产和供应业	4	2	1	0	0
建筑业	5	1	1	0	0
交通运输及仓储业	69	32	8	3	2
邮政业	1	1	1	0	0
信息传输、计算机服务和软件业	21	12	2	1	0
批发和零售业	58	35	8	9	4
住宿和餐饮业	33	12	3	1	2
金融业	69	47	12	5	3
房地产业	26	22	2	3	1
租赁和商务服务业	26	8	3	1	1
研究与试验发展业	4	2	1	0	0
综合技术服务业	12	6	3	1	1
环境管理业	1	1	0	0	0
水利和公共设施管理业	2	1	0	0	0
居民服务和其他服务业	25	11	3	1	2
教育	12	7	5	0	2
卫生、社会保障和社会福利业	15	5	3	0	1
文化、体育和娱乐业	7	3	1	0	0
公共管理和社会组织	0	0	0	0	0
废水治理部门	0	0	0	0	0
废气治理部门	0	0	0	0	0

注：废气环保运行费以 1 000 万元为单位。

附表7 "十一五"污染减排对东部地区各行业总产出经济贡献效应　　单位：亿元

行业	污染减排投入	污染减排		淘汰落后产能	合计
		投资	运行费		
农林牧渔业	317	195	122	−111	206
煤炭开采和洗选业	579	165	414	−248	331
石油和天然气开采业	311	169	142	−151	160
金属、非金属矿采选业	320	244	76	−171	148
食品制造及烟草加工业	284	176	108	−107	177
纺织业	139	80	59	−90	49
纺织服装鞋帽皮革羽绒及其制品业	122	75	48	−144	-22
木材加工及家具制造业	82	60	22	−20	62
造纸印刷及文教体育用品制造业	162	101	61	−151	11
石油加工、炼焦及核燃料加工业	433	241	192	−219	215
化学工业	1 414	552	862	−319	1 095
非金属矿物制品业	358	252	106	−310	48
金属冶炼及压延加工业	1 446	1 126	319	−867	579
金属制品业	419	307	112	−91	328
通（专）用设备制造业	1 975	1 596	380	−117	1 859
交通运输设备制造业	188	120	68	−55	133
电气、通信、电子、仪器等设备制造业	793	515	278	−187	606
废品废料及其他制造业	159	116	43	−63	96
电力、热力的生产和供应业	2 147	387	1 760	−866	1 281
燃气生产和供应业	36	21	15	−16	20
水的生产和供应业	23	14	8	−6	16
建筑业	869	854	16	−12	857
服务业	2 308	1 489	819	−668	1 641
合计	14 886	8 853	6 033	−4 989	9 896

附表 8 "十一五"污染减排对东部地区各行业增加值经济贡献效应　　单位：亿元

行业	污染减排投入	污染减排		淘汰落后产能	合计	所占比例/%
		投资	运行费			
农林牧渔业	180	111	69	−63	117	0.14
煤炭开采和洗选业	194	62	132	−94	101	1.25
石油和天然气开采业	136	94	43	−83	53	0.37
金属、非金属矿采选业	75	86	−11	−61	15	0.14
食品制造及烟草加工业	3	45	−41	−27	−24	−0.07
纺织业	−59	18	−77	−20	−79	−0.30
纺织服装鞋帽皮革羽绒及其制品业	14	21	−6	−40	−25	−0.10
木材加工及家具制造业	19	16	3	−5	14	0.12
造纸印刷及文教体育用品制造业	−53	24	−77	−35	−89	−0.54
石油加工、炼焦及核燃料加工业	−31	30	−61	−27	−58	−0.64
化学工业	130	133	−3	−77	53	0.08
非金属矿物制品业	80	69	11	−85	−5	−0.02
金属冶炼及压延加工业	43	202	−158	−155	−112	−0.28
金属制品业	56	67	−11	−20	36	0.20
通（专）用设备制造业	463	382	82	−28	436	1.06
交通运输设备制造业	34	30	4	−14	20	0.07
电气、通信、电子、仪器等设备制造业	117	99	18	−36	81	0.10
废品废料及其他制造业	81	61	20	−36	45	0.34
电力、热力的生产和供应业	394	115	279	−257	137	0.45
燃气生产和供应业	6	4	2	−3	3	0.29
水的生产和供应业	3	6	−3	−3	1	0.03
建筑业	220	216	4	−3	217	0.38
服务业	1 222	789	433	−354	868	0.19
合计	3 330	2 678	652	−1 526	1 804	100

附表9 "十一五"污染减排对中部地区各行业总产出经济贡献效应　　　单位：亿元

行业	污染减排投入	污染减排		淘汰落后产能	合计
		投资	运行费		
农林牧渔业	244	164	81	−180	64
煤炭开采和洗选业	303	109	194	−281	22
石油和天然气开采业	145	95	51	−272	−127
金属、非金属矿采选业	239	197	42	−373	−134
食品制造及烟草加工业	262	175	87	−201	61
纺织业	65	42	23	−46	20
纺织服装鞋帽皮革羽绒及其制品业	60	42	18	−54	6
木材加工及家具制造业	59	40	19	−39	19
造纸印刷及文教体育用品制造业	68	46	22	−210	−142
石油加工、炼焦及核燃料加工业	181	121	60	−431	−250
化学工业	470	207	262	−209	260
非金属矿物制品业	270	198	72	−360	−90
金属冶炼及压延加工业	550	473	77	−1 135	−585
金属制品业	166	136	30	−52	114
通（专）用设备制造业	898	787	111	−38	859
交通运输设备制造业	33	23	9	−19	14
电气、通信、电子、仪器等设备制造业	134	100	34	−59	75
废品废料及其他制造业	52	41	11	−43	9
电力、热力的生产和供应业	763	165	598	−589	175
燃气生产和供应业	11	9	2	−10	1
水的生产和供应业	9	5	3	−6	2
建筑业	469	465	4	−8	460
服务业	1 052	761	291	−646	406
合计	6 501	4 401	2 100	−5 260	1 241

附表 10 "十一五"污染减排对中部地区各行业增加值经济贡献效应　　单位：亿元

行业	污染减排投入	污染减排		淘汰落后产能	合计	所占比例/%
		投资	运行费			
农林牧渔业	139	93	46	−102	37	0.07
煤炭开采和洗选业	110	43	67	−111	−1	−0.01
石油和天然气开采业	104	77	27	−221	−117	−0.53
金属、非金属矿采选业	73	72	0	−140	−67	−1.05
食品制造及烟草加工业	45	49	−3	−56	−11	−0.05
纺织业	−17	12	−29	−13	−30	−0.71
纺织服装鞋帽皮革羽绒及其制品业	9	12	−3	−15	−6	−0.20
木材加工及家具制造业	18	13	5	−13	5	0.11
造纸印刷及文教体育用品制造业	−15	14	−30	−65	−80	−2.02
石油加工、炼焦及核燃料加工业	−4	20	−24	−73	−77	−2.65
化学工业	41	56	−14	−56	−15	−0.12
非金属矿物制品业	69	56	12	−102	−33	−0.29
金属冶炼及压延加工业	47	117	−69	−280	−233	−1.66
金属制品业	29	35	−6	−14	16	0.66
通（专）用设备制造业	245	218	27	−11	234	2.25
交通运输设备制造业	3	6	−3	−5	−2	−0.03
电气、通信、电子、仪器等设备制造业	26	30	−4	−18	8	0.17
废品废料及其他制造业	17	14	3	−18	0	−0.01
电力、热力的生产和供应业	131	52	79	−186	−55	−0.60
燃气生产和供应业	3	3	0	−3	0	−0.01
水的生产和供应业	1	2	−1	−2	−2	−0.34
建筑业	138	137	1	−2	135	0.59
服务业	602	434	168	−374	228	0.18
合计	1 816	1 567	249	−1 880	−64	0.02

附表 11 "十一五"污染减排对西部地区各行业总产出经济贡献效应　　　　单位：亿元

行业	污染减排投入	污染减排		淘汰落后产能	合计
		投资	运行费		
农林牧渔业	154	113	42	−119	35
煤炭开采和洗选业	236	112	124	−270	−34
石油和天然气开采业	63	46	18	−165	−102
金属、非金属矿采选业	182	159	23	−307	−126
食品制造及烟草加工业	120	88	32	−99	21
纺织业	31	23	8	−24	7
纺织服装鞋帽皮革羽绒及其制品业	33	24	9	−30	3
木材加工及家具制造业	32	26	6	−18	14
造纸印刷及文教体育用品制造业	53	39	15	−148	−94
石油加工、炼焦及核燃料加工业	143	109	34	−461	−318
化学工业	349	165	184	−213	136
非金属矿物制品业	146	109	37	−251	−105
金属冶炼及压延加工业	451	396	55	−1 104	−653
金属制品业	150	127	23	−65	86
通（专）用设备制造业	954	838	116	−99	855
交通运输设备制造业	61	46	14	−40	21
电气、通信、电子、仪器等设备制造业	203	162	41	−95	108
废品废料及其他制造业	38	31	6	−32	6
电力、热力的生产和供应业	692	203	489	−450	243
燃气生产和供应业	9	7	2	−9	0
水的生产和供应业	11	8	3	−8	3
建筑业	450	447	3	−10	441
服务业	882	668	214	−605	277
合计	5 445	3 947	1 498	−4 622	822

附表 12 "十一五"污染减排对西部地区各行业增加值经济贡献效应　　　单位：亿元

行业	污染减排投入	污染减排		淘汰落后产能	合计	所占比例/%
		投资	运行费			
农林牧渔业	95	69	25	−73	21	0.05
煤炭开采和洗选业	136	68	68	−165	−29	−0.26
石油和天然气开采业	32	31	1	−113	−81	−0.36
金属、非金属矿采选业	73	74	−1	−146	−73	−1.45
食品制造及烟草加工业	24	34	−9	−38	−14	−0.11
纺织业	−19	6	−25	−7	−26	−1.68
纺织服装鞋帽皮革羽绒及其制品业	5	8	−3	−10	−5	−0.85
木材加工及家具制造业	9	8	1	−6	4	0.55
造纸印刷及文教体育用品制造业	−12	12	−24	−44	−57	−2.99
石油加工、炼焦及核燃料加工业	−3	19	−22	−82	−85	−1.56
化学工业	65	62	3	−80	−16	−0.14
非金属矿物制品业	44	38	6	−88	−43	−1.18
金属冶炼及压延加工业	47	104	−57	−291	−244	−1.97
金属制品业	33	37	−4	−19	14	1.26
通（专）用设备制造业	273	242	31	−29	244	4.09
交通运输设备制造业	11	11	−1	−10	1	0.01
电气、通信、电子、仪器等设备制造业	49	48	1	−29	20	0.31
废品废料及其他制造业	21	18	3	−23	−2	−0.27
电力、热力的生产和供应业	187	84	103	−185	1	0.01
燃气生产和供应业	3	3	0	−4	0	−0.05
水的生产和供应业	3	4	−1	−3	0	−0.11
建筑业	112	111	1	−2	110	0.47
服务业	510	391	119	−335	175	0.15
合计	1 699	1 484	215	−1 782	−83	100

附表 13 "十一五"重点工业行业污染减排对各行业总产出经济贡献效应　　单位：亿元

行业	污染减排投入	污染减排		淘汰落后产能	合计
		投资	运行费		
农林牧渔业	1 035.1	669.6	365.5	−481.4	553.6
煤炭开采和洗选业	734.7	280.0	454.7	−402.2	332.5
石油和天然气开采业	729.0	412.4	316.6	−644.9	84.1
金属、非金属矿采选业	657.0	499.2	157.8	−447.9	209.2
食品制造及烟草加工业	949.5	613.4	336.1	−484.0	465.5
纺织业	289.5	186.3	103.2	−189.0	100.5
纺织服装鞋帽皮革羽绒及其制品业	294.1	191.3	102.9	−243.9	50.3
木材加工及家具制造业	189.7	140.9	48.7	−70.2	119.4
造纸印刷及文教体育用品制造业	352.8	223.6	129.2	−517.5	−164.7
石油加工、炼焦及核燃料加工业	979.2	581.4	397.8	−998.4	−19.1
化学工业	2 796.4	1 288.5	1 508.0	−889.4	1 907.0
非金属矿物制品业	807.1	606.0	201.1	−744.1	63.0
金属冶炼及压延加工业	2 949.9	2 320.2	629.7	−2 243.5	706.4
金属制品业	602.0	444.8	157.2	−184.7	417.4
通（专）用设备制造业	4 461.7	3 722.9	738.8	−402.2	4 059.4
交通运输设备制造业	564.3	370.7	193.5	−216.5	347.7
电气、通信、电子、仪器等设备制造业	1 863.0	1 177.9	685.1	−587.9	1 275.1
废品废料及其他制造业	404.4	298.9	105.5	−218.2	186.1
电力、热力的生产和供应业	4 121.1	925.8	3 195.3	−1 914.4	2 206.7
燃气生产和供应业	41.6	25.6	16.1	−19.9	21.7
水的生产和供应业	44.4	25.9	18.5	−21.2	23.2
建筑业	1 787.0	1 768.7	18.3	−22.1	1 764.9
服务业	4 866.6	3 321.2	1 545.4	−1 816.9	3 049.7
合计	31 519.9	20 095.1	11 424.8	−13 760.3	17 759.7

附表 14　"十一五"重点工业行业污染减排对各行业增加值经济贡献效应　　　单位：亿元

行业	污染减排投入	污染减排		淘汰落后产能	合计
		投资	运行费		
农林牧渔业	606.7	214.2	606.7	−282.2	324.5
煤炭开采和洗选业	295.5	166.9	295.5	−184.7	110.8
石油和天然气开采业	374.6	128.2	374.6	−385.3	−10.7
金属、非金属矿采选业	172.4	−7.5	172.4	−160.8	11.6
食品制造及烟草加工业	113.4	−36.0	113.4	−117.9	−4.5
纺织业	−96.8	−133.1	−96.8	−36.9	−133.6
纺织服装鞋帽皮革羽绒及其制品业	32.4	−10.3	32.4	−54.4	−22.0
木材加工及家具制造业	41.0	7.5	41.0	−16.7	24.3
造纸印刷及文教体育用品制造业	−71.9	−125.2	−71.9	−123.3	−195.2
石油加工、炼焦及核燃料加工业	27.5	−76.0	27.5	−177.7	−150.2
化学工业	205.2	−56.5	205.2	−180.7	24.5
非金属矿物制品业	188.4	21.9	188.4	−204.4	−16.0
金属冶炼及压延加工业	200.6	−252.4	200.6	−438.0	−237.4
金属制品业	65.8	−26.8	65.8	−38.5	27.4
通（专）用设备制造业	1 013.9	154.3	1 013.9	−92.9	921.0
交通运输设备制造业	88.1	15.9	88.1	−42.2	45.9
电气、通信、电子、仪器等设备制造业	261.2	58.5	261.2	−102.9	158.3
废品废料及其他制造业	249.5	60.2	249.5	−148.6	100.8
电力、热力的生产和供应业	701.7	442.7	701.7	−535.7	166.1
燃气生产和供应业	5.9	0.8	5.9	−4.0	1.9
水的生产和供应业	9.3	−2.7	9.3	−9.9	−0.6
建筑业	413.5	4.2	413.5	−5.1	408.4
服务业	2 590.4	833.2	2 590.4	−975.7	1 614.6
合计	7 488.4	1 382.1	7 488.4	−4 318.3	3 170.1

附表 15　"十一五"污染减排对松花江流域各行业总产出贡献效应　　　单位：亿元

行业	污染减排投入	污染减排		淘汰落后产能	合计
		投资	运行费		
农林牧渔业	24.98	14.33	10.65	−11.30	13.68
煤炭开采和洗选业	38.55	10.52	28.03	−16.41	22.14
石油和天然气开采业	43.75	22.24	21.52	−26.73	17.02
金属、非金属矿采选业	27.44	21.52	5.93	−17.82	9.62
食品制造及烟草加工业	19.51	11.61	7.90	−12.87	6.65
纺织业	2.77	1.59	1.18	−0.89	1.87
纺织服装鞋帽皮革羽绒及其制品业	3.83	2.31	1.52	−1.21	2.62
木材加工及家具制造业	4.23	2.59	1.65	−1.49	2.75
造纸印刷及文教体育用品制造业	6.31	3.58	2.74	−11.53	−5.21
石油加工、炼焦及核燃料加工业	51.67	27.50	24.17	−34.46	17.21
化学工业	64.47	21.55	42.93	−11.04	53.43
非金属矿物制品业	17.05	7.04	10.01	−13.70	3.35
金属冶炼及压延加工业	78.05	63.29	14.77	−63.43	14.63
金属制品业	15.96	11.71	4.25	−2.77	13.20
通（专）用设备制造业	169.51	135.26	34.25	−6.84	162.67
交通运输设备制造业	10.00	6.25	3.74	−2.43	7.57
电气、通信、电子、仪器等设备制造业	35.53	24.24	11.29	−6.50	29.03
废品废料及其他制造业	6.05	4.56	1.49	−3.17	2.88
电力、热力的生产和供应业	154.02	26.39	127.63	−57.75	96.27
燃气生产和供应业	1.74	1.23	0.51	−0.48	1.26
水的生产和供应业	3.22	1.64	1.58	−1.13	2.09
建筑业	68.51	67.15	1.36	−1.00	67.51
服务业	207.30	130.32	76.98	−57.88	149.43
合计	1 054.47	618.42	436.06	−362.81	691.66

附表 16 "十一五"污染减排对松花江流域各行业增加值贡献效应　　　　单位：亿元

行业	污染减排投入	污染减排		淘汰落后产能	合计
		投资	运行费		
农林牧渔业	13.47	7.73	5.74	−6.09	7.38
煤炭开采和洗选业	3.13	4.62	−1.49	−7.21	−4.07
石油和天然气开采业	34.98	19.18	15.81	−23.05	11.93
金属、非金属矿采选业	11.60	9.50	2.10	−7.96	3.64
食品制造及烟草加工业	−5.88	3.02	−8.90	−3.35	−9.23
纺织业	0.42	0.56	−0.14	−0.32	0.10
纺织服装鞋帽皮革羽绒及其制品业	1.03	0.66	0.37	−0.35	0.69
木材加工及家具制造业	0.77	0.81	−0.03	−0.47	0.31
造纸印刷及文教体育用品制造业	−9.43	0.97	−10.40	−3.13	−12.56
石油加工、炼焦及核燃料加工业	−2.10	3.35	−5.45	−4.20	−6.30
化学工业	1.71	6.21	−4.50	−3.18	−1.47
非金属矿物制品业	2.01	2.06	−0.05	−4.01	−2.00
金属冶炼及压延加工业	10.43	15.19	−4.76	−15.22	−4.79
金属制品业	3.98	2.94	1.03	−0.69	3.28
通（专）用设备制造业	41.93	37.55	4.38	−1.90	40.03
交通运输设备制造业	1.31	1.63	−0.32	−0.63	0.68
电气、通信、电子、仪器等设备制造业	10.97	7.60	3.37	−1.98	8.98
废品废料及其他制造业	3.64	2.77	0.87	−2.12	1.52
电力、热力的生产和供应业	12.32	7.54	4.77	−16.51	−4.19
燃气生产和供应业	0.54	0.43	0.11	−0.17	0.37
水的生产和供应业	−0.78	0.63	−1.40	−0.43	−1.21
建筑业	15.33	15.03	0.30	−0.22	15.11
服务业	113.29	70.36	42.93	−32.41	80.88
合计	264.68	220.35	44.33	−135.61	129.07

附表 17 "十一五"污染减排对松花江流域各行业居民收入贡献效应   单位：亿元

行业	污染减排投入	污染减排		淘汰落后产能	合计
		投资	运行费		
农林牧渔业	11.85	6.80	5.05	−5.36	6.49
煤炭开采和洗选业	1.60	2.36	−0.76	−3.68	−2.08
石油和天然气开采业	1.90	1.04	0.86	−1.25	0.65
金属、非金属矿采选业	2.64	2.16	0.49	−1.77	0.87
食品制造及烟草加工业	−1.11	0.57	−1.68	−0.63	−1.75
纺织业	0.10	0.13	−0.03	−0.07	0.02
纺织服装鞋帽皮革羽绒及其制品业	0.15	0.09	0.05	−0.05	0.10
木材加工及家具制造业	0.20	0.21	−0.01	−0.12	0.08
造纸印刷及文教体育用品制造业	−3.91	0.40	−4.31	−1.30	−5.20
石油加工、炼焦及核燃料加工业	−0.79	1.26	−2.05	−1.58	−2.37
化学工业	0.41	1.51	−1.09	−0.77	−0.36
非金属矿物制品业	0.56	0.58	−0.01	−1.12	−0.56
金属冶炼及压延加工业	2.58	3.76	−1.18	−3.77	−1.19
金属制品业	1.15	0.85	0.30	−0.20	0.95
通（专）用设备制造业	16.72	14.97	1.75	−0.76	15.96
交通运输设备制造业	0.35	0.43	−0.08	−0.17	0.18
电气、通信、电子、仪器等设备制造业	3.81	2.62	1.19	−0.69	3.12
废品废料及其他制造业	0.27	0.20	0.07	−0.09	0.18
电力、热力的生产和供应业	3.28	2.01	1.27	−4.40	−1.12
燃气生产和供应业	0.22	0.18	0.05	−0.07	0.15
水的生产和供应业	−0.49	0.40	−0.89	−0.27	−0.77
建筑业	9.44	9.25	0.19	−0.14	9.30
服务业	41.59	26.43	15.15	−11.39	30.20
合计	92.53	78.22	14.31	−39.66	52.87

附表 18　"十一五"污染减排对松花江流域各行业就业贡献效应　　　单位：万人次

行业	污染减排投入	污染减排		淘汰落后产能	合计
		投资	运行费		
农林牧渔业	10.93	6.27	4.66	−4.94	5.98
煤炭开采和洗选业	0.59	0.87	0.28	−1.35	−0.76
石油和天然气开采业	0.50	0.27	0.22	−0.33	0.17
金属、非金属矿采选业	1.25	1.02	0.23	−0.82	0.43
食品制造及烟草加工业	−0.43	0.22	−0.65	−0.25	−0.68
纺织业	0.07	0.10	−0.02	−0.05	0.02
纺织服装鞋帽皮革羽绒及其制品业	0.09	0.06	0.03	−0.03	0.06
木材加工及家具制造业	0.13	0.14	−0.01	−0.08	0.05
造纸印刷及文教体育用品制造业	−2.22	0.23	−2.45	−0.74	−2.96
石油加工、炼焦及核燃料加工业	−0.25	0.40	−0.65	−0.50	−0.75
化学工业	0.21	0.75	−0.54	−0.39	−0.18
非金属矿物制品业	0.36	0.37	−0.01	−0.71	−0.36
金属冶炼及压延加工业	0.94	1.37	−0.43	−1.37	−0.43
金属制品业	0.61	0.45	0.16	−0.11	0.50
通（专）用设备制造业	7.41	6.64	0.77	−0.34	7.08
交通运输设备制造业	0.13	0.16	−0.03	−0.06	0.07
电气、通信、电子、仪器等设备制造业	1.71	1.18	0.54	−0.31	1.40
废品废料及其他制造业	0.16	0.12	0.04	−0.05	0.11
电力、热力的生产和供应业	0.90	0.55	0.35	−1.21	−0.31
燃气生产和供应业	0.08	0.06	0.02	−0.03	0.06
水的生产和供应业	−0.22	0.18	−0.40	−0.12	−0.34
建筑业	5.11	5.01	0.10	−0.07	5.03
服务业	16.55	11.02	5.53	−4.16	12.38
合计	44.60	37.43	7.17	−18.03	26.57

附表 19 "十一五"污染减排对珠三角地区各行业总产出贡献效应　　单位：亿元

行业	污染减排投入	污染减排		淘汰落后产能	合计
		投资	运行费		
农林牧渔业	27.85	15.36	12.49	−4.35	23.50
煤炭开采和洗选业	0.00	0.00	0.00	0.00	0.00
石油和天然气开采业	147.99	61.14	86.85	−36.10	111.89
金属、非金属矿采选业	60.58	49.81	10.77	−58.38	2.20
食品制造及烟草加工业	18.14	9.96	8.18	−3.68	14.46
纺织业	14.96	6.29	8.67	−4.32	10.64
纺织服装鞋帽皮革羽绒及其制品业	5.51	2.89	2.62	−7.05	−1.54
木材加工及家具制造业	9.55	7.91	1.64	−1.14	8.41
造纸印刷及文教体育用品制造业	29.92	19.26	10.66	−22.75	7.17
石油加工、炼焦及核燃料加工业	91.54	38.17	53.37	−23.06	68.48
化学工业	446.71	109.65	337.06	−30.34	416.37
非金属矿物制品业	111.81	50.36	61.45	−92.33	19.48
金属冶炼及压延加工业	168.12	149.82	18.30	−210.65	−42.53
金属制品业	129.65	111.83	17.82	−17.50	112.15
通（专）用设备制造业	392.37	373.48	18.89	−8.22	384.15
交通运输设备制造业	15.09	12.04	3.05	−2.65	12.44
电气、通信、电子、仪器等设备制造业	193.73	153.55	40.18	−18.77	174.96
废品废料及其他制造业	20.07	16.64	3.43	−17.86	2.21
电力、热力的生产和供应业	434.25	105.15	329.10	−43.65	390.60
燃气生产和供应业	23.65	15.39	8.26	−14.32	9.33
水的生产和供应业	8.09	6.89	1.20	−0.47	7.62
建筑业	158.64	158.09	0.55	−0.34	158.30
服务业	274.50	192.77	81.73	−49.83	224.67
合计	2 782.72	1 666.45	1 116.27	−667.76	2 114.96

附表 20 "十一五"污染减排对珠三角地区各行业增加值贡献效应　　　单位：亿元

行业	污染减排投入	污染减排		淘汰落后产能	合计
		投资	运行费		
农林牧渔业	16.73	9.23	7.50	−2.62	14.11
煤炭开采和洗选业	0.00	0.00	0.00	0.00	0.00
石油和天然气开采业	51.70	21.40	30.30	−12.63	39.07
金属、非金属矿采选业	21.30	17.82	3.48	−21.14	0.16
食品制造及烟草加工业	−9.78	2.54	−12.32	−0.94	−10.72
纺织业	−10.51	1.67	−12.18	−1.15	−11.66
纺织服装鞋帽皮革羽绒及其制品业	−0.97	0.96	−1.93	−2.34	−3.31
木材加工及家具制造业	1.59	1.75	−0.16	−0.25	1.34
造纸印刷及文教体育用品制造业	−8.00	4.47	−12.47	−5.27	−13.27
石油加工、炼焦及核燃料加工业	−7.84	4.29	−12.13	−2.59	−10.43
化学工业	20.29	13.16	7.13	−3.64	16.65
非金属矿物制品业	13.26	12.38	0.88	−22.70	−9.44
金属冶炼及压延加工业	−38.34	19.92	−58.26	−28.01	−66.35
金属制品业	21.76	24.13	−2.37	−3.78	17.98
通（专）用设备制造业	45.15	44.82	0.33	−0.99	44.16
交通运输设备制造业	0.70	2.56	−1.86	−0.56	0.14
电气、通信、电子、仪器等设备制造业	26.62	26.73	−0.11	−3.27	23.35
废品废料及其他制造业	11.71	9.76	1.95	−10.48	1.23
电力、热力的生产和供应业	−4.58	15.77	−20.35	−6.55	−11.13
燃气生产和供应业	3.13	2.12	1.01	−1.98	1.15
水的生产和供应业	4.39	3.74	0.65	−0.25	4.14
建筑业	37.91	37.78	0.13	−0.08	37.83
服务业	162.51	114.12	48.39	−29.50	133.01
合计	358.73	391.12	−32.39	−160.72	198.01

参考文献

[1] 程世勇. 略论当前中国经济增长中的结构性问题[J]. 商业时代，2010（30）：47-48.

[2] 李淑文. 以环境保护优化经济增长的辩证解读[J]. 环境保护，2007（Z1）：66-69.

[3] 吕晓梅. 循环经济下的我国产业结构调整战略研究[J]. 人口与经济，2009（S1）：225-226.

[4] 王超. 新疆产业结构变迁与生态环境系统协调性研究[D]. 石河子大学，2010.

[5] 朱京海，方志刚. 改善环境质量优化经济增长[J]. 环境保护科学，2010（5）：42-44.

[6] 夏光. 从"环境换取增长"到"环境优化增长"[J]. 环境保护，2006（4）：33-36.

[7] Schiellerup P. An examination of the effectiveness of the EU minimum standard on cold appliances：the British case[J]. Energy Policy，2002，30（4）：327-332.

[8] Porter M. America s green strategy[J]. Reader In Business And The Environment，1991：33.

[9] Grossman G M，Krueger A B. Environmental impacts of a North American free trade agreement，National Bureau of Economic Research，1991.

[10] 陶伯进. 论环境优化经济增长及其实现战略// 2008 中国环境科学学会学术年会优秀论文集（下卷）[C]. 2008.

[11] Selden T M，Song D. Environmental quality and development: is there a Kuznets curve for air pollution emissions？[J]. Journal of Environmental Economics and Management，1994，27（2）：147-162.

[12] Torras M，Boyce J K. Income，inequality，and pollution：a reassessment of the environmental Kuznets curve[J]. Ecological Economics，1998，25（2）：147-160.

[13] Paudel K P，Zapata H，Susanto D. An empirical test of environmental Kuznets curve for water pollution[J]. Environmental and Resource Economics，2005，31（3）：325-348.

[14] Fodha M，Zaghdoud O. Economic growth and pollutant emissions in Tunisia：an empirical analysis of the environmental Kuznets curve[J]. Energy Policy，2010，38（2）：1150-1156.

[15] 赵细康，李建民，王金营，等. 环境库兹涅茨曲线及在中国的检验[J]. 南开经济研究，2005（3）：48-54.

[16] 彭水军，包群. 经济增长与环境污染——环境库兹涅茨曲线假说的中国检验[J]. 财经问题研究，2006（8）：3-17.

[17] 周泽辉，赵娜. 中国环境污染与经济发展水平的关系研究[J]. 中国城市经济，2010（6）：88-90.

[18] 陈华文，刘康兵. 经济增长与环境质量：关于环境库兹涅茨曲线的经验分析[J]. 复旦大学学报：社会科学版，2004（2）：87-94.

[19] 王志华，温宗国，闫芳，等. 北京环境库兹涅茨曲线假设的验证[J]. 中国人口·资源与环境，2007（2）：40-47.

[20] 殷福才，高铜涛. 安徽省环境库兹涅茨曲线的区域差异研究[J]. 环境科学研究，2008（4）：215-218.

[21] Akbostancl E，Türüt-Aslk S，Tunç G İ. The relationship between income and environment in Turkey：Is there an environmental Kuznets curve？[J]. Energy Policy，2009，37（3）：861-867.

[22] He J，Richard P. Environmental Kuznets curve for CO_2 in Canada[J]. Cahier de recherche/Working Paper09-13，2009.

[23] 工西琴，李芬. 天津市经济增长与环境污染水平关系[J]. 地理研究，2005（6）：834-842.

[24] 李秀香，潘晓情. 影响我国环境库兹涅茨曲线的外贸与环境政策分析[J]. 当代财经，2007（11）：78-84.

[25] 李艳丽，李利军. 环境容量生产要素市场的宏观经济调控机制分析[J]. 石家庄经济学院学报，2010（2）：41-44.

[26] 薛一梅，郭蓓. 从索洛模型看陕西省资源与环境对经济增长的影响[J]. 西部大开发：中旬刊，2010（1）：189-190.

[27] 罗岚. 我国资源和环境对经济增长贡献测度[J]. 四川师范大学学报：社会科学版，2012（3）：51-57.

[28] 张嘉治，王帅，杨彬. 环境质量改善对沈阳市经济发展的促进作用[J]. 环境保护科学，2011（6）：75-77.

[29] 刘耀源，邹长武，郭光义，等. 江安河武侯区段水质改善的环境经济效益研究[J]. 环境科学与管理，2011（10）：72-75.

[30] 周国梅，唐志鹏. 环境优化经济发展的机制与政策研究[J]. 环境保护，2008（20）：20-23.

[31] Mohr R D. Technical change，external economies，and the Porter hypothesis[J]. Journal of Environmental Economics and Management，2002，43（1）：158-168.

[32] Murty M N，Kumar S. Win-win opportunities and environmental regulation：testing of porter hypothesis for Indian manufacturing industries[J]. Journal of Environmental Management，2003，67（2）：139-144.

[33] Lanoie P，Patry M，Lajeunesse R. Environmental regulation and productivity：testing the porter hypothesis[J]. Journal of Productivity Analysis，2008，30（2）：121-128.

[34] 赵红. 环境规制对企业技术创新影响的实证研究——以中国30个省份大中型工业企业为例[J]. 软科学，2008（6）：121-125.

[35] 赵红. 环境规制对中国企业技术创新影响的实证分析[J]. 管理现代化，2008（3）：4-6.

[36] 吕永龙，梁丹. 环境政策对环境技术创新的影响[J]. 环境污染治理技术与设备，2003（7）：89-94.

[37] 孔祥利，毛毅. 我国环境规制与经济增长关系的区域差异分析——基于东、中、西部面板数据的实证研究[J]. 南京师范大学学报：社会科学版，2010（1）：56-60.

[38] 程华，廖中举，李冬琴. 环境政策对经济发展影响的实证研究——以环境创新为中介作用[J]. 浙江理工大学学报，2011（4）：626-630.

[39] 蒋洪强. 环保投资对经济作用的机理与贡献度模型[J]. 系统工程理论与实践，2004（12）：8-12.

[40] 蒋洪强，曹东，王金南，等. 环保投资对国民经济的作用机理与贡献度模型研究[J]. 环境科学研究，2005（1）：71-74.

[41] 蒋洪强，曹东，於方，等. 环境保护优化经济增长的贡献度模型及实证分析[J]. 生态环境学报，2009（1）：216-221.

[42] 王渤元. 新疆环保资金投入量与经济发展关系初探[D]. 新疆大学，2006.

[43] 王珺红，杨文杰. 中国环保投资与国民经济增长的互动关系[J]. 经济管理，2008（Z2）：157-162.

[44] 张雷，李新春. 中国环保投资对经济增长贡献率实证分析[J]. 特区经济，2009（3）：265-266.

[45] 周文娟. 环保投资与经济增长实证研究——基于我国东中西部区域比较视角[J]. 新疆财经大学学报，2010（3）：24-31.

[46] 邵海清. 环保投资与国民经济增长的灰色关联分析[J]. 生产力研究，2010（12）：14-15.

[47] 叶丽娟. 环保投资对区域经济增长影响的差异研究[D]. 暨南大学，2011.

[48] 徐辉，刘继红，张大伟，等. 中国经济增长中的环保投资贡献的实证分析[J]. 统计与决策：126-129.

[49] 张平淡，朱松，朱艳春. 我国环保投资的技术溢出效应——基于省级面板数据的实证分析[J]. 北京师范大学学报：社会科学版，2012（3）：126-133.

[50] Tullock G. Excess benefit[J]. Water Resources Research，1967，3（2）：643-644.

[51] Kneese A V，Bower B T. Managing Water Quality：Economics，Technology[J]. Institutions，1968：237-253.

[52] Takeda S. A Supplement to "the Double Dividend from Carbon Regulations in Japan"[J]. 2006.

[53] 周国菊. 环境税对我国经济的影响分析及改革建议[D]. 山东大学，2011.

[54] 白彦锋，董瑞晗. 环境税改革对经济总体影响的预测分析[J]. 内蒙古财经学院学报，2012（1）：7-12.

[55] 魏涛远，格罗姆斯洛德. 征收碳税对中国经济与温室气体排放的影响[J]. 世界经济与政治，2002（8）：47-49.

[56] 吕志华，郝睿，葛玉萍. 开征环境税对经济增长影响的实证研究——基于十二个发达国家二氧化碳税开征经验的面板数据分析[J]. 浙江社会科学，2012（4）：13-21.

[57] 列昂惕夫. 投入产出经济学[M]. 北京：商务印书馆，1980.

[58] 陈锡康，杨翠红. 投入产出技术[M]. 北京：科学出版社，2011.

[59] 廖明球. 投入产出及其扩展分析[M]. 北京：首都经济贸易大学出版社，2009.

[60] Cumberland J H. A regional interindustry model for analysis of development objectives[J]. Papers in Regional Science，1966，17（1）：65-94.

[61] Isard W. Some notes on the linkage of the ecologic and economic systems[J]. Papers in Regional Science，1969，22（1）：85-96.

[62] Leontief W. Environmental repercussions and the economic structure：an input-output approach[J]. The Review of Economics and Statistics，1970：262-271.

[63] Leontief W. National income，economic structure，and environmental externalities[M]. The Measurement of Economic and Social Performance，NBER，1973，565-576.

[64] Hettelingh J P. Modelling and Information Systerm for Environmental Policy in the Netherlands[D]. Amsterdam Free University，1985.

[65] Mcnicoll I H，Blackmore D，Enterprise S. A Pilot Study on the Construction of a Scottish Environmental Input-output System：Report to Scottish Enterprise[M]. University of Strathclyde，1993.

[66] 雷明. 资源—经济一体化核算研究（Ⅰ）——整体架构、连接账户设计[J]. 系统工程理论与实践，1996（9）：43-51.

[67] 雷明. 资源—经济一体化核算研究（Ⅱ）——指标形成[J]. 系统工程理论与实践，1996（10）：91-98.

[68] 雷明. 资源—经济一体化核算研究（III）——投入-占用-产出分析[J]. 系统工程理论与实践，1998（1）：23-32.

[69] 李立. 试用投入产出法分析中国的能源消费和环境问题[J]. 统计研究，1994，5：56-61.

[70] 薛伟. 经济活动中环境费用的投入产出分析[J]. 数学的实践与认识，1996，4：5.

[71] 曾国雄. 模糊多目标规划应用于经济-能源-环境模型之研究[J]. 管理学报，1998，4：25-27.

[72] 李林红，介俊，吴莉明. 昆明市环境保护投入产出表的多目标规划模型[J]. 昆明理工大学学报，2001，26（1）.

[73] 李林红. 滇池流域可持续发展投入产出系统动力学模型[J]. 系统工程理论与实践，2002，8：89-94.

[74] 王德发，阮大成，王海霞. 工业部门绿色 GDP 核算研究——2000 年上海市能源—环境—经济投入产出分析[J]. 财经研究，2005（2）：66-75.

[75] 姜涛，袁建华，何林，等. 人口-资源-环境-经济系统分析模型体系[J]. 系统工程理论与实践，2002（12）：67-72.

[76] 陈铁华，白晓云. 江苏省绿色投入产出核算及其应用研究[J]. 经济师，2008（2）：273-275.

[77] Johansen L. A multi-sectoral study of economic growth[M]. Amsterdam：North-Holland Publishing Company，1960.

[78] 盛娟. 中国经济的 CGE 模型及政策模拟[D]. 中国人民大学，2005.

[79] Dufournaud C M，Harrington J J，Rogers P P. Leontief's "Environmental Repercussions and the Economic Structure：an input-output approach" Revisited：A General Equilibrium Formulation[J]. Geographical Analysis，1988，20（4）：318-327.

[80] 李丕东. 中国能源环境政策的一般均衡分析[D]. 厦门大学，2008.

[81] Semboja H H H. The effects of energy taxes on the Kenyan economy：A CGE analysis[J]. Energy Economics，1994，16（3）：205-215.

[82] Wiese A M，Rose A，Schluter G. Motor-fuel taxes and household welfare：An applied general equilibrium analysis[J]. Land Economics，1995：229-243.

[83] Gottinger H W. Greenhouse gas economics and computable general equilibrium[J]. Journal of Policy Modeling，1998，20（5）：537-580.

[84] Kemfert C，Welsch H. Energy-Capital-Labor Substitution and the Economic Effects of CO_2 Abatement：Evidence for Germany[J]. Journal of Policy Modeling，2000，22（6）：641-660.

[85] Kumbaroğlu G S. Environmental taxation and economic effects：a computable general equilibrium analysis for Turkey[J]. Journal of Policy Modeling，2003，25（8）：795-810.

[86] Scrimgeour F，Oxley L，Fatai K. Reducing carbon emissions？ The relative effectiveness of different types of environmental tax：the case of New Zealand[J]. Environmental Modelling & Software，2005，20（11）：1439-1448.

[87] Telli Ç，Voyvoda E，Yeldan E. Economics of environmental policy in Turkey：A general equilibrium investigation of the economic evaluation of sectoral emission reduction policies for climate change[J]. Journal of Policy Modeling，2008，30（2）：321-340.

[88] Yang H Y. Trade liberalization and pollution：a general equilibrium analysis of carbon dioxide emissions in Taiwan[J]. Economic Modelling，2001，18（3）：435-454.

[89] Dellink R，Hofkes M，Van Ierland E，et al. Dynamic modelling of pollution abatement in a CGE framework[J]. Economic Modelling，2004，21（6）：965-989.

[90] Klepper G，Peterson S. Emissions Trading，CDM，JI，and more-The Climate Strategy of the EU[R]. FEEM Working Papers，2005.

[91] Timilsina G R，Shrestha R M. General equilibrium effects of a supply side GHG mitigation option under the clean development mechanism[J]. Journal of Environmental Management，2006，80（4）：327-341.

[92] 黄英娜，王学军. 环境 CGE 模型的发展及特征分析[J]. 中国人口·资源与环境，2002，12（2）：34-38.

[93] 蒋金荷，姚愉芳. 气候变化政策研究中经济—能源系统模型的构建[J]. 数量经济技术经济研究，2002（7）：41-45.

[94] 贺菊煌，沈可挺，徐嵩龄. 碳税与二氧化碳减排的CGE模型[J]. 数量经济技术经济研究，2002（10）：39-47.

[95] 张友国. 一般均衡模型中排污收费对行业产出的不确定性影响——基于中国排污收费改革分析[J]. 数量经济技术经济研究，2004（5）：156-161.

[96] 李洪心，付伯颖. 对环境税的一般均衡分析与应用模式探讨[J]. 中国人口·资源与环境，2004（3）：21-24.

[97] 王灿，陈吉宁，邹骥. 基于 CGE 模型的 CO_2 减排对中国经济的影响[J]. 清华大学学报：自然科学版，2005，45（12）：1621-1624.

[98] 王德发. 能源税征收的劳动替代效应实证研究——基于上海市 2002 年大气污染的 CGE 模型的试算[J]. 财经研究，2006（2）：98-105.

[99] 姜林. 环境政策的综合影响评价模型系统及应用[J]. 环境科学，2006（5）.

[100] 李子奈，潘文卿. 计量经济学[M]. 北京：高等教育出版社，2010.

[101] Ang B W. The LMDI approach to decomposition analysis：a practical guide[J]. Energy Policy，2005，33（7）：867-871.

[102] Sun J. Changes in energy consumption and energy intensity：a complete decomposition model[J]. Energy Economics，1998，20（1）：85-100.

[103] 索南仁欠. 多元回归分析在水污染评价中的应用[J]. 青海师范大学学报：自然科学版，2000（4）：20-24.

[104] 向速林. 地下水水质评价的多元线性回归分析模型研究[J]. 新疆环境保护，2005（4）：21-23.

[105] 路亮，刘睿，张齐，等. 基于回归分析的长江水质预测与控制[J]. 工程数学学报，2005（7）：59-64.

[106] 李亦芳，程万里，刘建厅. 基于人工神经网络与回归分析的水质预测[J]. 郑州大学学报：工学版，2008（1）：106-109.

[107] 方崇，张春乐，陆克芬. 基于人工鱼群算法的南宁市内河水质综合评价的投影寻踪回归分析[J]. 中国农村水利水电，2010（2）：8-12.

[108] 楚建军，陈平，李虎，等. 大气污染与肺癌关系的岭回归分析——徐州市 1980—1991 年大气污染与肺癌断面研究[J]. 环境与健康杂志，1993（5）.

[109] 庄一廷，周天枢. 大气污染与肺癌关系的回归分析[J]. 海峡预防医学杂志，1996（3）：11-13.

[110]谢鹏，刘晓云，刘兆荣，等. 珠江三角洲地区大气污染对人群健康的影响[J]. 中国环境科学，2010（7）：997-1003.

[111]张秉玲，牛静萍，曹娟，等. 兰州市大气污染与居民健康效应的时间序列研究[J]. 环境卫生学杂志，2011（2）：1-6.

[112]丁峰，齐建国，田晓林. 经济发展对环境质量影响的实证分析——基于 1999—2004 年间各省市的面板数据[J]. 中国工业经济，2006（8）：36-44.

[113]庄宇，胡晓蕊，马贤娣. 水环境承载力与经济效率的多元回归模型及应用[J]. 干旱区资源与环境，2007（9）：41-45.

[114]郭天配. 中国环境质量与经济发展阶段性关系的实证研究[J]. 财经问题研究，2010（4）：13-19.

[115]张协奎，李玉翠，陈垚希. 基于多变量双对数回归模型的工业发展与环境质量实证研究——以南宁市为例[J]. 生态经济，2012（4）：39-41.

[116]Grossman G M，Krueger A B. Economic growth and the environment. National Bureau of Economic Research，1994.

[117]Vukina T，Beghin J C，Solakoglu E G. Transition to Markets and the Environment：Effects of the Change in the Composition of Manufacturing Output[J]. Environment and Development Economics，1999，4（4）：582-598.

[118]De Bruyn S M. Explaining the environmental Kuznets curve：structural change and international agreements in reducing sulphur emissions[J]. Environment and Development Economics，1997，2（4）：485-503.

[119]Bruvoll A，Medin H. Factors behind the environmental Kuznets curve. A decomposition of the changes in air pollution[J]. Environmental and Resource Economics，2003，24（1）：27-48.

[120]但智钢，段宁，郭玉文，等. 基于分解模型的全过程节能减排定量评价方法及应用[J]. 中国环境科学，2010（6）：852-857.

[121]陆文聪，李元龙. 中国工业减排的驱动因素研究：基于 LMDI 的实证分析[J]. 统计与信息论坛，2010（10）：49-54.

[122]成艾华. 技术进步、结构调整与中国工业减排——基于环境效应分解模型的分析[J]. 中国人口·资源与环境，2011（3）：41-47.

[123]刘元华，贾杰林，吴玉锋，等. 2006—2009 年工业 COD 和 SO_2 减排分解研究[J]. 中国环境科学，2012（11）：1961-1970.

[124]Forrester J W. Industrial dynamics[M]. MIT press Cambridge，MA，1961.

[125]Forrester J W. Principles of systems[M]. Wright-Allen Press，1969.

[126]Forrester J W，Warfield J N. World dynamics[J]. Systems，Man and Cybernetics，IEEE Transactions on，1972（4）：558-559.

[127]王其藩. 高级系统动力学[M]. 北京：清华大学出版社，1995.

[128]张萍. 港城互动的系统动力学模型研究[D]. 河海大学，2006.

[129]李梅，黄廷林，徐志嫱. 系统动力学在城市污水再生回用系统中的应用[J]. 数学的实践与认识，2005，35（8）：78-83.

[130]王其藩. 系统动力学[M]. 北京：清华大学出版社，1988.

[131]王薇，雷学东，余新晓，等. 基于 SD 模型的水资源承载力计算理论研究——以青海共和盆地水资源承载力研究为例[J]. 水资源与水工程学报，2005，16（3）：11-15.

[132]王振江，系统动力学引论[M]. 上海：上海科学技术文献出版社，1988.

[133]袁利金，蒋绍忠，等. 系统动态学：社会系统模拟理论和方法[M]. 杭州：浙江大学出版社，1988.

[134]郭旋. 义乌市水资源承载力仿真研究[D]. 浙江师范大学，2009.

[135]Meadows D H，Meadows D L，Randers J. Beyond the limits–confronting global collapse，envisioning a sustainable future[J]. White River Junction，Vt：Chelsea Green Publishing，1992.

[136]Saysel A K，Barlas Y，Yenigün O. Environmental sustainability in an agricultural development project：a system dynamics approach[J]. Journal of Environmental Management，2002，64（3）：247-260.

[137]Saeed K. Development planning and policy design：a system dynamics approach[M]. Avebury，1994.

[138]Mashayekhi A N. Rangelands destruction under population growth：the case of Iran[J]. System Dynamics Review，1990，6（2）：167-193.

[139] Stave K A. Using system dynamics to improve public participation in environmental decisions[J]. System Dynamics Review，2002，18（2）：139-167.

[140]Ford A. Testing the snake river explorer[J]. System Dynamics Review，1996，12（4）：305-329.

[141]Wu J，Vankat J L，Barlas Y. Effects of patch connectivity and arrangement on animal metapopulation dynamics：a simulation study[J]. Ecological Modelling，1993，65（3）：221-254.

[142]申碧峰. 北京市宏观经济水资源系统动力学模型[J]. 北京水利，1995（2）：14-16.

[143]高彦春,刘昌明. 区域水资源系统仿真预测及优化决策研究——以汉中盆地平坝区为例[J]. 自然资源学报，1996（1）：23-32.

[144]杨建强，罗先香. 水资源可持续利用的系统动力学仿真研究[J]. 城市环境与城市生态，1999（4）：28-31.

[145]Simonovic S P. World water dynamics：global modeling of water resources[J]. Journal of Environmental Management，2002，66（3）：249-267.

[146]袁汝华，耿小娟，邱德华. 区域水资源供需的系统动力学仿真[J]. 水利经济，2007（4）：7-9.

[147]孙才志，陈玉娟. 辽宁沿海经济带水资源承载力研究[J]. 地理与地理信息科学，2011（3）：63-68.

[148]吴贻名，张礼兵，万飚. 系统动力学在累积环境影响评价中的应用研究[J]. 武汉水利电力大学学报，2000（1）：70-73.

[149]童玉芬. 人口变动对干旱区生态环境影响的定量评估模型的应用——以新疆塔里木河流域为例[J]. 中国人口·资源与环境，2003（5）：64-70.

[150]张妍，于相毅. 长春市产业结构环境影响的系统动力学优化模拟研究[J]. 经济地理，2003（5）：681-685.

[151]周世星，王斌，杨秀杰. 规划环评中环境影响分析 SD 模型应用——以四川川南某县县城总体规划环评为例[J]. 重庆工商大学学报：自然科学版，2005（3）：257-261.

[152]王向华，程炜，姜伟. 规划环境影响的动态评价思路：系统动力学方法[J]. 环境保护，2008（2）：28-29.

[153]陈书忠，周敬宣，李湘梅，等. 城市环境影响模拟的系统动力学研究[J]. 生态环境学报，2010，19（8）：1822-1827.

[154] 都小尚, 刘永, 郭怀成, 等. 区域规划累积环境影响评价方法框架研究[J]. 北京大学学报: 自然科学版, 2011 (3): 552-560.

[155] 林燕芬, 陈蔚镇, 余琦, 等. 上海城市拓展及其环境影响的模拟研究[J]. 环境科学学报, 2011 (1): 206-216.

[156] 杨秀杰, 罗文锋, 周世星. 云阳县生态安全承载力的系统动力学分析[J]. 重庆三峡学院学报, 2005, 21 (3): 98-102.

[157] 车越, 张明成, 杨凯. 基于 SD 模型的崇明岛水资源承载力评价与预测[J]. 华东师范大学学报, 自然科学版, 2006 (6): 67-74.

[158] 拓学森, 陈兴鹏, 薛冰. 民勤县水土资源承载力系统动力学仿真模型研究[J]. 干旱区资源与环境, 2006, 20 (6): 78-83.

[159] 莫淑红, 孙新新, 沈冰, 等. 基于系统动力学的区域水环境动态承载力研究[J]. 西安理工大学学报, 2007, 23 (3): 251-256.

[160] 王俭, 李雪亮, 李法云, 等. 基于系统动力学的辽宁省水环境承载力模拟与预测[J]. 应用生态学报, 2009, 20 (9): 2233-2240.

[161] 韦静, 曾维华. 生态承载力约束下的区域可持续发展的动态模拟——以博鳌特别规划区为例[J]. 中国环境科学, 2009, 29 (3): 330-336.

[162] 秦钟, 章家恩, 骆世明, 等. 我国能源消费与 CO_2 排放的系统动力学预测[J]. 中国生态农业学报, 2008 (4): 1043-1047.

[163] 强瑞, 廖倩. 企业节能减排的系统动力学研究[J]. 武汉理工大学学报, 2010 (4): 126-132.

[164] 佟贺丰, 崔源声, 屈慰双, 等. 基于系统动力学的我国水泥行业 CO_2 排放情景分析[J]. 中国软科学, 2010 (3): 40-50.

[165] 黄飞, 李兰兰, 於世为. 煤炭矿区节能减排系统动力学仿真研究[J]. 煤炭工程, 2012 (2): 108-111.

[166] 刘丽娟, 王灵梅, 武卫红. 火电企业节能减排的系统动力学模拟与调控[J]. 山西电力, 2012 (1): 36-39.

[167] 汤万金, 高林, 吴刚, 等. 矿区可持续发展系统动力学模拟与调控[J]. 生态学报, 2000, 20 (1): 20-27.

[168] 李林红. 滇池流域可持续发展投入产出系统动力学模型[J]. 系统工程理论与实践, 2002, 22 (8): 89-94.

[169] 蔡玲如, 王红卫, 曾伟. 基于系统动力学的环境污染演化博弈问题研究[J]. 计算机科学, 2009, 36 (8): 234-238, 257.

[170] 李树奎, 李同升, 王武科, 等. 西安 PRED 协调发展的系统动力学模拟研究[J]. 地域研究与开发, 2009, 28 (5): 62-67.

[171] 谭玲玲. 我国低碳经济发展机制的系统动力学建模[J]. 数学的实践与认识, 2011, 41 (12): 106-113.

[172] 张子珩, 濮励杰, 周秀慧. 乌海市可持续发展的系统动力学模型仿真[J]. 干旱区资源与环境, 2010 (12): 55-60.

[173] 袁绪英, 曾菊新, 吴宜进. 溇水河流域经济环境协调发展系统动力学模拟[J]. 地域研究与开发, 2011, 30 (6): 84-88, 101.

[174] 朱德明. 环境保护基础设施投资对经济增长的拉动表现[J]. 环境导报, 1998 (4): 1-3.

[175]蒋洪强，曹东，於方，等. 环境保护优化经济增长的贡献度模型及实证分析[J]. 生态环境学报，2009（1）：216-221.

[176]张雷，李新春. 中国环保投资对经济增长贡献率实证分析[J]. 特区经济，2009（3）：265-266.

[177]王金南，逯元堂，吴舜泽，等. 环保投资与宏观经济关联分析[J]. 中国人口·资源与环境，2009（4）：1-6.

[178]何音音，雷社平，惠煜涛. 我国环保产业对 GDP 贡献的数量分析[J]. 青海社会科学，2010（4）：30-34.